Heidelberger Taschenbücher Band 151

Christian Blatter

Analysis I

Dritte, verbesserte und erweiterte Auflage,
mit Aufgaben

Springer-Verlag
Berlin Heidelberg New York 1980

Prof. Dr. Christian Blatter

Mathematikdepartement
Eidgenössische Technische Hochschule
CH-8092 Zürich

AMS Subject Classification (1979): 26-01; 26A03, 26A06,
26A09, 26A15, 26A24, 26A27, 26A51

ISBN 3-540-09483-0 Springer-Verlag Berlin Heidelberg New York
ISBN 0-387-09483-0 Springer-Verlag New York Heidelberg Berlin

ISBN 3-540-08204-2 2. Auflage Springer-Verlag Berlin Heidelberg New York
ISBN 0-387-08204-2 2nd edition Springer-Verlag New York Heidelberg Berlin

CIP-Kurztitelaufnahme der Deutschen Bibliothek
Blatter, Christian: Analysis / Christian Blatter. – Berlin, Heidelberg, New York: Springer
1.–3., verb. u. erw. Aufl., mit Aufgaben. – 1980.
(Heidelberger Taschenbücher; Bd. 151)
ISBN 3-540-09483-0 (Berlin, Heidelberg, New York)
ISBN 0-387-09483-0 (New York, Heidelberg, Berlin)

Gesamtherstellung: Zechnersche Buchdruckerei, Speyer
2144/3140-54321

Meinen Eltern gewidmet

Wir wollen Ihnen weder erklären, wo Endlos anfängt, noch wo es aufhört.

Wohl aber, wie es weiter-geht.

(aus der Anzeige einer Formulardruckerei)

Vorwort zur dritten Auflage

Wer Mathematik, hier speziell: Analysis, studieren und sich wirklich aneignen will, muß selber mathematisch tätig werden. Diese Tätigkeit beginnt seit altersher mit dem Lösen von Übungsaufgaben, die zu den einzelnen Kapiteln einer Vorlesung oder eines Lehrbuchs gestellt werden. Hier kann der Student überprüfen, ob er das Gebotene verstanden hat, und er kann erleben, wie eine allgemeine Methode (z. B. die Partialbruchzerlegung) in einem durchschnittlichen Anwendungsfall tatsächlich funktioniert und wieviel es zu rechnen gibt, wenn man es selber machen muß. Vor allem lernt er, sein mathematisches Wissen in konkreten Situationen einzusetzen, und das heißt: mit den Bedingungen eines gegebenen Problems zu spielen, bis die Verbindung zu früher Erfahrenem und eben Angeeignetem hergestellt ist.

Das Fehlen von Übungsaufgaben war bestimmt ein Mangel dieser „Analysis". Ich freue mich, daß die sukzessive erfolgte Neuauflage der drei Bände ermöglicht hat, jedem Kapitel eine angemessene Anzahl von Aufgaben, zum Teil mit Lösungshinweisen, beizugeben. Die ausgewählten Aufgaben sind im allgemeinen von nüchterner Art und erheben nicht den Anspruch, dem Studenten mathematische Perlen zu servieren, die nur mit ganz besonderem Scharfsinn geknackt werden können. Es sind im Unterricht erprobte Aufgaben aus unserer Sammlung an der ETH. Zu dieser Sammlung haben neben dem Unterzeichneten auch zahlreiche Kollegen und Assistenten im Laufe der Jahre immer wieder neue Stücke beigesteuert. Ich hoffe, daß sie mir die Plünderung der Kartei verzeihen.

Im übrigen ist der Text ein verbesserter Nachdruck der zweiten Auflage.

Zürich, im September 1979 Christian Blatter

Vorwort zur ersten Auflage

Dieses Buch ist entstanden aus Vorlesungen, die ich zum Teil in Basel und in Stanford, dann wiederholt an der Eidgenössischen Technischen Hochschule in Zürich gehalten habe. Mein Ziel war es, die Infinitesimalrechnung (den „Calculus") und die Grundlagen der Analysis in der Weise nebeneinander zu entwickeln, daß die allgemeinen Sätze der Grundlagen laufend an konkreten Beispielen und Anwendungen erprobt werden können. Dabei habe ich mich bemüht, die zentralen Begriffe und Sätze jeweils in anschaulicher Sprache vorzubereiten und zu motivieren.

Entscheidend ist die Frage des richtigen Maßes an mathematischer Strenge, Allgemeinheit und Abstraktion. Abgesehen von den logischen und arithmetischen Grundlagen, wo ich mich auf einen „naiven" Standpunkt gestellt habe, bin ich darauf ausgewesen, eine strenge oder eben: eine richtige Analysis abzuliefern. Dieses Vorhaben ist zu Beginn einfach, wird aber zusehends schwieriger, da die betrachteten Situationen immer komplizierter und in der geometrischen Beschreibung aufwendiger werden. An Allgemeinheit habe ich soviel eingebaut, wie ein Student in den ersten Studienjahren (und manch einer im ganzen Leben) vernünftiger Weise braucht. Auf das Lebesguesche Integral und den schiefen Differentialkalkül wurde also verzichtet; dafür findet man z. B. eine ausführliche Technik des Integrierens und eine moderne Darstellung der Vektoranalysis, wie sie vom Physiker, aber auch vom Ingenieur benötigt wird.

Immerhin war ich bestrebt, von Anfang an mit den richtigen und über diese „Analysis" hinaus fruchtbaren Begriffen zu arbeiten; dabei wurde ein höheres Niveau der Abstraktion gerne in Kauf genommen, wenn das Wesentliche dafür besser zur Geltung kam. So spielt sich Konvergenz von vorneherein in einem metrischen Raum ab und beschränkt sich nicht zunächst auf Folgen von reellen Zahlen. Weniger banales Beispiel: In der mehrdimensionalen Analysis wurde versucht, die heute übliche Denkweise der Differentialgeometrie vorzubereiten und zu schulen, soweit das ohne Gebrauch der multilinearen Algebra möglich ist. (Was dabei an elementarer linearer Algebra benötigt wird, habe ich laufend herbeizitiert, im allgemeinen aber nicht bewiesen.)

Die drei Bände „Analysis I–III" sind in erster Linie bestimmt für Studenten der Mathematik und der Physik, allenfalls weiterer Wissenschaften, in den ersten zwei bis drei Semestern. Da stellt sich natürlich das Problem der verschiedenen Vorbildung: Immer mehr Studenten sind schon auf der Mittelschule (oder gar im Kindergarten) mit „Neuer Mathematik" konfrontiert worden; andere haben dort einen eher traditionellen Mathematikunterricht genossen. Um dieses Buch einem möglichst großen Kreis zugänglich zu machen, habe ich mich entschlossen, einfach am Anfang anzufangen; der Leser mag dann selbst entscheiden, wo er einsteigen will. Dem Novizen würde ich empfehlen, die Abschnitte 15 und 16 sowie die Kapitel 3 und 4 fürs erste zu überspringen oder wenigstens nur kursorisch zu lesen.

Zu Dank verpflichtet bin ich meinen Lehrern Heinz Huber (der manche gute Idee zu diesen Vorlesungen beigesteuert hat) und Hans Samelson (an den ich bei der Niederschrift oft gedacht habe: whether he would like it that way), ferner auch Walter Rudin (dessen unerreichte „Principles of Mathematical Analysis" mir an verschiedenen Stellen zu Hilfe gekommen sind). Herrn Hugo Rytz danke ich für die sorgfältige Reinzeichnung der zahlreichen Figuren, endlich der Werbeagentur René Blaser, Zürich, für die Überlassung des voranstehenden Cartoons.

Zürich, Ende März 1974 Christian Blatter

Hinweise für den Leser

Das ganze Werk (drei Bände) ist eingeteilt in 33 Kapitel, jedes Kapitel in höchstens neun Abschnitte. Sätze und Propositionen sind kapitelweise numeriert; die halbfette Signatur **(12.3)** bezeichnet den dritten Satz in Kapitel 12. Formeln, die später noch einmal benötigt werden, sind abschnittweise mit mageren Ziffern numeriert. Innerhalb eines Abschnitts wird ohne Angabe der Abschnittnummer auf die Formel (1) zurückverwiesen; (123.4) hingegen bezeichnet die Formel (4) des Abschnitts 123. Eingekreiste Ziffern schließlich numerieren abschnittweise die erläuternden Beispiele und Anwendungen. – Definitionen sind erkenntlich am Kursivdruck des Definiendums, Sätze an der vorangestellten Signatur und am durchlaufenden Kursivdruck des Textes. Die beiden Winkel ⌜ und ⌟ markieren den Beginn und das Ende eines Beweises, der Kreis ○ das Ende eines Beispiels.

Inhaltsverzeichnis

Inhaltsverzeichnis Analysis II

Kapitel 16. Ebene Kurven

Kapitel 17. Funktionenfolgen

Kapitel 18. Potenzreihen

Kapitel 19. Die Ableitung einer Funktion $\mathbf{f}: \mathbb{R}^m \to \mathbb{R}^n$

Kapitel 20. Mehrdimensionale Differentialrechnung

Liste der Symbole u. Abkürzungen; Sachverzeichnis Analysis I und II

Inhaltsverzeichnis Analysis III

Kapitel 1. Grundbegriffe

11. Logische Zeichen

Mathematische Lehrbücher und Originalarbeiten bestehen in der Regel aus (durchlaufendem) Text und aus „Symbolfiguren", genannt Formeln. Um Textfetzen innerhalb von Formeln zu vermeiden, verwendet man geeignete Abkürzungen *(logische Zeichen)*:

$\Rightarrow$	hat zur Folge	$\forall$	für alle
$\Leftrightarrow$	gilt genau dann, wenn	$\exists$	es gibt
$\vee$	oder	$\exists!$	es gibt genau ein
$\wedge$	und	$\nexists$	es gibt kein

Wir bemerken: Sind $\mathscr{A}$ und $\mathscr{B}$ zwei Aussagen, so schließt in der Mathematik die Wendung „$\mathscr{A}$ oder $\mathscr{B}$" bzw. „$\mathscr{A} \vee \mathscr{B}$" stets die Möglichkeit ein, daß $\mathscr{A}$ und $\mathscr{B}$ gleichzeitig zutreffen; im täglichen Leben schreibt man hierfür zuweilen „$\mathscr{A}$ oder (und) $\mathscr{B}$". Um auszudrücken, daß genau eine der beiden Aussagen zutrifft, benutzen wir stets die Wendung „entweder $\mathscr{A}$ oder $\mathscr{B}$".

① Die nachstehenden Formeln sind zutreffende Aussagen über reelle Zahlen x, y:

$$x>y>0 \Rightarrow x^2>y^2,$$
$$x^2+y^2=0 \Leftrightarrow x=y=0,$$
$$xy=0 \Leftrightarrow x=0 \vee y=0,$$
$$x^2 \geqslant 0 \quad \forall x,$$
$$\exists x(x^2=2), \quad \exists! x(x^3=2), \quad \nexists x(x^2=-1). \quad \bigcirc$$

Die in der letzten Zeile eingeführte Schreibweise $\exists x(\mathscr{A}(x))$ besagt: „Es gibt (mindestens) ein x, so daß $\mathscr{A}(x)$ gilt"; analog für $\exists!$ und $\nexists$. — Um den Geltungsbereich einer Formel anzugeben, verwenden wir anstelle des $\forall$-Symbols auch die in den folgenden Beispielen gezeigte Klammerschreibweise:

② $$x^2 \leqslant 4 \quad (-2 \leqslant x \leqslant 2), \qquad x_k \in A \quad (1 \leqslant k \leqslant n). \quad \bigcirc$$

Wird einer noch freien Variablen ein bestimmter „Wert" erteilt oder ein umständlich dargestelltes Objekt (= Definiens) durch ein neues Symbol (= Definiendum) abgekürzt, so benutzen wir in der Regel das Zeichen := bzw. =:, der Doppelpunkt steht dabei auf der Seite des Definiendums. Einige Beispiele mögen dies erläutern:

③ $$x:=3, \quad f(y):=\frac{y^2-1}{y^2+1}, \quad \sum_{k=0}^{\infty}\frac{1}{k!}=:e. \quad \bigcirc$$

Im mittleren Beispiel wird nicht etwa der Variablen y, sondern der Variablen f ein bestimmter „Wert" erteilt: f ist jetzt nicht mehr „irgendeine" Funktion, sondern die bestimmte, durch den angeschriebenen Ausdruck definierte Funktion. — In ähnlicher Weise verwenden wir das Zeichen :⇔, wenn ein gewisser, u.U. komplizierter Sachverhalt (= Definiens) durch eine neu geprägte Formel (= Definiendum) ausgedrückt bzw. abgekürzt werden soll:

④ $$(a,b)=(c,d) \;:\Leftrightarrow\; a=c \wedge b=d. \quad \bigcirc$$

12. Mengen

Wir versuchen nicht, zu erklären, was eine Menge ist oder was die Formeln

$$x\in A, \qquad x\notin A$$

bedeuten: Diese Dinge bleiben undefiniert. Wir stellen uns natürlich trotzdem etwas darunter vor und lesen dann die beiden Formeln folgendermaßen:

$x\in A$: „x ist Element (Punkt) der Menge A", „x in A";

$x\notin A$: „x ist nicht Element (Punkt) der Menge A", „x nicht in A".

Die Bezeichnungen „Element" und „Punkt" sind in diesem Zusammenhang synonym.

Sind $a,b,\ldots,c$ gegebene Objekte, so bezeichnet man die Menge, die genau diese Objekte enthält, mit

$$\{a,b,\ldots,c\};$$

insbesondere ist

$$\{a\}$$

die Menge, die aus dem einzigen Element a besteht.

Ist weiter X eine Menge und $\mathscr{A}(x)$ eine Aussage über Elemente $x \in X$, die für gewisse $x \in X$ zutrifft, für andere nicht, so bezeichnet

$$\{x \in X \mid \mathscr{A}(x)\}$$

die Menge aller derjenigen $x \in X$, für die die Aussage zutrifft. Besteht kein Zweifel über die „Grundmenge" X, so schreibt man kürzer

$$\{x \mid \mathscr{A}(x)\}.$$

Das Symbol $\emptyset$ schließlich bezeichnet die *leere Menge*. Es gibt also kein Element $x \in \emptyset$, und jede Aussage über die einzelnen Elemente von $\emptyset$ (z.B., daß sie blaue Augen haben) ist trivialerweise richtig.

Für gewisse Standardmengen haben sich Standardbezeichnungen eingebürgert, nämlich $\mathbb{N}$ für die (Menge der) natürlichen Zahlen inklusive 0, $\mathbb{Z}$ für die ganzen Zahlen, $\mathbb{Q}$ für die rationalen Zahlen, $\mathbb{R}$ für die reellen Zahlen und $\mathbb{C}$ für die komplexen Zahlen. Von diesen Zahlensystemen wird weiter unten ausführlich die Rede sein; der Leser ist aber sicher soweit damit vertraut, daß wir in den folgenden und in späteren Beispielen darauf Bezug nehmen dürfen.

① $$0 \in \mathbb{N}, \quad x \in \mathbb{N} \Rightarrow x+1 \in \mathbb{N}, \quad \tfrac{1}{2} \notin \mathbb{N};$$
$$x, y \in \mathbb{Z} \Rightarrow x \cdot y \in \mathbb{Z}, \quad x \in \mathbb{Z} \Rightarrow \frac{x(x+1)(x+2)}{6} \in \mathbb{Z};$$
$$-\tfrac{3}{5} \in \mathbb{Q}, \quad \sqrt{2} \notin \mathbb{Q}, \quad a \in \mathbb{Q} \Rightarrow \frac{2a}{1+a^2} \in \mathbb{Q};$$
$$\{x \in \mathbb{R} \mid x^4 - 2x^2 = 0\} = \{0, \sqrt{2}, -\sqrt{2}\},$$
$$\{x \in \mathbb{Q} \mid x^4 - 2x^2 = 0\} = \{0\};$$
$$\{z \in \mathbb{C} \mid z = \bar{z} \wedge z^2 = -4\} = \emptyset. \quad \bigcirc$$

Die Menge A ist eine *Teilmenge* der Menge B oder ist *enthalten* in der Menge B, in Zeichen:

$$A \subset B,$$

wenn aus $x \in A$ folgt: $x \in B$. Diese Beziehung zwischen zwei Mengen heißt *Inklusion*, sie ist *transitiv*, d.h. es gilt für beliebige drei Mengen A, B, C:

$$(A \subset B) \wedge (B \subset C) \Rightarrow A \subset C.$$

② $$\mathbb{N} \subset \mathbb{Z} \subset \mathbb{Q} \subset \mathbb{R} \subset \mathbb{C}. \quad \bigcirc$$

Zwei Mengen A und B sind *gleich*, wenn jede in der anderen enthalten ist:

(1) $$A = B :\Leftrightarrow (A \subset B) \wedge (B \subset A).$$

Hiernach zerfällt der Beweis der Gleichheit von zwei (verschieden dargestellten) Mengen i.a. in zwei Teile; der erste Teil sieht typischerweise so aus:

$$x \in A \Rightarrow \cdots \Rightarrow \cdots \Rightarrow \cdots \Rightarrow x \in B.$$

Zwei Mengen A und B *besitzen nichtleeren Durchschnitt*, in Zeichen:

$$A \between B,$$

wenn es wenigstens ein Element x gibt, das beiden Mengen gleichzeitig angehört. Gibt es kein solches x, so heißen die beiden Mengen *disjunkt* oder *punktfremd*, in Zeichen:

$$A \mathrel{)\!(} B.$$

Verschiedene Verknüpfungen erlauben, aus gegebenen Mengen neue Mengen zu bilden. Diese Verknüpfungen werden durch die Fig. 12.1, sogenannte *Venn-Diagramme*, veranschaulicht.

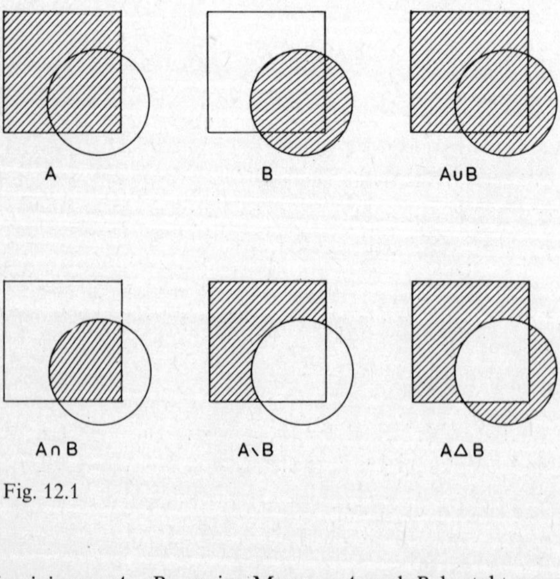

Fig. 12.1

Die *Vereinigung* $A \cup B$ zweier Mengen A und B besteht aus denjenigen x, die wenigstens einer der beiden Mengen A und B angehören:

$$A \cup B := \{x \mid x \in A \vee x \in B\},$$

der *Durchschnitt* $A \cap B$ aus denjenigen x, die beiden Mengen A und B gleichzeitig angehören:

$$A \cap B := \{x \mid x \in A \wedge x \in B\}.$$

Es gelten die Beziehungen

$$A \cap B \subset A \subset A \cup B,$$
$$A \subset B \quad \Leftrightarrow \quad A \cap B = A,$$
$$A \subset B \quad \Leftrightarrow \quad A \cup B = B,$$

deren Beweis wir dem Leser überlassen.

Vereinigung und Durchschnitt lassen sich auch für mehr als zwei, ja für beliebig viele Mengen bilden. Dies läßt sich folgendermaßen formalisieren: Gegeben sind eine Menge I, in diesem Zusammenhang als *Indexmenge* bezeichnet, sowie für jedes $\iota \in I$ eine Menge A_ι. Man spricht dann etwa von der *Familie* oder dem *System* der Mengen A_ι und schreibt dafür $(A_\iota)_{\iota \in I}$. Vereinigung und Durchschnitt aller A_ι sind nun sinngemäß gegeben durch

$$\bigcup_{\iota \in I} A_\iota := \{x \mid \exists\, \iota \in I\, (x \in A_\iota)\},$$
$$\bigcap_{\iota \in I} A_\iota := \{x \mid x \in A_\iota\ \forall\, \iota \in I\}.$$

Die *Differenzmenge* $A \setminus B$ von irgend zwei Mengen A und B besteht aus denjenigen $x \in A$, die nach Entfernung allfälliger Elemente von B noch übrigbleiben:

$$A \setminus B := \{x \mid x \in A \wedge x \notin B\}.$$

Sind alle betrachteten Mengen Teilmengen einer gewissen „Grundmenge" X, so schreibt man anstelle von $X \setminus A$ auch $\complement_X A$ oder einfach $\complement A$ und nennt $\complement A$ das *Komplement von A (in X)*. Es gilt

$$A \supset\subset \complement A, \qquad A \cup \complement A = X, \qquad \complement\complement A = A.$$

③ $\complement_{\mathbb{R}} \mathbb{Q}$ ist die Menge der irrationalen Zahlen. ○

Die *symmetrische Differenz* $A \triangle B$ zweier Mengen A und B besteht aus denjenigen x, die genau einer der beiden Mengen angehören:

$$A \triangle B := (A \cup B) \setminus (A \cap B).$$

Die symmetrische Differenz ist „klein", wenn die beiden Mengen „fast übereinstimmen" (siehe die Fig. 12.2).

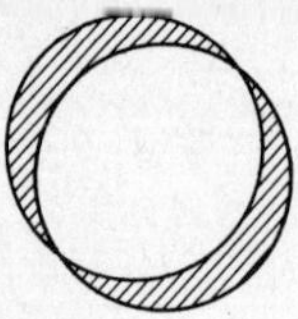

Fig. 12.2

Die eben definierten Verknüpfungen von Mengen gehorchen gewissen Rechengesetzen. Wir zählen einige davon auf:

$$A \cup B = B \cup A, \quad A \cap B = B \cap A \quad \textit{(Kommutativität)};$$
$$(A \cup B) \cup C = A \cup (B \cup C), \quad (A \cap B) \cap C = A \cap (B \cap C) \quad \textit{(Assoziativität)};$$
$$A \cap (B \cup C) = (A \cap B) \cup (A \cap C) \quad \textit{(1. Distributivgesetz)}.$$

Diese Eigenschaften von $\cup$ und $\cap$ ergeben sich unmittelbar aus den entsprechenden Eigenschaften der „logischen Verknüpfungen" $\vee$ und $\wedge$. Letztere sind Grunderfahrungen des Denkens und lassen sich nicht weiter zurückführen. Als weiteres Beispiel behandeln wir die *Formeln von De Morgan*: Für eine beliebige Familie $(A_\iota)_{\iota \in I}$ von Teilmengen einer Grundmenge X gilt

$$\complement \bigcup_{\iota \in I} A_\iota = \bigcap_{\iota \in I} \complement A_\iota \text{ —}$$

in Worten: Das Komplement der Vereinigung ist gleich dem Durchschnitt der Komplemente — sowie „dual" dazu

$$\complement \bigcap_{\iota \in I} A_\iota = \bigcup_{\iota \in I} \complement A_\iota .$$

⌜ Ein Element $x \in X$ gehört genau dann nicht zur Vereinigung aller A_ι, wenn es in keinem einzigen A_ι liegt, d.h. aber: wenn es in jedem einzelnen $\complement A_\iota$ und damit auch im Durchschnitt aller $\complement A_\iota$ liegt. — Die zweite Formel wird analog bewiesen. ⌟

Sind a und b irgendwelche Objekte, so bezeichnet der Ausdruck (a,b) das *„geordnete Paar a,b"*. Wir wollen diesen Begriff nicht weiter hinterfragen und uns darauf beschränken, zu definieren, wann zwei geordnete Paare übereinstimmen:

$$(a,b) = (c,d) :\Leftrightarrow a = c \wedge b = d .$$

Das geordnete Paar (a,b) ist also wohl zu unterscheiden von der zweielementigen Menge $\{a,b\}$, bei der es nicht auf die Reihenfolge der Elemente ankommt: Es gilt stets $\{a,b\}=\{b,a\}$; ist aber $a \neq b$, so ist $(a,b) \neq (b,a)$.

④ Die beiden Lösungen der quadratischen Gleichung $x^2-5x+6=0$ bilden eine zweielementige Menge, nämlich $\{2,3\}$; die Lösung des Gleichungssystems

$$x+2y=5,$$
$$4x-y=2$$

hingegen ist das geordnete Paar $(x,y)=(1,2)$. ○

Sind A und B zwei beliebige Mengen, so läßt sich die Menge aller aus je einem Element von A und von B bestehenden Paare konstruieren. Diese Menge

$$A \times B := \{(a,b) \mid a \in A, b \in B\}$$

heißt *kartesisches Produkt* der Mengen A und B, da Descartes mit der Erfindung des Koordinatenkreuzes als erster die Ebene als „Produkt" von zwei reellen Achsen aufgefaßt hat (siehe die Fig. 12.3).

⑤ Das kartesische Produkt der Mengen $A:=\{a,b,c\}$ und $B:=\{1,2\}$ ist die sechselementige Menge

$$A \times B = \{(a,1),(a,2),(b,1),(b,2),(c,1),(c,2)\}. \quad ○$$

Die natürliche Fortsetzung des Paarbegriffs ist der Begriff des „geordneten n-Tupels". Wir werden darauf zurückkommen.

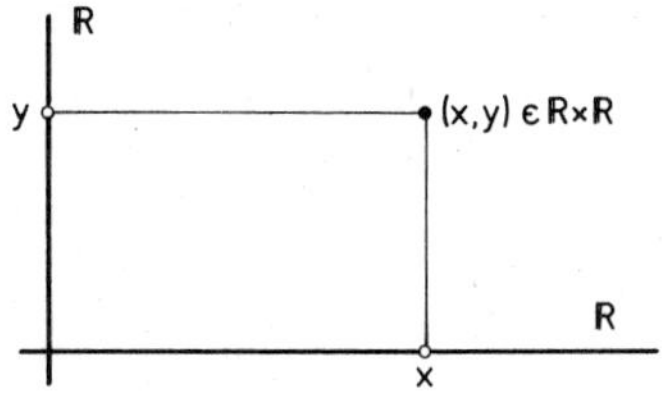

Fig. 12.3

13. Funktionen

Es seien A und B zwei beliebige Mengen. Unter einer *Funktion* oder *Abbildung f von A nach B*, in Zeichen:

$$f: A \to B,$$

versteht man eine Vorschrift, die für jeden Punkt $x \in A$ genau einen Punkt $y \in B$ festlegt, in Zeichen:

$$f: x \mapsto y.$$

Dieses y heißt *Funktionswert an der Stelle* x oder *Bildpunkt* von x und wird mit $f(x)$ (oder ähnlich) bezeichnet. Die Menge A ist der *Definitionsbereich*, B der *Wertevorrat* von f; für Definitionsbereich und Wertevorrat verwenden wir gelegentlich die Abkürzungen $\mathscr{D}(f)$ und $\mathscr{W}(f)$.

Wir haben hier den fundamentalen Begriff der Funktion mit Hilfe von bürgerlichen Vorstellungen („Vorschrift", „festlegen") erklärt. Das wäre an sich nicht nötig gewesen: Wie wir gleich sehen werden, läßt sich der Funktionsbegriff auch direkt auf schon eingeführte Begriffe abstützen.

Eine auf einem reellen Intervall definierte Funktion f wird bekanntlich durch eine Kurve in der (x,y)-Ebene „dargestellt", die durch $f(x) := x^2$ definierte Funktion z.B. durch die Parabel $y = x^2$. Diese Idee läßt sich verallgemeinern: Zu jeder Funktion

$$f: A \to B$$

gehört ihr *Graph*

$$\mathscr{G}(f) := \{(x,y) \in A \times B \mid x \in A, y = f(x)\},$$

eine wohlbestimmte Teilmenge von $A \times B$ (siehe die Fig. 13.1—2). Der Graph $\mathscr{G}(f) =: \mathscr{G}$ besitzt folgende Eigenschaft:

(∗) Zu jedem $x \in A$ gibt es genau ein $y \in B$ mit $(x,y) \in \mathscr{G}$.

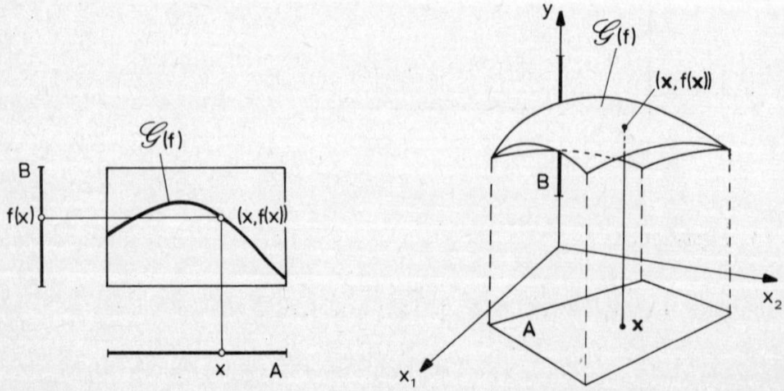

Fig. 13.1—2

Umgekehrt: Ist $\mathcal{G}$ eine beliebige Teilmenge von $A \times B$ mit der Eigenschaft $(*)$, so gibt es eine wohlbestimmte Funktion $f: A \to B$, deren Graph gerade die Menge $\mathcal{G}$ ist: Der Funktionswert $f(x)$ ist für jedes $x \in A$ das eindeutig bestimmte $y \in B$ mit $(x, y) \in \mathcal{G}$.

Da also Funktion und Graph einander gegenseitig bestimmen, werden sie zuweilen als ein und dasselbe betrachtet. In diesem Sinne definiert man dann: Eine *Funktion* $f: A \to B$ ist eine Teilmenge $\mathcal{G} \subset A \times B$, die die Eigenschaft $(*)$ besitzt.

Eine Funktion ist *ein* Objekt und wird daher i.a. mit *einem* Buchstaben, z.B. mit f, gelegentlich mit $f(\cdot)$, bezeichnet. Wenn wir trotzdem hie und da von einer „Funktion $f(x)$" oder gar von einer „Funktion $y = f(x)$" sprechen, so, um dem Leser mitzuteilen, daß in dem betreffenden Zusammenhang x als Variable für Punkte des Definitionsbereiches, y als Variable für Punkte des Wertevorrats, evtl. als Abkürzung für den Funktionswert $f(x)$ benutzt wird. In ähnlicher Weise sprechen wir z.B. von der „Funktion $2x/(1-x^2)$" und meinen damit die durch

$$f: x \mapsto \frac{2x}{1-x^2}$$

definierte Funktion f. Eine solchermaßen durch einen „Ausdruck" definierte Funktion besitzt als natürlichen Definitionsbereich die Menge aller derjenigen $x \in X$, für die der betreffende Ausdruck ausgewertet werden kann; dabei bezeichnet X eine von vorneherein vereinbarte „Grundmenge" (z.B. $\mathbb{R}$).

Eine Funktion $f: A \to B$ liefert zunächst einmal für jeden einzelnen Punkt $x \in A$ einen Punkt $f(x) \in B$. Wir betrachten jetzt eine Teilmenge U von A. Die Funktionswerte der Punkte $x \in U$ bilden zusammen eine gewisse Teilmenge von B, und es liegt nahe, diese *Bildmenge* der Menge U mit $f(U)$ zu bezeichnen:

$$f(U) := \{f(x) \mid x \in U\}.$$

In dieser Weise wirkt also die Funktion $f: A \to B$ in zweiter Linie auch auf die Teilmengen von A. Für die Bildmenge des ganzen Definitionsbereichs von f verwenden wir die Bezeichnung $\operatorname{Im}(f)$ und sprechen dann von der *Bildmenge* der Funktion f. $\operatorname{Im}(f)$ ist im allgemeinen eine echte Teilmenge des Wertevorrats $\mathcal{W}(f)$. Gilt jedoch

$$\operatorname{Im}(f) = \mathcal{W}(f) \quad (\text{bzw. } f(A) = B),$$

d.h. tritt jeder Punkt $y \in B$ als Bildpunkt wenigstens eines Punktes $x \in A$ auf, so heißt die Funktion $f: A \to B$ *surjektiv* oder eine Abbildung von A *auf* B.

① Die Funktionen

$$f\colon \mathbb{R}\to\mathbb{R},\quad x\mapsto 2x\,,$$
$$g\colon \mathbb{R}\to\mathbb{R},\quad x\mapsto x^3-x$$

sind surjektiv, die Funktionen

$$h\colon \mathbb{R}\to\mathbb{R},\quad x\mapsto e^x\,,$$
$$k\colon \mathbb{R}\to\mathbb{R},\quad x\mapsto x^2$$

nicht (siehe die Fig. 13.3—6). ○

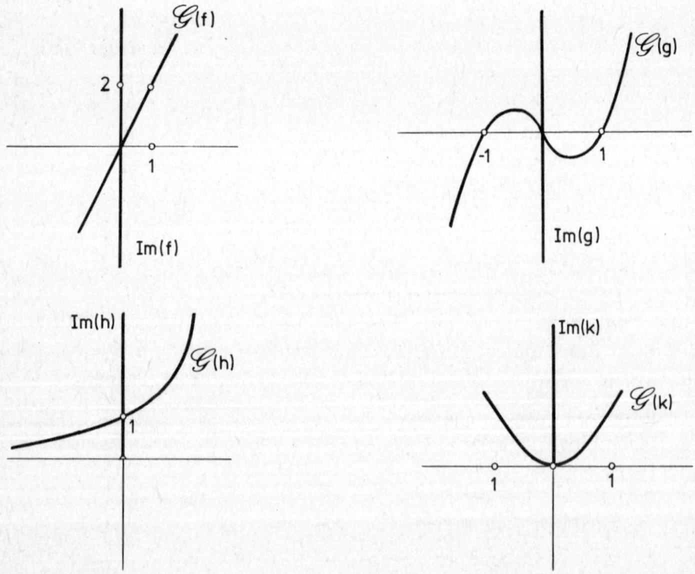

Fig. 13.3—6

Die Abbildung $f\colon A\to B$ heißt *injektiv* oder *eineindeutig*, wenn keine zwei verschiedenen Punkte $x_1, x_2\in A$ denselben Bildpunkt $y\in B$ besitzen, d.h. wenn für beliebige $x_1, x_2\in A$ gilt

$$f(x_1)=f(x_2)\ \Rightarrow\ x_1=x_2\,.$$

② Die Funktionen f und h des Beispiels ① sind injektiv, die Funktionen g und k nicht (es gilt ja $g(-1)=g(0)=g(1)$, $k(-1)=k(1)$). ○

Ist $f: A \to B$ gleichzeitig surjektiv und injektiv, so heißt f *bijektiv*. In diesem Fall tritt jeder Punkt $y \in B$ genau einmal als Bildpunkt auf: wenigstens einmal wegen der Surjektivität und höchstens einmal wegen der Injektivität. Damit ist nicht nur für jedes $x \in A$ genau ein $y \in B$ festgelegt (durch f), sondern auch für jedes $y \in B$ genau ein $x \in A$, nämlich das wohlbestimmte x mit $f(x)=y$. In anderen Worten: Für jede bijektive Abbildung $f: A \to B$ ist die *Umkehrabbildung*

$$f^{-1}: B \to A, \quad y \mapsto \text{„das } x \in A \text{ mit } f(x)=y\text{“}$$

erklärt. Die Umkehrabbildung macht die Wirkung von f wieder rückgängig (siehe hierzu Beispiel ⑧ sowie Fig. 13.7), sie ist ebenfalls bijektiv, endlich gilt $(f^{-1})^{-1}=f$. Den Beweis dieser einfachen aber fundamentalen Tatsachen überlassen wir dem Leser.

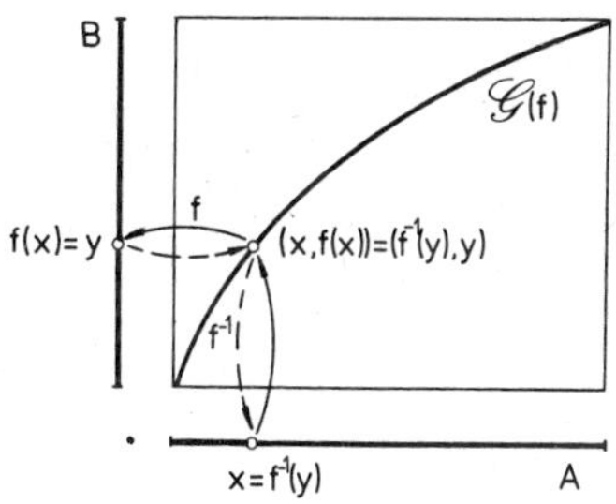

Fig. 13.7

③ Von den Funktionen des Beispiels ① ist nur f bijektiv. Die Umkehrabbildung ist gegeben durch

$$f^{-1}: \mathbb{R} \to \mathbb{R}, \quad y \mapsto \frac{y}{2}.$$

Weiter läßt sich die injektive Funktion h als bijektive Abbildung von $\mathbb{R}$ auf die Menge $\mathbb{R}^+ := \{y \in \mathbb{R} \mid y > 0\}$ der positiven Zahlen auffassen. Zu

$$h: \mathbb{R} \to \mathbb{R}^+, \quad x \mapsto e^x$$

gibt es dann die Umkehrfunktion

$$h^{-1}: \mathbb{R}^+ \to \mathbb{R}, \quad y \mapsto \log y$$

(gemeint ist der natürliche Logarithmus, siehe Abschnitt 92). ○

④ Es sei A eine beliebige Menge. Die spezielle Abbildung

$$\mathbb{1}_A : A \to A, \quad x \mapsto x$$

heißt *identische Abbildung* von A. Die identische Abbildung $\mathbb{1}_A$ (oder einfach: $\mathbb{1}$, wenn sich der Definitionsbereich aus dem Zusammenhang ergibt) ist trivialerweise bijektiv und fällt mit ihrer Umkehrabbildung zusammen. ○

Wird eine Funktion $f: A \to B$ für gewisse Zwecke nur auf einer Teilmenge $U \subset A$ betrachtet und auf der Restmenge $A \setminus U$ „vergessen", so spricht man von der *Einschränkung von f auf die Teilmenge U* und bezeichnet diese Einschränkung, wenn nötig, mit $f_{|U}$. Ist umgekehrt $\tilde{A}$ eine *Obermenge* von A (d.h. $\tilde{A} \supset A$) und $\tilde{f}: \tilde{A} \to B$ eine Funktion, die auf A mit f übereinstimmt:

$$\tilde{f}_{|A} = f,$$

so heißt $\tilde{f}$ eine *Fortsetzung von f auf die Menge* $\tilde{A}$.

⑤ Wird die Funktion k des Beispiels ① auf die positiven Zahlen eingeschränkt, so entsteht die bijektive Abbildung

$$k_{|\mathbb{R}^+} : \mathbb{R}^+ \to \mathbb{R}^+, \quad x \mapsto x^2$$

mit der Umkehrabbildung

$$(k_{|\mathbb{R}^+})^{-1} : \mathbb{R}^+ \to \mathbb{R}^+, \quad y \mapsto \sqrt{y}\,. \quad ○$$

⑥ Die Winkelfunktionen cos und sin werden im Elementarunterricht mit Hilfe von rechtwinkligen Dreiecken zunächst nur für Winkel zwischen 0 und $\pi/2$ erklärt. Bekanntlich lassen sich diese Funktionen „in natürlicher Weise" auf die ganze reelle Achse fortsetzen. Die „natürliche" Fortsetzung ist unter allen möglichen Fortsetzungen dadurch ausgezeichnet, daß sie zu einer besonders schönen Theorie der betreffenden Funktionen führt. ○

Sind $f: A \to B$ und $g: B \to C$ zwei Funktionen, so ist für jedes $x \in A$ zunächst durch f der Punkt $f(x) \in B$ festgelegt und zu diesem dann durch g der Punkt $g(f(x)) \in C$. Damit entsteht von selbst die *aus f und g zusammengesetzte Abbildung*

$$g \circ f : A \to C, \quad x \mapsto g(f(x))$$

(siehe die Fig. 13.8). Man beachte: $g \circ f$ bedeutet „erst f, dann g", entgegen der üblichen Lesrichtung. Um diese Inversion zu vermeiden, schreiben manche Autoren, vor allem in der Algebra, die Funktionen rechts, also xf anstelle von $f(x)$.

Dann kommt die Reihenfolge bei der Zusammensetzung von selbst richtig: $x f g$ entspricht $g(f(x))$.

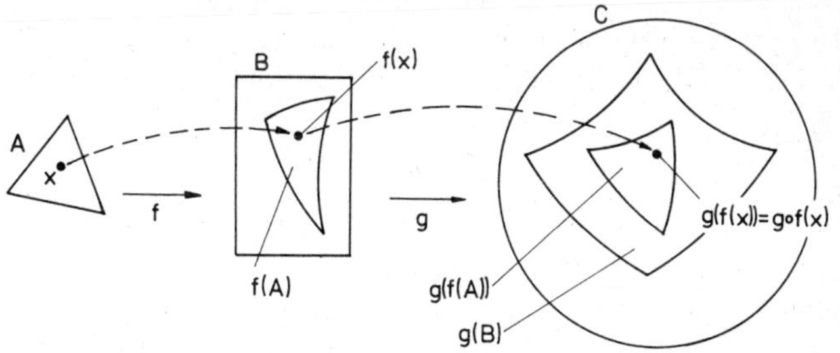

Fig. 13.8

⑦ Die beiden möglichen Zusammensetzungen der Funktionen f und h aus Beispiel ① sind

$$f \circ h : x \mapsto f(h(x)) = 2e^x ,$$
$$h \circ f : x \mapsto h(f(x)) = e^{2x} ,$$

und diese beiden Funktionen sind ersichtlich voneinander verschieden. ○

⑧ Es sei $f: A \to B$ bijektiv. Dann gilt

$$f^{-1} \circ f = \mathbb{1}_A, \quad f \circ f^{-1} = \mathbb{1}_B . \quad ○$$

⑨ Sind $f: A \to B$ und $g: B \to C$ beide surjektiv bzw. injektiv bzw. bijektiv, so besitzt auch $g \circ f$ die betreffende Eigenschaft. Im bijektiven Fall gilt ferner

$$(g \circ f)^{-1} = f^{-1} \circ g^{-1} . \quad ○$$

14. Tupel und Folgen

Es sei X eine beliebige Menge und n eine natürliche Zahl $\geqslant 1$. Wir betrachten jetzt speziell eine Funktion

(1) $$f: \{1, 2, \ldots, n\} \to X$$

und setzen zur Abkürzung

$$f(k) =: x_k \quad (1 \leqslant k \leqslant n) .$$

Die Funktion f ist durch ihre Wertetabelle

(2) $\qquad (x_1, x_2, \ldots, x_n)$

vollständig bestimmt. Man nennt (2) ein *(geordnetes) n-Tupel*; zwei geordnete n-Tupel sind genau dann gleich, wenn sie Wertetabellen derselben Funktion (1) sind:

$$(x_1, \ldots, x_n) = (x'_1, \ldots, x'_n) \Leftrightarrow x_k = x'_k \quad (1 \leqslant k \leqslant n).$$

Man ist nun geneigt, zu vergessen, daß n-Tupel von Funktionen (1) herkommen, und betrachtet sie als „selbständige" Objekte. Ein 2-Tupel (x_1, x_2) ist in diesem Sinn nichts anderes als ein geordnetes Paar von Elementen der Menge X. Dabei hat es sich als praktisch erwiesen, n-Tupel von Elementen $x \in X$ mit den entsprechenden halbfetten Buchstaben zu bezeichnen, $(x_1, x_2, \ldots, x_n)$ also mit $\mathbf{x}$. Man beachte: x_k ist die *k-te Koordinate* des n-Tupels $\mathbf{x}$; $\mathbf{x}_k$ hingegen bezeichnet das n-Tupel mit der Nummer k, falls einmal mehrere n-Tupel gleichzeitig ins Auge gefaßt werden.

Analog zum kartesischen Produkt von zwei Mengen A und B definiert man jetzt das *n-fache kartesische Produkt der Menge X*:

$$X^n := \{\mathbf{x} := (x_1, \ldots, x_n) \mid x_k \in X \ (1 \leqslant k \leqslant n)\}.$$

① $\mathbb{R}^2$ ist die *Koordinatenebene*, $\mathbb{R}^3$ der *dreidimensionale Koordinatenraum*. $\mathbb{Z}^2$ ist die Menge aller Paare ganzer Zahlen oder die Menge der *Gitterpunkte* in der Ebene $\mathbb{R}^2$ (siehe die Fig. 14.1). ○

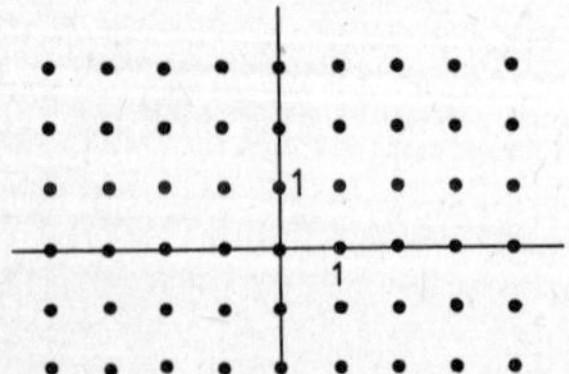

Fig. 14.1

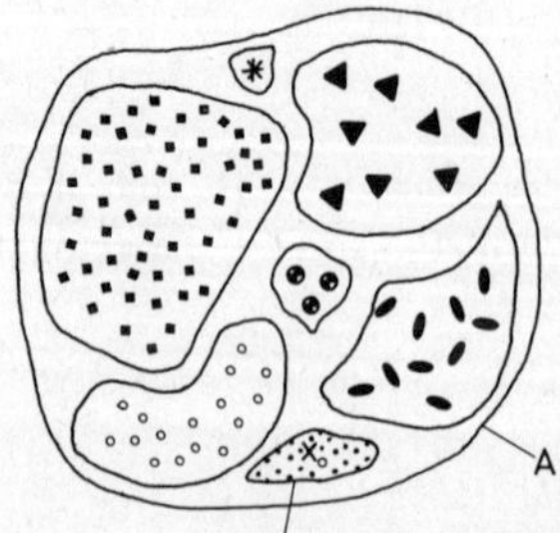

Fig. 15.1

Eine Funktion

(3) $\qquad f: \mathbb{N} \to X, \quad k \mapsto x_k,$

die also für jede natürliche Zahl k einen Punkt $x_k \in X$ festlegt, heißt eine *(unendliche) Folge auf X* (oder auch *in X*), sie ist bestimmt durch ihre Wertetabelle

$$(x_0, x_1, x_2, x_3, \ldots) =: (x_k).$$

Es ist üblich, statt von f von der „Folge (x_k)" oder z.B. von der „Folge $x_k := k/(k+1)$" zu sprechen (vgl. die analoge Bemerkung in Abschnitt 13). Wenn nötig verwenden wir für Folgen wie bei den n-Tupeln entsprechende halbfette Buchstaben, für die Folge (3) also den Buchstaben $\mathbf{x}$.

② Die Folge $x_k := (-1)^k$ nimmt nur die beiden Werte 1 und -1 an. — Durch $A_k := \{z \in \mathbb{C} \mid z^k = 1\}$ wird eine Folge von Teilmengen $A_k \subset \mathbb{C}$ definiert (A_k ist die Menge der sogenannten *k-ten Einheitswurzeln*). ○

15. Äquivalenzrelationen

Eine Teilmenge $R \subset A \times A$ heißt eine *(zweistellige) Relation auf* A, wenn die Vorstellung nahegelegt werden soll, daß die zu R gehörenden Paare (x,y) in gewissem Sinn vor den nicht zu R gehörenden Paaren „ausgezeichnet" sind. Für Relationen verwendet man suggestive Symbole wie $=$, $\sim$, $\simeq$, $<$, $\leqslant$ usw. und schreibt $x \sim y$, $x < y, \ldots$ anstelle von $(x,y) \in \sim$, $(x,y) \in <, \ldots$.

Von besonderer Kraft sind, wie sich gleich zeigen wird, die Äquivalenzrelationen, die eine Abschwächung der „Gleichheitsbeziehung" darstellen. Eine Relation $\sim$ auf der Menge A heißt *Äquivalenzrelation auf* A, wenn für beliebige $x,y,z \in A$ gilt

(A 1) $x \sim x$ *(Reflexivität)*,

(A 2) $x \sim y \Rightarrow y \sim x$ *(Symmetrie)*,

(A 3) $x \sim y,\quad y \sim z \Rightarrow x \sim z$ *(Transitivität)*.

Das Zeichen $\sim$ wird im folgenden nur für Äquivalenzrelationen benützt. Gilt $x \sim y$, so heißen die Elemente x und y *äquivalent*.

① (a) Kongruenz und Ähnlichkeit sind Äquivalenzrelationen auf der Menge aller Dreiecke in der Ebene. — (b) „Verbindbarkeit auf dem Landweg" ist eine Äquivalenzrelation auf der Menge der Landpunkte der Erdoberfläche. ○

Der folgende Satz ist nun für die ganze Mathematik fundamental (siehe die Fig. 15.1):

(1.1) *Eine Äquivalenzrelation auf der Menge A bewirkt eine Zerlegung von A in disjunkte nichtleere Teilmengen derart, daß je zwei Elemente ein und derselben Teilmenge äquivalent, je zwei Elemente verschiedener Teilmengen aber nicht äquivalent sind.*

⌜ Zum Beweis betrachten wir für jedes feste $x_0 \in A$ die Menge

$$[x_0] := \{x \in A \mid x \sim x_0\}$$

aller zu x_0 äquivalenten Elemente. Man nennt $[x_0]$ die *von* x_0 *erzeugte Äquivalenzklasse*, jedes Element $x \in [x_0]$ ist ein *Repräsentant* dieser Klasse. Wegen (A1) enthält $[x_0]$ wenigstens das Element x_0, somit ist keine Klasse leer; und da $x_0 \in A$ beliebig war, liegt jedes Element in wenigstens einer Klasse.

Wir behaupten nun: Zwei verschieden erzeugte Äquivalenzklassen $[x_1]$ und $[x_2]$ sind entweder disjunkt oder ein und dieselbe Teilmenge von A. Gibt es nämlich ein $x_0 \in A$ mit

(1) $$x_0 \in [x_1] \cap [x_2]$$

und ist x ein beliebiges Element von $[x_1]$, so gelten simultan die drei Relationen

$$x \sim x_1, \quad x_0 \sim x_1, \quad x_0 \sim x_2 .$$

Hier läßt sich die mittlere nach (A2) ersetzen durch $x_1 \sim x_0$, und mit zweimaliger Anwendung von (A3) ergibt sich $x \sim x_2$, d.h. $x \in [x_2]$. Somit folgt aus (1) die Inklusion $[x_1] \subset [x_2]$. Aus Symmetriegründen gilt dann auch die umgekehrte Inklusion, und man hat in der Tat $[x_1] = [x_2]$.

Zwei Elemente x_1 und x_2 liegen genau dann in derselben Klasse, also in $[x_2]$, wenn gilt: $x_1 \sim x_2$. ⌟

② Die Äquivalenzklassen des Beispiels ①(b) heißen, je nach Größe, *Inseln* oder *Erdteile*. Wir sehen hier, wie mit Hilfe einer Äquivalenzrelation ein neuer Begriff recht eigentlich „erschaffen" werden kann. ○

Weitere Beispiele von Äquivalenzklassen werden sich im folgenden von selbst ergeben; dabei werden wir auch auf die Besonderheiten des „Rechnens mit Äquivalenzklassen" zu sprechen kommen.

16. Ordnungsrelationen

Im folgenden behandeln wir verschiedene Arten von sogenannten *Ordnungsrelationen* auf einer Menge A. Derartige Relationen werden mit suggestiven Zeichen wie z.B. $\prec$ bezeichnet; dabei sollen $x \prec y$ und $y \succ x$ dasselbe bedeuten. Ist die Relation $\prec$ reflexiv:

(O0′) $$x \prec x \quad \forall x \in A,$$

so wird man $\prec$ als „eher kleiner" lesen; ist $\prec$ im Gegenteil „*antireflexiv*":

(O0″) $$x \not\prec x \quad \forall x \in A,$$

so ist offenbar „streng kleiner" gemeint.

Eine Ureigenschaft jeder Ordnungsrelation ist die *Transitivität:*

(O 1) $\quad x \prec y \ \wedge\ y \prec z \ \Rightarrow\ x \prec z$.

Die durch die Inklusion $\subset$ gegebene „Ordnung" von Mengen nach ihrer „Größe" ist reflexiv und besitzt weiter die Eigenschaft der *Identitivität* (vgl. (12.1)):

(O 2) $\quad x \prec y \ \wedge\ y \prec x \ \Rightarrow\ x = y$.

Eine reflexive, transitive und identitive Relation $\prec$ auf A heißt eine *Halbordnung* oder *teilweise Ordnung* auf A.

① Die Menge der Teilmengen einer festen Menge X ist halbgeordnet durch $\subset$. Diese „Ordnung" der Teilmengen ist aber nicht „total": Sind zwei Teilmengen nicht zufällig ineinander enthalten, so lassen sie sich durch $\subset$ nicht miteinander vergleichen. ○

② Die Menge

$$\mathbb{N}^* := \mathbb{N} \setminus \{0\} = \{1, 2, 3, \ldots\}$$

ist halbgeordnet durch die *Teilbarkeitsrelation* /, gelesen: „teilt" und definiert durch

$$p/q \ :\Leftrightarrow\ \exists x \in \mathbb{N}^* (px = q).$$

Wir überlassen die Verifikation dem Leser. ○

Mit *Totalität* bezeichnet man die Eigenschaft einer Relation $\prec$, daß sich zwei Elemente stets der Größe nach miteinander vergleichen lassen:

(O 3) $\quad x \prec y \ \vee\ y \prec x \quad \forall x, y$.

Eine transitive und totale Relation $\prec$ auf einer Menge A wird zuweilen als *schwache Ordnung* bezeichnet.

③ Die komplexen Zahlen werden schwach geordnet durch die Festsetzung

$$z_1 \prec z_2 \ :\Leftrightarrow\ |z_1| \leqslant |z_2|.$$

Diese „Ordnung" der komplexen Zahlen ist natürlich nicht identitiv: Zahlen auf demselben Kreis um 0 sind „gleich groß" und trotzdem voneinander verschieden. ○

④ Die „gewöhnliche" Ordnung $\leqslant$ der ganzen oder der reellen Zahlen besitzt alle drei Eigenschaften (O 1), (O 2) und (O 3) gleichzeitig. ○

Wir definieren: Eine transitive, identitive und totale Relation $\prec$ auf einer Menge A heißt eine *Ordnung auf* A; die Menge A wird durch eine derartige Relation *geordnet*. Erst eine geordnete Menge weist *alle* Charakteristika auf, die wir anschaulich bei einer „Ordnung" erwarten.

Um dies klarer zu sehen, betrachten wir eine durch $\prec$ geordnete Menge A. Zu $\prec$ gehört eine strenge Ungleichung $<$, gegeben durch

(1) $$x<y \;:\Leftrightarrow\; x\prec y \;\wedge\; x\not\succ y.$$

Wie man leicht verifiziert, ist $<$ antireflexiv und ebenfalls transitiv; ferner ist $x\prec y$ gleichbedeutend mit „entweder $x<y$ oder $x=y$". Wir dürfen daher bei geordneten Mengen das Zeichen $\prec$ durch das suggestivere $\leqslant$, gelesen: „kleiner oder gleich", ersetzen. — Die strenge Ungleichung $<$ besitzt im weiteren folgende Haupteigenschaft:

(1.2) *Für je zwei Elemente* x, y *einer geordneten Menge* A *trifft genau eine der drei Aussagen*

$$x<y, \quad x=y, \quad x>y$$

zu.

⌜ Ist $x=y$, so treffen die beiden anderen Aussagen nicht zu. Ist $x\neq y$, so gilt genau eine der Aussagen $x\leqslant y$, $x\geqslant y$ — wenigstens eine wegen (O3), aber nicht beide wegen (O2). Aufgrund von (1) trifft dann genau eine der Aussagen $x<y$, $x>y$ zu. ⌟

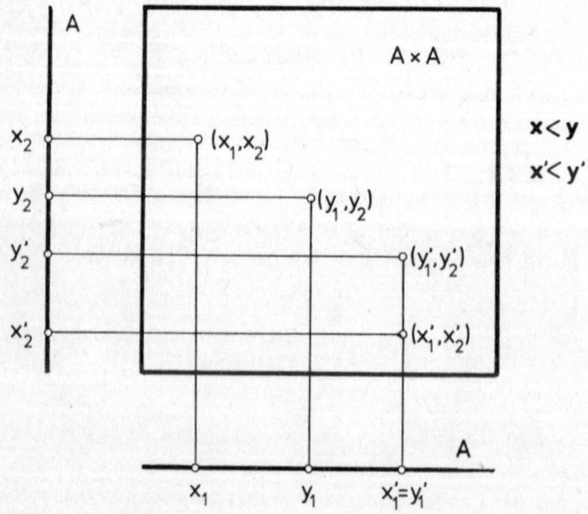

Fig. 16.1

Eine Ordnung läßt sich auch festlegen durch Vorgabe einer transitiven Relation $<$, die die Eigenschaft **(1.2)** besitzt. Die zugehörige Relation $\leqslant$ besitzt dann die Eigenschaften (O1), (O2) und (O3). Wir verzichten auf die Verifikation und begnügen uns mit dem folgenden Beispiel:

⑤ Ist A eine geordnete Menge, so läßt sich auf A^2 eine Ordnung, die sogenannte *lexikographische Ordnung*, definieren durch

$$(x_1,x_2)<(y_1,y_2) \;:\Leftrightarrow\; x_1<y_1 \vee (x_1=y_1 \wedge x_2<y_2).$$

Daß A^2 hierdurch geordnet wird, ist anschaulich klar (siehe die Fig. 16.1), aber langweilig zu beweisen. Das lexikographische Ordnungsprinzip läßt sich in naheliegender Weise auf n-fache kartesische Produkte übertragen. ○

Aufgaben

1. Stelle die folgenden Mengen in geeigneten Figuren anschaulich dar:

   a) $\{t\in\mathbb{R}\,|\,4<t^2\leqslant 16\}$,
   b) $\{z\in\mathbb{C}\,|\,|z-1|+|z+1|=8\}$,
   c) $\{(x,y,z)\in\mathbb{R}^3\,|\,x\geqslant 0,\ y\geqslant 0,\ z\geqslant 0,\ x+y+z=1\}$,
   d) $\left\{x\in\mathbb{R}\,\middle|\,\dfrac{1}{1-x}<1-\dfrac{x}{2}\right\}$,
   e) $\{(x,y)\in\mathbb{R}^2\,|\,1\leqslant|x|+|y|\leqslant 2\}$,
   f) $\{z\in\mathbb{C}\,|\,|z-1|-|z+1|\leqslant 4\}$,
   g) $\{(x,y)\in\mathbb{R}^2\,|\,|x-y|+2\leqslant|x|\}$.

2. Es sei S die Menge aller natürlichen Zahlen ohne quadratischen Teiler, T die Menge aller natürlichen Zahlen mit genau drei Primfaktoren (1 ist keine Primzahl) und U die Menge aller natürlichen Zahlen $\leqslant 200$. Bestimme $S\cap T\cap U$.

3. Zeige:

   a) $A\subset B \Leftrightarrow A\cap B=A$;
   b) $A\subset B \Leftrightarrow A\cup B=B$;
   c) $A\cup(B_1\cap B_2)=(A\cup B_1)\cap(A\cup B_2)$ *(2. Distributivgesetz)*.

4. Es sei $f(x):=x^2+2x+2$. Man bestimme, soweit möglich, die Umkehrfunktionen der Einschränkungen

   a) $f|[0,\infty[$, b) $f|[-2,0]$, c) $f|]-\infty,-2]$.

5. Die Funktion

$$f: x \mapsto \sqrt{9-\sqrt{25-\sqrt{x}}}$$

wird als reellwertige Funktion der reellen Variablen x betrachtet.

a) Bestimme den Definitionsbereich $\mathscr{D}(f)=:D$ sowie die Bildmenge $\mathscr{W}(f)=:W$.
b) Zeige: f ist auf D streng monoton und damit injektiv.
c) Bestimme den analytischen Ausdruck der Umkehrfunktion $f^{-1}: W \to D$.

6. Zwei reelle Größen x und y sind durch die Beziehung

$$\sqrt{1+x}+\sqrt{1-y}=2$$

aneinander gekoppelt. Ist diese Beziehung monoton? Welche Intervalle der x- und der y-Achse werden dadurch aufeinander abgebildet?

7. Versuche, den Begriff der „Richtung" (im $\mathbb{R}^3$) zu definieren.

8. „Aus (A2) und (A3) folgt mit $c:=a$ die Reflexivität. Man kann daher auf (A1) verzichten." — Wo steckt der Trugschluß? Man gebe ein möglichst einfaches Gegenbeispiel.

9. Auf der Menge aller Teilmengen von $\mathbb{N}$ werden folgende Relationen definiert:

a) $A \sim B$, falls $A \setminus B$ endlich ist;
b) $A \sim B$, falls $A \vartriangle B$ endlich ist;
c) $A \sim B$, falls $A \cap B$ endlich ist.

Man untersuche, welche der Äquivalenzaxiome (A1), (A2), (A3) in diesen drei Fällen erfüllt sind.

10. Auf wie viele verschiedene Arten läßt sich eine Menge von $m:=1,2,\ldots,5$ Elementen in Äquivalenzklassen einteilen?

11. Es sei $\prec$ eine transitive und totale Ordnungsrelation auf der Menge A. Zeige: Die Menge A wird durch $\prec$ in disjunkte Klassen gleich großer (noch zu definieren!) Elemente zerlegt.

12. Welche der folgenden Aussagen sind gültige Einwände gegen das Sprichwort „Alles verstehen heißt alles verzeihen"?

a) Niemand versteht alles.
b) Ich verstehe die Eifersucht, aber ich kann sie nicht verzeihen.
c) Ich verstehe alles, aber die Eifersucht kann ich nicht verzeihen.
d) Niemand würde alles verzeihen.
e) Ich verzeihe die Eifersucht, obwohl ich sie nicht verstehe.

13. Jedes alte Schwein ist gefräßig und jedes gesunde Schwein ist gefräßig. Auf einem Bauernhof gibt es sowohl gefräßige als auch nicht gefräßige Schweine. Welche der nachstehenden Schlußfolgerungen sind zulässig?

a) Es hat sowohl alte als auch junge Schweine auf dem Hof.
b) Es hat junge Schweine auf dem Hof.
c) Alle nicht gefräßigen Schweine sind jung.
d) Einige junge Schweine sind krank.
e) Alle jungen Schweine sind krank.

Kapitel 2. Die Axiome von $\mathbb{R}$

In diesem Kapitel beschreiben wir die Grundeigenschaften der reellen Zahlen: Wir geben eine Liste von Axiomen und ziehen die einfachsten Folgerungen. In den nächsten Kapiteln wird dann gezeigt, wie sich der Körper der reellen Zahlen aus den natürlichen Zahlen in mehreren Schritten konstruieren läßt.

Der Leser wird wohl gewisse Vorstellungen von den Eigenschaften der verschiedenen Zahlensysteme $\mathbb{N}, \mathbb{Z}, \ldots, \mathbb{C}$ besitzen, und wir dürfen in den Beispielen darauf Bezug nehmen. Die Axiome präzisieren und formalisieren nun diese bereits vorhandenen Vorstellungen, sie bilden daher in Wirklichkeit nicht den Anfang, sondern vielmehr den Abschluß eines heuristischen Prozesses.

Dies vorausgeschickt, läßt sich $\mathbb{R}$, der Körper der reellen Zahlen, folgendermaßen in einer Zeile charakterisieren:

(R) $\mathbb{R}$ ist ein ordnungsvollständiger geordneter Körper.

Bevor wir erklären, was das bedeutet, noch eine Bemerkung: Man kann zeigen, daß das System $\mathbb{R}$ durch das Axiom (R) vollständig bestimmt oder eben „charakterisiert" ist: Je zwei (irgendwie gegebene) ordnungsvollständige geordnete Körper sind von selbst „isomorph", d.h. sie besitzen dieselbe „innere Struktur".

21. Körper

Um die „Verknüpfungen", die in den verschiedenen Zahlensystemen $\mathbb{N}, \mathbb{Z}, \ldots, \mathbb{C}$ vorhanden sind, in der Sprache der Mengen und Abbildungen (Funktionen) beschreiben zu können, benötigen wir noch folgende Begriffe:

Es sei A eine beliebige Menge. Funktionen $\varphi: A \times A \to A$, die also für je ein $x \in A$ und ein $y \in A$ ein Element $\varphi(x,y) \in A$ festlegen, heißen *binäre Operationen auf A*; man verwendet dafür Symbole wie $+$, $\cdot$, $\circ$, $*$ usw. und schreibt $x+y$, $x \cdot y$ usw. anstelle von $+(x,y)$, $\cdot(x,y)$. Eine binäre Operation $*$ auf A heißt *kommutativ*, wenn für alle $x, y \in A$ gilt:

(1) $\qquad x * y = y * x\,,$

und *assoziativ*, wenn für alle $x, y, z \in A$ gilt:

(2) $$(x * y) * z = x * (y * z);$$

für den gemeinsamen Wert der letzten beiden Ausdrücke schreibt man dann einfach $x * y * z$.

① Die Addition und die Multiplikation der reellen Zahlen sind kommutativ und assoziativ (s. u.). Das Potenzieren $(x, y) \mapsto x^y$ ist keins von beiden:

$$2^3 \neq 3^2, \quad (2^2)^3 \neq 2^{(2^3)}. \quad \bigcirc$$

Eine Menge K heißt ein *Körper*, wenn K mit zwei binären Operationen $+$ und $\cdot$, genannt *Addition* und *Multiplikation*, versehen ist, die folgende Eigenschaften besitzen:

(K 1) (a) $x + y = y + x$, (b) $x \cdot y = y \cdot x$.

(K 2) (a) $x + (y + z) = (x + y) + z$, (b) $x \cdot (y \cdot z) = (x \cdot y) \cdot z$.

(K 3) $x \cdot (y + z) = x \cdot y + x \cdot z$.

(K 4) In K gibt es zwei ausgezeichnete Elemente 0 *(Null)* und 1 *(Eins)*, $0 \neq 1$, so daß für alle $x \in K$ gilt:

(a) $x + 0 = x$, (b) $x \cdot 1 = x$.

(K 5) (a) Zu jedem $x \in K$ gibt es ein $y \in K$ mit $x + y = 0$ *(additives Inverses)*.
(b) Zu jedem $x \in K^* := K \setminus \{0\}$ gibt es ein $z \in K^*$ mit $x \cdot z = 1$ *(multiplikatives Inverses)*.

Die Axiome (K 1)(a), (K 2)(a), (K 4)(a) und (K 5)(a) besagen zusammen, daß K eine *(kommutative) Gruppe* bildet bezüglich der Addition, die entsprechenden Axiome (b), daß K^* eine Gruppe bildet bezüglich der Multiplikation. Die beiden Operationen sind verknüpft durch das *Distributivgesetz* (K 3); seiner Schreibweise liegt die Vereinbarung zugrunde, daß das $\cdot$-Zeichen „enger bindet" als das $+$-Zeichen — eigentlich müßte man ja schreiben $x \cdot (y + z) = (x \cdot y) + (x \cdot z)$. Der $\cdot$ wird im übrigen meist weggelassen: $x \cdot y =: xy$.

Die beiden Inversen eines Elements x sind durch x eindeutig bestimmt: Gilt gleichzeitig $x + y = 0$ und $x + y' = 0$, so ist $x + y + y'$ einerseits gleich y', andererseits gleich y; also ist $y' = y$. Analog schließt man für das multiplikative Inverse. Das additive Inverse von x wird mit $-x$, das multiplikative Inverse mit $1/x$ bezeichnet; ferner schreibt man zur Abkürzung

$$x + (-y) =: x - y, \quad x \cdot \frac{1}{y} =: \frac{x}{y} \quad (y \neq 0).$$

Die binäre Operation $(x,y)\mapsto x-y$ heißt *Subtraktion*. Die *Division* $(x,y)\mapsto x/y$ ist keine binäre Operation auf K, wohl aber auf K^*.

② Beispiele von Körpern sind $\mathbb{Q}, \mathbb{R}, \mathbb{C}$, aber auch die Menge $\{0,1\}$, versehen mit den Operationen

+	0	1
0	0	1
1	1	0

·	0	1
0	0	0
1	0	1

In der Algebra wird gezeigt, daß es zu jeder Primzahlpotenz p^k „bis auf Isomorphie" genau einen Körper mit p^k Elementen gibt. ○

③ In $\mathbb{N}$ gelten die Axiome (K1)—(K4). In $\mathbb{Z}$ gelten die Axiome (K1)—(K4) sowie (K5)(a): Hier ist auch die Subtraktion stets möglich. $\mathbb{Z}$ ist ein *Ring mit Einselement*. ○

In jedem Körper gelten die „üblichen Regeln der Algebra". Wir zählen einige davon auf:

(2.1) (a) $-(-x)=x, \quad \dfrac{1}{1/x}=x,$

(b) $0\cdot x=0,$

(c) $(-1)\cdot x=-x,$

(d) $x\cdot(y-z)=x\cdot y-x\cdot z,$

(e) $x\cdot y=0 \Rightarrow x=0$ *oder* $y=0$.

⌜ (a) folgt aus $(-x)+x=0$ bzw. $(1/x)\cdot x=1$ und der eindeutigen Bestimmtheit der Inversen. — (b) ergibt sich so: $0\cdot x=0\cdot x+0\cdot x-0\cdot x=(0+0)\cdot x-0\cdot x =0\cdot x-0\cdot x=0$. — Aus den Gleichungen $x+(-1)\cdot x=1\cdot x+(-1)\cdot x=(1+(-1))\cdot x =0\cdot x=0$ schließt man auf (c). — Zum Beweis von (d) schreiben wir, unter Benutzung von (c): $x\cdot(y-z)=x\cdot(y+(-1)\cdot z)=x\cdot y+x\cdot(-1)\cdot z=x\cdot y+(-1)\cdot x\cdot z =x\cdot y+(-(x\cdot z))=x\cdot y-x\cdot z$. — (e): Ist $x\neq 0$, so existiert $1/x$, und aus $x\cdot y=0$ folgt dann mit Hilfe von (b): $y=1\cdot y=(1/x)\cdot x\cdot y=(1/x)\cdot 0=0$. ⌟

22. Geordnete Körper

Die Menge K heißt ein *geordneter Körper*, wenn K (a) ein Körper und (b) geordnet ist, wobei (c) die Körperstruktur und die Ordnung verknüpft sind durch

(OK1) $\quad x>y \Rightarrow x+z>y+z,$

(OK2) $\quad x>0, \quad y>0 \Rightarrow x\cdot y>0.$

Ein Element $x\in K^*$ heißt *positiv* oder *negativ*, je nachdem, ob $x>0$ oder $x<0$ ist.

In jedem geordneten Körper gelten die „üblichen Regeln über das Rechnen mit Ungleichungen". Wir zählen einige davon auf:

(2.2) (a) $x>y \Leftrightarrow x-y>0$,

(b) $x>y,\ u>v \Rightarrow x+u>y+v$,

(c) $a>0,\ x>y \Rightarrow ax>ay$,

(d) $x>0 \Rightarrow -x<0, \quad x<0 \Rightarrow -x>0$,

(e) $x>0,\ y<0 \Rightarrow xy<0, \quad x<0,\ y<0 \Rightarrow xy>0$,

(f) $a<0,\ x>y \Rightarrow ax<ay$,

(g) $x\neq 0 \Rightarrow x^2>0,\ 1>0$,

(h) $x>0 \Rightarrow \dfrac{1}{x}>0$,

(i) $x>y>0 \Rightarrow \dfrac{1}{x}<\dfrac{1}{y}$,

(k) $x>y>0 \Rightarrow \dfrac{x}{y}>1$.

⌜ (a) folgt unmittelbar aus (OK1), (b) durch zweimalige Anwendung von (OK1). — (c): Aus $a>0$ und $x-y>0$ folgt wegen (OK2): $ax-ay=a(x-y)>0$, d.h. aber $ax>ay$. — (d): Ist $x>0$, so ist $-x\neq 0$. Wären x und $-x$ beide >0, so hätte man nach (b): $0=x+(-x)>0$. Ebenso können x und $-x$ nicht beide <0 sein. — (e): Aus $x>0$, $y<0$ folgt mit (d) und (OK2): $-xy=x\cdot(-y)>0$, also ist $xy<0$. Sind x und y beide <0, so gilt $xy=(-x)\cdot(-y)>0$. — (f) ergibt sich durch Anwendung von (e) auf $a(x-y)=ax-ay$. — (g) folgt aus (OK2) und (e). — (h): Aus $x>0$ und $1/x<0$ folgte mit (e): $1=x\cdot(1/x)<0$. — (i): Es gilt $1/y-1/x=(x-y)\cdot(1/x)\cdot(1/y)$, und hier sind alle Faktoren rechter Hand positiv. — (k): Nach Voraussetzung und (h) gilt $x>y$ und $1/y>0$. Die Behauptung folgt daher mit (c). ⌟

① $\mathbb{Q}$ und $\mathbb{R}$ sind geordnete Körper, $\mathbb{C}$ nicht, und zwar läßt sich $\mathbb{C}$ grundsätzlich nicht zu einem geordneten Körper machen: Aus $i^2=-1$ folgte mit der obigen Regel (g): $-1>0$, im Widerspruch zu $1>0$ und (d). ○

② Legt man auf der Menge

$$K:=\{r+s\sqrt{2}\,|\,r,s\in\mathbb{Q}\}$$

die gewöhnliche Addition und Multiplikation reeller Zahlen sowie die von $\mathbb{R}$ „geerbte" Ordnung zugrunde, so wird K ein geordneter Körper. Es gilt nämlich

$$(r+s\sqrt{2})\cdot(r'+s'\sqrt{2})=rr'+2ss'+(rs'+r's)\sqrt{2},$$

$$\frac{1}{r+s\sqrt{2}}=\frac{r}{r^2-2s^2}-\frac{s}{r^2-2s^2}\sqrt{2},$$

wobei benutzt wird, daß r^2-2s^2 für $r,s\in\mathbb{Q}^*$ stets $\neq 0$ ist (siehe Beispiel 23.①). ○

Es sei K ein geordneter Körper. Wir definieren den *absoluten Betrag* $|x|$ und das *Signum* $\operatorname{sgn} x$ eines Elementes $x\in K$ durch

$$|x|:=\begin{cases} x & (x>0)\\ 0 & (x=0),\\ -x & (x<0)\end{cases}\qquad \operatorname{sgn} x:=\begin{cases} 1 & (x>0)\\ 0 & (x=0).\\ -1 & (x<0)\end{cases}$$

Aus diesen Definitionen und den Regeln **(2.2)** folgt mit Hilfe zahlreicher Fallunterscheidungen:

(2.3) (a) $x=|x|\operatorname{sgn} x,\quad |x|=|-x|,$

(b) $|x\cdot y|=|x|\cdot|y|,\quad \operatorname{sgn}(x\cdot y)=\operatorname{sgn} x\cdot\operatorname{sgn} y,$

(c) $|x|\geqslant 0,\quad |x|=0 \Leftrightarrow x=0.$

(d) *Für beliebiges* $\varepsilon>0$ *gilt*

$|x|<\varepsilon \Leftrightarrow -\varepsilon<x<\varepsilon$

bzw.

$|x-a|<\varepsilon \Leftrightarrow a-\varepsilon<x<a+\varepsilon.$

(e) $|x+y|\leqslant|x|+|y|$ *(Dreiecksungleichung).*

┌ Wir beweisen nur (e). Ist $x+y\geqslant 0$, so gilt $|x+y|=x+y\leqslant|x|+|y|$, denn es ist stets $x\leqslant|x|$. Ist aber $x+y<0$, so ist $(-x)+(-y)>0$, und wir erhalten aufgrund des bereits Bewiesenen:

$$|x+y|=|(-x)+(-y)|\leqslant|-x|+|-y|=|x|+|y|. \quad ┘$$

23. Vollständigkeit

Wir müssen noch erklären, was „ordnungsvollständig" heißt.

Es sei M eine geordnete Menge und A eine beliebige Teilmenge von M. Die Menge A heißt *nach oben beschränkt*, wenn es ein $c\in M$ gibt mit

$$x\leqslant c \quad \forall x\in A.$$

Wir schreiben dafür $A \{ c$ und nennen c eine *obere Schranke* von A. Analog werden *untere Schranken* definiert. Sind weiter A und B zwei Teilmengen von M, so schreiben wir $A \{ B$, falls gilt:

$$x \leqslant y \quad \forall x \in A, \quad \forall y \in B .$$

Die geordnete Menge M heißt nun *ordnungsvollständig*, wenn sie im folgenden Sinn keine „Löcher" aufweist:

(OV) Zu je zwei nichtleeren Teilmengen $A, B \subset M$ mit $A \{ B$ gibt es ein Element $c \in M$, so daß gilt: $A \{ c \{ B$.

Eine weniger anschauliche, mehr anwendungsorientierte Definition der Ordnungsvollständigkeit hängt mit folgenden Überlegungen zusammen: Ist die Menge $A \subset M$ nach oben beschränkt, so gibt es höchstens eine kleinste obere Schranke: Von zwei verschiedenen oberen Schranken ist stets eine kleiner. Man nennt die kleinste obere Schranke von A (falls vorhanden) das *Supremum* von A und bezeichnet sie mit $\sup A$; $\sup A$ ist ein Element von M. Analog heißt die größte untere Schranke von A das *Infimum* von A und wird mit $\inf A$ bezeichnet. Ist die Menge A nach oben bzw. nach unten unbeschränkt, so schreibt man $\sup A := \infty$ bzw. $\inf A := -\infty$.

Wir behaupten nun: Das Axiom (OV) ist äquivalent mit dem folgenden:

(OV′) Jede nichtleere nach oben beschränkte Menge $A \subset M$ besitzt eine kleinste obere Schranke $\sup A \in M$.

⌜ (OV′) folgt aus (OV), indem man dort für B die nach Voraussetzung nichtleere Menge der oberen Schranken von A nimmt; es ist dann $\sup A = c$. Gilt umgekehrt (OV′) und ist $A \{ B$, so hat man $A \{ \sup A \{ B$, denn jedes $x \in B$ ist eine obere Schranke von A. Damit folgt (OV): $\sup A$ besitzt die von c geforderten Eigenschaften. ⌟

Aus Symmetriegründen ist dann auch das Axiom

(OV″) Jede nichtleere nach unten beschränkte Menge $A \subset M$ besitzt eine größte untere Schranke $\inf A \in M$

mit (OV) äquivalent. — Damit sind alle in dem Axiom (R) auftretenden Begriffe erklärt.

① Obwohl es zwischen je zwei rationalen Zahlen stets unendlich viele weitere rationale Zahlen gibt, ist der geordnete Körper $\mathbb{Q}$ nicht ordnungsvollständig:

⌜ Wir betrachten die beiden Mengen

$$A := \{x \in \mathbb{Q} \mid x > 0, x^2 - 2 < 0\}, \qquad B := \{y \in \mathbb{Q} \mid y > 0, y^2 - 2 > 0\} .$$

Für je ein $x \in A$ und ein $y \in B$ gilt

$$y - x = \frac{y^2 - x^2}{y + x} > 0,$$

somit ist $A \{ B$. Wir zeigen zunächst: Falls es überhaupt ein $c \in \mathbb{Q}$ gibt mit

$$(1) \qquad A \{ c \{ B,$$

so ist notwendigerweise $c^2 = 2$. ⌜ Zum Beweis bilden wir mit Hilfe von c die Zahl

$$(2) \qquad \eta := \frac{2c+2}{c+2} = c - \frac{c^2 - 2}{c+2} \in \mathbb{Q}.$$

Dann ist $\eta > 0$, und es gilt

$$(3) \qquad \eta^2 - 2 = \frac{(2c+2)^2 - 2(c+2)^2}{(c+2)^2} = \frac{2(c^2-2)}{(c+2)^2}.$$

Ist $c^2 - 2 > 0$ (siehe die Fig. 23.1), so folgt aus (2): $\eta < c$, andererseits aus (3): $\eta \in B$. Beides zusammen widerspricht der Annahme (1), daß c untere Schranke von B ist. Ein analoger Widerspruch ergibt sich aus der Annahme $c^2 - 2 < 0$. Somit ist tatsächlich $c^2 - 2 = 0$, d. h. $c^2 = 2$. ⌟

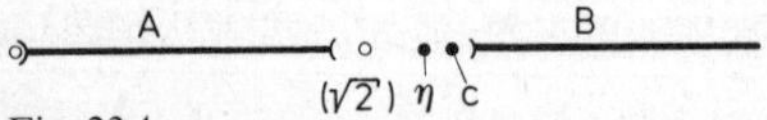

Fig. 23.1

Es gibt aber keine rationale Zahl c mit $c^2 = 2$. Um dies zu beweisen, schreiben wir c in der Form p/q, p und q ganze Zahlen, wobei wir noch annehmen dürfen, daß p und q nicht beide gerade sind. Wegen $p^2/q^2 = 2$, d.h. $p^2 = 2q^2$, muß p gerade sein: $p = 2p'$, und wir haben $4p'^2 = 2q^2$, d.h. $2p'^2 = q^2$. Dann ist aber auch q gerade — ein Widerspruch. ⌟ ○

② Ersetzen wir im ersten Teil des vorangehenden Beispiels $\mathbb{Q}$ durch den ordnungsvollständigen Körper $\mathbb{R}$, so ist die Existenz eines c mit $A \{ c \{ B$ sichergestellt, und für dieses c gilt eben $c^2 = 2$. Mit anderen Worten: In $\mathbb{R}$ gibt es die Zahl $\sqrt{2}$. Diese Zahl ist nach dem Obigen irrational. ○

③ Sind α und β, $\alpha \neq \beta$, beliebige rationale Zahlen, so ist

$$\xi_k := \alpha + \frac{\beta - \alpha}{k\sqrt{2}}$$

für jedes $k \in \mathbb{N}^*$ eine irrationale Zahl zwischen α und β. Wäre nämlich ξ_k rational, so wäre auch

$$\sqrt{2} = \frac{\beta-\alpha}{k(\xi_k-\alpha)}$$

rational. Hieraus folgt: Zwischen je zwei rationalen Zahlen liegen unendlich viele irrationale Zahlen. ○

Besitzt die Menge $A \subset \mathbb{R}$ ein größtes Element s:

$$s \in A, \quad s \geqslant x \quad \forall x \in A,$$

so nennt man s das *Maximum* der Menge A und schreibt dafür $\max A$; natürlich ist dann $\max A = \sup A$. Analog nennt man ein allfälliges kleinstes Element von A das *Minimum* von A und schreibt dafür $\min A$. Beachte: Jede nichtleere beschränkte (d.h. nach oben und nach unten beschränkte) Menge $A \subset \mathbb{R}$ besitzt ein Supremum und ein Infimum, aber nicht notwendigerweise ein Maximum und ein Minimum.

④ Für die Menge $A := \{1/n \mid n \in \mathbb{N}^*\}$ ist $\max A = \sup A = 1$, $\inf A = 0$, und A besitzt kein Minimum. ○

Immerhin steht fest, daß jede *endliche* Menge $\{a_1, a_2, \ldots, a_n\} \subset \mathbb{R}$ ein Maximum und ein Minimum besitzt. Dies ist ja auch anschaulich klar und ergibt sich mit vollständiger Induktion (s.u.) direkt aus den Ordnungsaxiomen.

Wir schließen diesen Abschnitt mit der (fast trivialen) Eigenschaft des Supremums, daß jede noch so wenig „links" von $\sup A$ gesetzte Marke p durch wenigstens ein $x \in A$ überschossen wird. Diese Tatsache wird in der Folge zu unserem ständigen Beweiswerkzeug gehören.

(2.4) *Ist* $A \subset \mathbb{R}$ *und* $p < \sup A$, *so gibt es ein* $x \in A$ *mit* $x > p$, *und zwar auch im Fall* $\sup A = \infty$. — *Ist* $p > \inf A$, *so gibt es ein* $x \in A$ *mit* $x < p$, *und zwar auch im Fall* $\inf A = -\infty$.

⌜ Wir beweisen nur die Behauptung bezüglich des Supremums. Gibt es in A kein Element $x > p$, so ist $A \leq p$ und somit p eine obere Schranke von A. Dies steht im Widerspruch zu $p < \sup A$, falls $\sup A \in \mathbb{R}$, und zur Voraussetzung über A, falls $\sup A = \infty$. ⌟

24. Intervalle

Intervalle sind „natürliche" Definitionsbereiche von Funktionen einer reellen Variablen. Sie lassen sich durch folgende Eigenschaft charakterisieren: Ein *Intervall* ist eine nichtleere Teilmenge $I \subset \mathbb{R}$, die mit je zwei Zahlen auch alle dazwischenliegenden Zahlen enthält, in Zeichen:

(1) $x_1, x_2 \in I, \quad x_1 < y < x_2 \Rightarrow y \in I.$

Jedes Intervall I besitzt einen *linken Endpunkt*: $\inf I$, und einen *rechten Endpunkt*: $\sup I$. Sind $\inf I$ und $\sup I$ beide endlich, d.h. ist I beschränkt, so heißt I ein *endliches Intervall*. Der folgende Satz zeigt, daß ein Intervall durch seine beiden Endpunkte im wesentlichen vollständig bestimmt ist; dabei legen wir gleichzeitig die in diesem Buch verwendete Notation für Intervalle fest:

(2.5) *Es seien I ein Intervall und*

$$\alpha := \inf I \geqslant -\infty, \qquad \beta := \sup I \leqslant \infty$$

die Endpunkte von I. Dann ist I eine der vier folgenden Mengen:

$$[\alpha, \beta] := \{x \in \mathbb{R} \mid \alpha \leqslant x \leqslant \beta\},$$
$$]\alpha, \beta] := \{x \in \mathbb{R} \mid \alpha < x \leqslant \beta\},$$
$$[\alpha, \beta[:= \{x \in \mathbb{R} \mid \alpha \leqslant x < \beta\},$$
$$]\alpha, \beta[:= \{x \in \mathbb{R} \mid \alpha < x < \beta\}.$$

⌈ Aus kombinatorischen Gründen genügt es, die folgenden Inklusionen nachzuweisen:

$$]\alpha, \beta[\subset I \subset [\alpha, \beta].$$

Die rechte Inklusion ist trivial (auch in den Fällen $\alpha = -\infty$ oder $\beta = \infty$), da α und β bzw. untere und obere Schranken von I darstellen. Für die linke Inklusion betrachten wir ein beliebiges $y \in]\alpha, \beta[$, es ist also $\alpha < y < \beta$. Nach Definition von α und β sowie **(2.4)** gibt es dann ein $x_1 \in I$ mit $x_1 < y$ und ein $x_2 \in I$ mit $x_2 > y$. Hieraus folgt aber wegen (1): $y \in I$. ⌋

Alle endlichen Intervalle mit denselben Endpunkten α und β besitzen dieselbe *Länge* $\beta - \alpha$ ($\geqslant 0$). — Das Intervall I heißt *abgeschlossen*, wenn es alle im Endlichen gelegenen Endpunkte (0, 1 oder 2) enthält, *offen*, wenn es diese Endpunkte nicht enthält. Hiernach ist das Intervall $[\alpha, \beta]$ jedenfalls abgeschlossen, $]\alpha, \beta[$ jedenfalls offen. Die Intervalle $[\alpha, \beta[$ und $]\alpha, \beta]$ heißen *halboffen*, falls sie endlich sind.

Für die offene und die abgeschlossene *positive Halbachse* benützen wir im allgemeinen die folgenden Bezeichnungen:

$$]0, \infty[=: \mathbb{R}^+, \qquad [0, \infty[=: \mathbb{R}_0^+.$$

Aufgaben

1. Es sei Q die Menge der Zahlen von der Form

$$k \pm \frac{1}{q} \quad (k \in \mathbb{Z},\ q \in \mathbb{N}^*).$$

   a) Zeichne die Menge Q.
   b) Zeige: Q ist ordnungsvollständig.

2. Es sei $\tau \in \mathbb{R}$ eine irrationale Zahl. Untersuche, unter welchen Bedingungen über $a, b, c, d \in \mathbb{Z}$ die Zahl

$$\lambda := \frac{a\tau + b}{c\tau + d}$$

   rational ist.

3. Es sei A das Innere des Oktaeders mit den Eckpunkten $(\pm 1,0,0)$, $(0,\pm 1,0)$, $(0,0,\pm 1)$. Man stelle A auf möglichst einfache Weise in der Form

$$A = \{(x,y,z) \mid \ldots\}$$

   dar.

4. Zeige: Die drei reellen Zahlen a, b, c sind genau dann alle positiv, wenn die folgenden Ungleichungen simultan erfüllt sind:

$$a+b+c>0, \qquad ab+bc+ca>0, \qquad abc>0.$$

5. Die Funktion f sei definiert durch

$$f(x) := \begin{cases} x+2 & (x<-1) \\ -x & (-1 \leqslant x \leqslant 1). \\ x-2 & (x>1) \end{cases}$$

   Stelle f mit Hilfe der Betragsfunktion durch einen einzigen, für alle $x \in \mathbb{R}$ gültigen Ausdruck dar.

6. Die Funktionen $f_n : \mathbb{R} \to \mathbb{R}$ seien rekursiv definiert durch

$$f_0(x) := |x|; \qquad f_{n+1}(x) := |1 - f_n(x)| \qquad (n \geqslant 0).$$

   Zeichne den Graphen von f_{100}.

Kapitel 3. Natürliche, ganze und rationale Zahlen

31. Die Peano-Axiome

Von der Existenz eines ordnungsvollständigen geordneten Körpers, d.h. des Systems $\mathbb{R}$, überzeugt man sich durch eine Konstruktion, und zwar durch stufenweise Erweiterung von einfacheren Strukturen. Auf diese Weise entsteht ein „Turm“:

(1) $$\mathbb{N} \subset \mathbb{Z} \subset \mathbb{Q} \subset \mathbb{R},$$

an dessen Basis die natürlichen Zahlen sitzen.

Die natürlichen Zahlen kommen vom Zählen her: Mit Null beginnend folgt auf jede Zahl n eine neue Zahl $\nu(n)$, der *Nachfolger* von n. In den sogenannten *Peano-Axiomen* wird nun der Zählprozeß formalisiert:

(N 0) Die natürlichen Zahlen bilden eine Menge $\mathbb{N}$ mit einem ausgezeichneten Element 0.

(N 1) Auf $\mathbb{N}$ ist eine Abbildung

$$\nu: \mathbb{N} \to \mathbb{N}^* := \mathbb{N} \setminus \{0\}$$

erklärt.

(N 2) $n_1 \neq n_2 \Rightarrow \nu(n_1) \neq \nu(n_2)$.

(N 3) *(Prinzip der vollständigen Induktion).* Enthält eine Teilmenge $A \subset \mathbb{N}$ die Zahl 0 und ist mit jedem $n \in A$ auch $\nu(n) \in A$, so ist $A = \mathbb{N}$.

Anstelle von

$$0, \quad \nu(0), \quad \nu(\nu(0)), \quad \nu(\nu(\nu(0))), \quad \nu(\nu(\nu(\nu(0)))), \ldots$$

schreibt man üblicherweise

$$0, 1, 2, 3, 4, \ldots .$$

Alle übrigen Eigenschaften der natürlichen Zahlen lassen sich „rein logisch“ aus den Peano-Axiomen herleiten. Wir wollen das nicht im einzelnen durchführen und verweisen den interessierten Leser auf das klassische Werk von Landau:

Grundlagen der Analysis (1930). Jedenfalls gelingt es, auf $\mathbb{N}$ „rekursiv“ (s. u.) eine Addition, eine Multiplikation und eine Ordnung festzulegen, die zusammen den Axiomen (K 1)—(K 4), (OK 1) und (OK 2) genügen; darüber hinaus gilt

$$n \leqslant m \Rightarrow \exists! x (n + x = m) .$$

Mit der Nachfolgeoperation v sind diese Dinge verknüpft durch

$$v(n) = n + 1 ;$$

wir können daher fortan auf das v verzichten.

Bevor wir die Diskussion der verschiedenen Zahlensysteme fortsetzen, verweilen wir noch einen Moment bei den natürlichen Zahlen. Dabei haben wir jedoch nicht ihre algebraischen Eigenschaften im Auge, sondern ihre fundamentalere Natur, wie sie in den Peano-Axiomen festgehalten ist.

Ein wichtiges Beweismittel und letzten Endes mit dem Induktionsaxiom (N 3) äquivalent ist der Satz

(3.1) *Jede nichtleere Teilmenge $A \subset \mathbb{N}$ besitzt ein kleinstes Element.*

⌜ Es sei A eine Menge von natürlichen Zahlen und ohne kleinstes Element. Bilden wir die Menge

$$B := \{ n \in \mathbb{N} \mid n \{ A \}$$

der unteren Schranken von A, so ist sicher $0 \in B$. Ist weiter $n \in B$, so enthält A nur Zahlen $\geqslant n$. Wäre jetzt $n \in A$, so wäre damit n die kleinste Zahl in A, gegen die Voraussetzung. Folglich enthält A nur Zahlen $\geqslant n+1$, das heißt aber: $n+1 \in B$.

Nach dem Induktionsaxiom (N 3) ist hiernach $B = \mathbb{N}$. Dann muß aber A leer sein, denn aus $n \in A$ folgt $n+1 \notin B$. ⌟

① Um zu beweisen, daß jede natürliche Zahl >1 eine Zerlegung in endlich viele Primfaktoren besitzt (1 ist keine Primzahl), können wir nicht direkt den „Schluß von n auf $n+1$“ anwenden, denn n und $n+1$ (z. B. 20 und 21) haben vollständig verschiedene Zerlegungen. Wir schließen stattdessen indirekt mit Hilfe von Satz **(3.1)**: Ist die Behauptung falsch, so gibt es eine kleinste Zahl, die sich nicht in Primfaktoren zerlegen läßt. Diese Zahl n_0 ist dann jedenfalls keine Primzahl, besitzt also eine Zerlegung in zwei von 1 verschiedene Faktoren: $n_0 = pq$. Hier sind p und q beide kleiner als n_0 und besitzen daher nach Annahme eine Zerlegung in endlich viele Primfaktoren. Somit besitzt auch n_0 eine solche Zerlegung, im Widerspruch zur Definition von n_0. ○

32. Beispiele zur vollständigen Induktion

Ohne auf die damit zusammenhängenden logischen Fragen einzutreten, geben wir noch eine zweite Fassung des Induktionsaxioms; sie handelt von „Aussagen" anstatt von Mengen:

(N 3') Für jedes $n \in \mathbb{N}$ sei $\mathscr{A}(n)$ eine Aussage über die Zahl n. Ist $\mathscr{A}(0)$ richtig und folgt aus der Richtigkeit von $\mathscr{A}(n)$ diejenige von $\mathscr{A}(n+1)$, so ist $\mathscr{A}(n)$ für alle $n \in \mathbb{N}$ richtig.

(Zum „Beweis" betrachte man die Menge A derjenigen n, für die die Aussage $\mathscr{A}(n)$ zutrifft.) Man kann übrigens die Induktion an irgendeiner Stelle beginnen lassen: Ist $\mathscr{A}(n_0)$ richtig und gilt für alle $n \geqslant n_0$: $\mathscr{A}(n) \Rightarrow \mathscr{A}(n+1)$, so ist $\mathscr{A}(n)$ für alle $n \geqslant n_0$ richtig.

① Für jedes $n \geqslant 1$ gilt die Formel

$$\sum_{k=1}^{n} k = 1+2+\cdots+n = \frac{n(n+1)}{2}.$$

Dies ist offenbar richtig für $n=1$ und treffe zu für ein $n \geqslant 1$. Es folgt

$$\sum_{k=1}^{n+1} k = \sum_{k=1}^{n} k + (n+1) = \frac{n(n+1)}{2} + (n+1)$$
$$= \frac{(n+1)(n+2)}{2} = \frac{(n+1)((n+1)+1)}{2}.$$

Das letzte ist aber gerade die Behauptung für $n+1$. ○

② Der „Induktionsschritt" läßt sich auch für die falsche Behauptung

(1) $$\sum_{k=1}^{n} k = \frac{(n+\frac{1}{2})^2}{2}$$

durchführen: Ist diese Formel richtig für n, so ergibt sich weiter

$$\sum_{k=1}^{n+1} k = \sum_{k=1}^{n} k + (n+1) = \frac{(n+\frac{1}{2})^2}{2} + (n+1) = \frac{n^2+3n+\frac{9}{4}}{2}$$
$$= \frac{((n+1)+\frac{1}{2})^2}{2},$$

d.h. (1) ist dann auch richtig für $n+1$. Trotzdem ist (1) für alle $n \geqslant 1$ falsch. ○

③ Wir beweisen die sogenannte *Bernoullische Ungleichung* (für eine allgemeinere Fassung siehe Satz **(11.9)**):

(3.2) *Für alle reellen* $x > -1$ *und alle* $n \in \mathbb{N}$ *gilt*

$$(1+x)^n \geqslant 1+nx;$$

ist dabei $x \neq 0$ *und* $n \geqslant 2$, *so hat man sogar* $(1+x)^n > 1+nx$.

⌜ Der Fall $x=0$ sowie die Fälle $n=0$ und $n=1$ sind trivial. Es genügt daher, folgendes zu zeigen: Ist $x>-1$, $x \neq 0$ und $n \geqslant 1$, so folgt aus der Ungleichung

$$(1+x)^n \geqslant 1+nx$$

die (strenge) Ungleichung

$$(1+x)^{n+1} > 1+(n+1)x.$$

Wegen $1+x>0$, $nx^2>0$ hat man aber nacheinander

$$\begin{aligned}(1+x)^{n+1} &= (1+x)(1+x)^n \geqslant (1+x)(1+nx)\\ &= 1+(n+1)x+nx^2\\ &> 1+(n+1)x. \quad ⌟ \quad \bigcirc\end{aligned}$$

(3.3) *Ist* $*$ *eine assoziative binäre Operation auf einer Menge* X, *so kommt es auch bei mehr als drei Operanden (Summanden, Faktoren usw.) nicht auf die Stellung der Klammern an.*

⌜ Wir legen für $n \geqslant 1$ Operanden $a_1, \dots, a_n$ durch

$$(\cdots((a_1 * a_2) * a_3) * \cdots) * a_{n-1} * a_n$$

eine „Normalform" der Beklammerung fest und behaupten: Alle „Klammerausdrücke der Länge $\leqslant n$" (es ist klar, was hierunter zu verstehen ist) haben dieselbe „Summe" wie ihre Normalform. Für $n=2$ ist nichts zu beweisen: Klammerausdrücke der Länge 1 oder 2 stehen von selbst in der Normalform. Die Behauptung sei daher richtig für n, und es sei K ein Klammerausdruck der Länge $n+1$, z.B. $(n=7)$

$$(a_1 * (a_2 * a_3)) * ((a_4 * a_5) * ((a_6 * a_7) * a_8)).$$

Die letzte Addition beim Aufbau von K fügt zwei Klammerausdrücke K_1 und K_2 der Länge $\leqslant n$ zusammen:

$$K = K_1 * K_2.$$

Nach „Induktionsvoraussetzung" läßt sich K_2 durch seine Normalform, also insbesondere durch einen Ausdruck der Form $K_3 * a_{n+1}$ ersetzen:

$$K = K_1 * (K_3 * a_{n+1}).$$

Wenden wir hierauf das Assoziativgesetz (21.2) an, so ergibt sich

$$K = (K_1 * K_3) * a_{n+1} =: K_4 * a_{n+1},$$

und zwar hat der Ausdruck K_4 genau n Operanden. Er läßt sich daher, wiederum nach Induktionsvoraussetzung, durch seine Normalform K_4' ersetzen, und wir erhalten

$$K = K_4' * a_{n+1}.$$

Hier steht aber rechter Hand gerade die Normalform von K.

Nach diesem Satz sind wir berechtigt, auch bei beliebig vielen Operanden die Klammern wegzulassen. — Ganz ähnlich (d.h. ebenfalls via eine „Normalform") beweist man den analogen Satz über kommutative binäre Operationen — wir überlassen die Details dem Leser:

(3.4) *Ist $*$ eine kommutative und assoziative binäre Operation auf einer Menge X, so kommt es auch bei mehr als zwei Operanden (Summanden, Faktoren usw.) nicht auf deren Reihenfolge an.*

Weitere Anwendungen der vollständigen Induktion ergeben sich in den folgenden Abschnitten von selbst.

33. Rekursion

Zur allgemeinen Theorie der natürlichen Zahlen gehört auch das *Prinzip der rekursiven Definition.* Eine Funktion $f\colon \mathbb{N} \to X$ wird *rekursiv definiert* durch (a) die Angabe von $f(0)$ und (b) eine Vorschrift F, die für jedes $n \in \mathbb{N}$ aus $f(0), f(1), \ldots, f(n)$ den Wert $f(n+1)$ zu berechnen gestattet. Eine mögliche Formulierung dieses Prinzips lautet demnach:

(3.5) *Es seien X eine beliebige Menge, $\tilde{X} := \bigcup_{k=1}^{\infty} X^k$ die Menge aller Tupel $(x_0), (x_0, x_1), (x_0, x_1, x_2), \ldots$ von Elementen aus X, a ein Element von X und F eine Abbildung $\tilde{X} \to X$. Dann gibt es genau eine Funktion $f\colon \mathbb{N} \to X$ mit*

$$f(0) = a, \quad f(n+1) = F((f(0), f(1), \ldots, f(n))) \quad \forall n \in \mathbb{N}.$$

Wir wollen **(3.5)** der Einfachheit halber als zusätzliches Axiom betrachten. A fortiori lassen sich Funktionen auf *(endlichen) Abschnitten* von $\mathbb{N}$, d.h. auf den Mengen

$$\mathbb{N}_n := \{0, 1, 2, \ldots, n-1\}$$

rekursiv definieren. Wir verzichten auf die Ausführung der Einzelheiten.

① Die Rekursionsvorschrift

$$f(0):=0, \qquad f(n+1):=2^{f(n)}$$

liefert nacheinander die Funktionswerte

$$0, 1, 2, 4, 16, 65536, 2.0035\ldots\cdot 10^{19728}, \ldots \quad \bigcirc$$

② Die sogenannte *Fibonacci-Folge*

$$0, 1, 1, 2, 3, 5, 8, 13, 21, 34, 55, \ldots$$

geht aus der folgenden Rekursionsvorschrift hervor:

$$f(0):=0, \qquad f(1):=1, \qquad f(n+1):=f(n)+f(n-1) \qquad (n\geqslant 1). \quad \bigcirc$$

③ Für festes $a\in K$, K ein beliebiger Körper, werden die *Potenzen* a^n $(n\in\mathbb{N})$ rekursiv definiert durch

$$a^0:=1, \qquad a^{n+1}:=a\cdot a^n \qquad (n\geqslant 0)$$

(auch $0^0:=1$!). Hieraus folgen die üblichen Regeln über das Rechnen mit Potenzen, z. B.

$$(a\cdot b)^n = a^n\cdot b^n \qquad \forall n\in\mathbb{N}.$$

⌜ Wir beweisen dies mit vollständiger Induktion: Zunächst ist $(a\cdot b)^0=1=a^0\cdot b^0$. Die Behauptung sei weiter richtig für n; dann ergibt sich

$$\begin{aligned}(a\cdot b)^{n+1} &= (a\cdot b)\cdot(a\cdot b)^n = a\cdot b\cdot a^n\cdot b^n \\ &= (a\cdot a^n)\cdot(b\cdot b^n) = a^{n+1}\cdot b^{n+1}. \quad ⌟ \quad \bigcirc\end{aligned}$$

Auch der Gebrauch des Summen- und des Produktzeichens muß strenggenommen rekursiv erklärt werden. Ist $+$ eine als Addition interpretierte binäre Operation auf einer Menge X und sind $a_1, a_2, \ldots, a_p$ gegebene Elemente von X, so schreibt man bekanntlich zur Abkürzung

$$a_1 + a_2 + \cdots + a_p =: \textstyle\sum_{k=1}^p a_k,$$

wobei wir die anschauliche Schreibweise „…" für „und so weiter bis" verwendet haben. Rekursiv läßt sich die Summe

(1) $\qquad \sum_{k=1}^p a_k$

folgendermaßen festlegen: Man definiert die Hilfsfunktion

$$f:\{0,1,\ldots,p\}\to X$$

durch

$$f(0):=0, \quad f(n+1):=f(n)+a_{n+1} \quad (0\leqslant n\leqslant p-1),$$

und setzt dann

$$\textstyle\sum_{k=1}^{p} a_k := f(p).$$

In gleicher Weise läßt sich die anschauliche Definition

$$a_1\cdot a_2\cdot a_3\cdot\cdots\cdot a_p =: \textstyle\prod_{k=1}^{p} a_k$$

in eine rekursive Definition verwandeln; das „leere Produkt“ hat dabei den Wert 1.

Für solche Summen und Produkte gelten die folgenden Rechenregeln (falls $+$ und $\cdot$ assoziativ und kommutativ sind, ferner $\cdot$ distributiv über $+$):

(3.6) (a) $\sum_{k=1}^{p} a_k + \sum_{k=1}^{p} b_k = \sum_{k=1}^{p}(a_k+b_k)$,

(b) $\prod_{k=1}^{p} a_k \cdot \prod_{k=1}^{p} b_k = \prod_{k=1}^{p}(a_k\cdot b_k)$.

(3.7) $\sum_{k=1}^{p} a\cdot b_k = a\cdot \sum_{k=1}^{p} b_k$.

(3.8) $\sum_{j=1}^{p} a_j \cdot \sum_{k=1}^{q} b_k = \sum_{\substack{1\leqslant j\leqslant p\\ 1\leqslant k\leqslant q}} a_j b_k$.

In **(3.8)** erstreckt sich die *Doppelsumme* rechter Hand über alle in dem angegebenen Rahmen möglichen Produkte $a_j b_k$; nach Satz **(3.4)** kommt es dabei nicht darauf an, in welcher Reihenfolge diese Produkte aufsummiert werden. ⌜ Wir beweisen nur **(3.8)**, und zwar durch Induktion „nach p“. Ist $p=0$, so steht auf beiden Seiten 0. Die Behauptung sei jetzt richtig für ein $p\geqslant 0$ und alle $q\geqslant 0$. Dann gilt wegen (K3) und **(3.7)**:

$$\begin{aligned}\textstyle\sum_{j=1}^{p+1} a_j\cdot \sum_{k=1}^{q} b_k &= \textstyle\left(\sum_{j=1}^{p} a_j + a_{p+1}\right)\cdot \sum_{k=1}^{q} b_k\\ &= \textstyle\sum_{\substack{1\leqslant j\leqslant p\\ 1\leqslant k\leqslant q}} a_j b_k + \sum_{k=1}^{q} a_{p+1} b_k\\ &= \textstyle\sum_{\substack{1\leqslant j\leqslant p+1\\ 1\leqslant k\leqslant q}} a_j b_k. \quad ⌟\end{aligned}$$

Wir bemerken noch: Die Summe (1) ist von der Wahl des „Summationsbuchstabens“ unabhängig, es gilt also

$$\textstyle\sum_{k=1}^{p} a_k = \sum_{j=1}^{p} a_j = \cdots.$$

Für beliebige ganze Zahlen p und q definiert man natürlich

$$\sum_{k=p}^{q} a_k := \begin{cases} 0 & (q<p) \\ a_p + a_{p+1} + \cdots + a_q & (q \geqslant p), \end{cases}$$

wobei wir rechts wieder zur anschaulichen Schreibweise zurückgekehrt sind. Zuweilen ist auch folgende Notation zweckmäßig:

$$\sum_{k=p(r)}^{q} a_k := \begin{cases} 0 & (q<p) \\ a_p + a_{p+r} + a_{p+2r} + \cdots + a_q & (q \geqslant p); \end{cases}$$

dabei muß nur $r>0$ sein und $q-p$ ein ganzzahliges Vielfaches von r.

④ Für alle $n \in \mathbb{N}^*$ gilt

$$\sum_{k=1(2)}^{2n-1} k = 1+3+5+\cdots+(2n-1) = n^2 .$$

⌈ Die Formel trifft jedenfalls zu für $n=1$. Wird sie für ein beliebiges $n \geqslant 1$ als richtig angenommen, so ergibt sich für $n+1$:

$$\sum_{k=1(2)}^{2(n+1)-1} k = \sum_{k=1(2)}^{2n-1} k + (2(n+1)-1) = n^2 + 2n + 1 = (n+1)^2 ,$$

d.h. die Formel trifft dann auch für $n+1$ zu. ⌋ ○

34. Der binomische Lehrsatz

Die *Fakultät*, eine Funktion $\mathbb{N} \to \mathbb{N}$, wird rekursiv definiert durch

$$0! := 1, \qquad (n+1)! = n!(n+1) \qquad (n \geqslant 0);$$

dann gilt offenbar

$$n! = \prod_{k=1}^{n} k = 1 \cdot 2 \cdot 3 \cdot \cdots \cdot n \qquad (n \geqslant 1)$$

(gelesen „n-Fakultät"). Die Fakultät hat für $n \geqslant 1$ bekanntlich folgende kombinatorische Bedeutung: Es gibt genau $n!$ verschiedene Anordnungen einer gegebenen n-elementigen (siehe Abschnitt 45) Menge A bzw. genau $n!$ verschiedene bijektive Abbildungen $\{1,2,3,\ldots,n\} \to A$.

Mit Hilfe von Fakultäten bildet man weiter die sogenannten *Binomialkoeffizienten* $\binom{n}{k}$, und zwar vermöge

$$\binom{n}{k} := \frac{n!}{k!(n-k)!} = \frac{n(n-1)(n-2)\cdot\dots\cdot(n-k+1)}{1\cdot 2\cdot 3\cdot\dots\cdot k} \qquad (0 \leqslant k \leqslant n).$$

In der Kombinatorik wird gezeigt, daß eine n-elementige Menge A genau $\binom{n}{k}$ verschiedene k-elementige Teilmengen besitzt. Die Binomialkoeffizienten genügen zahlreichen Identitäten, z.B. der folgenden, die die Berechnung dieser Koeffizienten mit Hilfe des bekannten *Pascalschen Dreiecks* (siehe Fig. 34.1) gestattet:

(3.9) $$\binom{n}{k-1} + \binom{n}{k} = \binom{n+1}{k} \qquad (1 \leqslant k \leqslant n).$$

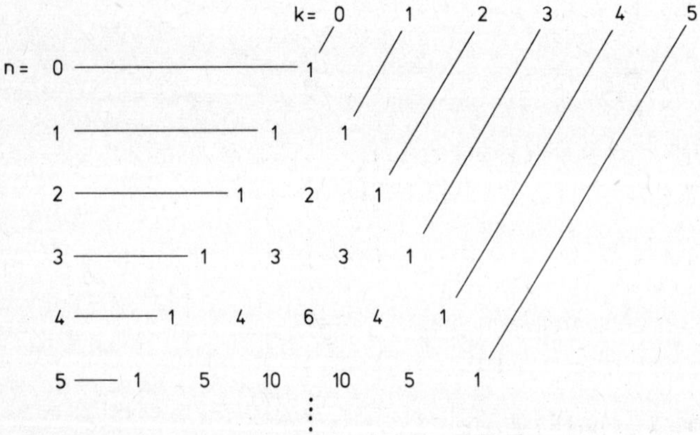

Fig. 34.1

⌜ Man hat nacheinander

$$\binom{n}{k-1} + \binom{n}{k} = \frac{n!}{(k-1)!(n-k+1)!} + \frac{n!}{k!(n-k)!}$$

$$= \frac{n!}{k!(n-k+1)!}\,(k+(n-k+1))$$

$$= \frac{(n+1)!}{k!(n-k+1)!} = \binom{n+1}{k}. \quad ⌟$$

Wir beweisen zum Schluß den sogenannten *binomischen Lehrsatz:*

(3.10) Für beliebige komplexe Zahlen a,b und beliebiges $n \in \mathbb{N}$ gilt

$$(a+b)^n = \sum_{k=0}^{n} \binom{n}{k} a^{n-k} b^k$$

$$= a^n + n a^{n-1} b + \frac{n(n-1)}{2} a^{n-2} b^2 + \cdots + n a b^{n-1} + b^n .$$

⌐ Für $n=0$ lautet die Behauptung

$$(a+b)^0 = \binom{0}{0} a^0 b^0 ,$$

und hier sind beide Seiten definitionsgemäß gleich 1. Wir nehmen weiter an, die Behauptung sei richtig für n, und haben dann

$$(a+b)^{n+1} = (a+b) \sum_{k=0}^{n} \binom{n}{k} a^{n-k} b^k$$

$$= \sum_{k=0}^{n} \binom{n}{k} a^{n+1-k} b^k + \sum_{k=0}^{n} \binom{n}{k} a^{n-k} b^{k+1}$$

$$=: \mathrm{I} + \mathrm{II} .$$

In der Summe II führen wir die Substitution $k+1 := j$ durch; j läuft dann von 1 bis $n+1$, und wir erhalten

$$\mathrm{II} = \sum_{j=1}^{n+1} \binom{n}{j-1} a^{n-(j-1)} b^j ,$$

bzw., wenn wir wieder k schreiben anstelle von j:

$$\mathrm{II} = \sum_{k=1}^{n+1} \binom{n}{k-1} a^{n+1-k} b^k .$$

Damit wird

(1) $$\mathrm{I} + \mathrm{II} = \binom{n}{0} a^{n+1} + \sum_{k=1}^{n} \left(\binom{n}{k} + \binom{n}{k-1} \right) a^{n+1-k} b^k + \binom{n}{n} b^{n+1} ,$$

wobei wir bei I den ersten, bei II den letzten Summanden separat angeschrieben haben. Berücksichtigen wir jetzt **(3.9)** sowie den trivialen Umstand

(2) $$\binom{n}{0} = \binom{n}{n} = \frac{n!}{0!\,n!} = 1 \qquad \forall n ,$$

so läßt sich (1) zusammenfassen zu

$$\mathrm{I} + \mathrm{II} = \sum_{k=0}^{n+1} \binom{n+1}{k} a^{n+1-k} b^k,$$

wie erhofft. ⌟

35. Ganze und rationale Zahlen

Der sogenannte Ring $\mathbb{Z}$ der ganzen Zahlen entsteht aus $\mathbb{N}$ mit Hilfe einer algebraischen Standardkonstruktion, die in der Algebra unter dem Titel „Reguläre Halbgruppen" o.ä. behandelt wird. Das Ergebnis ist uns von Kindsbeinen an vertraut:

(3.11) (a) *Die ganzen Zahlen bilden ein System* $\mathbb{Z}$ *mit einer Addition, einer Multiplikation und einer Ordnung, in dem alle Axiome eines geordneten Körpers gelten mit Ausnahme von* (K 5)(b) *(Existenz des multiplikativen Inversen).*

(b) $\mathbb{Z}$ *enthält die natürlichen Zahlen (mit ihrer Addition, Multiplikation und Ordnung).*

(c) $\mathbb{Z} = \{\ldots, -3, -2, -1, 0, 1, 2, 3, \ldots\}$.

In $\mathbb{Z}$ ist nun auch die Subtraktion unbeschränkt möglich, und es gelten alle Regeln der Algebra (Sätze **(2.1)** und **(2.2)**), soweit sie nicht ausdrücklich die Existenz des multiplikativen Inversen voraussetzen.

Auch die Erweiterung von $\mathbb{Z}$ zum Körper $\mathbb{Q}$ der rationalen Zahlen ist eine gewisse algebraische Konstruktion, die in der Algebra in allgemeinerem Zusammenhang (unter dem Titel „Quotientenkörper eines Integritätsbereiches") behandelt wird. Diese Konstruktion führt zu dem folgenden, uns ebenfalls vertrauten Ergebnis:

(3.12) (a) *Die rationalen Zahlen bilden einen geordneten Körper* $\mathbb{Q}$.

(b) $\mathbb{Q}$ *enthält die ganzen Zahlen (mit ihrer Addition, Multiplikation und Ordnung).*

(c) *Jedes Element* $\alpha \in \mathbb{Q}$ *läßt sich als Quotient zweier ganzer Zahlen darstellen:*

$$\alpha = \frac{p}{q}, \quad p \in \mathbb{Z},\ q \in \mathbb{N}^*.$$

Diese Darstellung ist durch α *nicht eindeutig bestimmt, und zwar gilt:*

(1) $$\frac{p}{q} = \frac{p'}{q'} \Leftrightarrow p q' = p' q.$$

(d) *Die Ordnung auf* $\mathbb{Q}$ *ist mit derjenigen auf* $\mathbb{Z}$ *verknüpft durch die Beziehung*

(2) $$\frac{p}{q} \leqslant \frac{r}{s} \Leftrightarrow ps \leqslant rq.$$

⌜ Um die in den Abschnitten 15 und 16 eingeführten Begriffe doch einmal anzuwenden, wollen wir kurz auf den Beweis eintreten. — Solange wir nur $\mathbb{Z}$ in den Händen haben, können wir noch keine Quotienten p/q betrachten, sondern nur Zahlenpaare $(p,q) \in \mathbb{Z} \times \mathbb{N}^*$. Da wir zwei Brüche, die nach Gleichnamigmachen übereinstimmen, als gleich ansehen möchten, führen wir auf $\mathbb{Z} \times \mathbb{N}^*$ die Äquivalenzrelation

(3) $$(p,q) \sim (p',q') \quad :\Leftrightarrow \quad pq' = p'q$$

ein (vgl. (1)!), wobei wir die Verifikation der Eigenschaften (A 1)—(A 3) dem Leser überlassen. Damit zerfällt $\mathbb{Z} \times \mathbb{N}^*$ nach Satz **(1.1)** in disjunkte Äquivalenzklassen; jede solche Klasse ist dann eben eine *rationale Zahl*, und die Menge dieser Klassen ist $\mathbb{Q}$. Wir wollen hier nicht im einzelnen verfolgen, wie $\mathbb{Q}$ mit Hilfe der „Regeln des Bruchrechnens" zu einem Körper wird und wie sich $\mathbb{Z}$ in $\mathbb{Q}$ einbetten läßt. Festgehalten sei lediglich, daß die von dem Paar (p,q) erzeugte Äquivalenzklasse gerade gleich dem (nunmehr in $\mathbb{Q}$ *berechneten*) Quotienten p/q ist, so daß wir diese Äquivalenzklasse fortan mit p/q bezeichnen können.

Wir wollen uns nunmehr der Ordnung zuwenden. Durch

(4) $$(p,q) \prec (r,s) \quad :\Leftrightarrow \quad ps \leqslant rq$$

(vgl. (2)!) wird auf $\mathbb{Z} \times \mathbb{N}^*$ eine transitive und totale Relation $\prec$ erklärt. ⌜ Aus

$$(p,q) \prec (r,s) \wedge (r,s) \prec (u,v),$$

d.h.

$$ps \leqslant rq \wedge rv \leqslant us$$

folgt wegen **(2.2)**(c) und $v>0$, $q>0$:

$$psv \leqslant rqv \leqslant usq$$

und somit, wiederum wegen **(2.2)**(c): $pv \leqslant uq$, d.h. $(p,q) \prec (u,v)$. — Die Ordnung auf $\mathbb{Z}$ bewirkt in jedem Fall eine der Beziehungen $ps \leqslant rq$ oder $rq \leqslant ps$ und somit $(p,q) \prec (r,s)$ oder $(r,s) \prec (p,q)$. ⌟

Damit haben wir eine schwache Ordnung auf der Menge $\mathbb{Z} \times \mathbb{N}^*$. Wir benötigen aber eine Ordnung auf $\mathbb{Q}$. Hierzu machen wir den naheliegenden Ansatz

(5) $$\frac{p}{q} \prec \frac{r}{s} \;:\Leftrightarrow\; (p,q) \prec (r,s).$$

Die Relation $\prec$ zwischen zwei rationalen Zahlen $\alpha(=p/q)$ und $\beta(=r/s)$ wird also mit Hilfe der repräsentierenden Paare (p,q) und (r,s) erklärt; diese Paare sind aber durch α und β nicht eindeutig bestimmt. Wir müssen daher zunächst beweisen, daß $\prec$ als Relation auf $\mathbb{Q}$ überhaupt wohldefiniert ist. ⌜ Stehen zwei Paare in der Relation $\sim$, so stehen sie a fortiori in der Relation $\prec$. Gilt daher $(p,q) \prec (r,s)$ und ist

$$(p',q') \sim (p,q), \qquad (r',s') \sim (r,s),$$

so folgt durch zweimalige Anwendung der Transitivität, daß die Relation $(p',q') \prec (r',s')$ ebenfalls zutrifft. Da hiernach beim Übergang zu anderen Repräsentanten derselben rationalen Zahlen α und β die Relation $\prec$ erhalten bleibt, definiert (5) in der Tat eine Relation $\prec$ auf $\mathbb{Q}$. ⌟

Transitivität und Totalität übertragen sich direkt von $\prec$ auf $\prec$. Gilt weiter

$$\frac{p}{q} \prec \frac{r}{s} \wedge \frac{r}{s} \prec \frac{p}{q},$$

so ergibt sich mit (4) und (5): $ps = rq$ und somit wegen (3): $p/q = r/s$. Die Relation $\prec$ ist also auch identitiv und folglich in der Tat eine Ordnung auf $\mathbb{Q}$.

Für die speziellen rationalen Zahlen $p/1 = p \in \mathbb{Z}$ stimmt die „neue" Ordnung offensichtlich mit der „alten" überein. — Die Verifikation der Axiome (OK 1) und (OK 2) überlassen wir dem Leser. ⌟

Aufgaben

1. Man stelle durch Punkte und Pfeile (Beispiel:

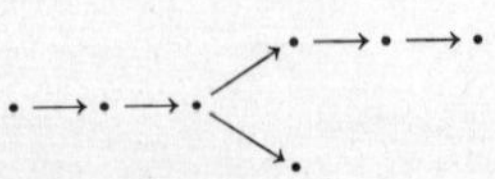

)

je ein System dar, in dem

a) die Axiome (N 0), (N 1) und (N 2) gelten, aber nicht (N 3);
b) die Axiome (N 0), (N 1) und (N 3) gelten, aber nicht (N 2);
c) die Axiome (N 0)—(N 3) gelten mit der Abänderung, daß 0 ebenfalls ein Nachfolger ist.

2. Zeige: Jede beschränkte Menge von natürlichen Zahlen besitzt ein größtes Element.

3. Zeige mit vollständiger Induktion:

   a) Durch n Geraden „in allgemeiner Lage" wird die Ebene in $(n^2+n+2)/2$ Gebiete zerlegt. (Hinweis: Jede weitere Gerade zerlegt eine ganz bestimmte Anzahl der schon vorhandenen Gebiete in zwei Teile.)

   b) $\sum_{k=0}^{n-1} q^k = \dfrac{q^n-1}{q-1} \quad (q \neq 1)$.

   c) Ist $n \geqslant 2$ und $0 < x_k < 1$ $(1 \leqslant k \leqslant n)$, so gilt

   $$\prod_{k=1}^{n}(1-x_k) > 1 - \sum_{k=1}^{n} x_k .$$

   d) Die Summe aller weder durch 2 noch durch 5 teilbaren natürlichen Zahlen $< 10n$ beträgt $20n^2$.

4. Beweise den Satz **(3.4)**.

5. Für gegebene reelle Zahlen α und β wird die Folge (x_n) rekursiv definiert durch

$$x_0 := \alpha, \qquad x_1 := \beta; \qquad x_n := \frac{1+x_{n-1}}{x_{n-2}} \qquad (n \geqslant 2).$$

   a) Man finde die Häufungspunke dieser Folge. (Hinweis: Mit speziellen Werten von α und β experimentieren, bis eine Gesetzmäßigkeit zum Vorschein kommt.)
   b) Man bestimme die Menge derjenigen Paare (α, β), die als Anfangsdaten ausgeschlossen werden müssen. Figur!

Kapitel 4. Vervollständigung von $\mathbb{Q}$

41. Schnitte

Wie wir in Beispiel 23.③ gesehen haben, liegen zwischen je zwei rationalen Zahlen nicht nur weitere rationale Zahlen, sondern auch unendlich viele irrationale Zahlen, d.h. von unserem jetzigen Standpunkt aus: unendlich viele „Löcher". Es gilt nun, diese Löcher mit weiteren (eben „irrationalen") Zahlen auszufüllen.

Da die rationalen Zahlen „dicht" liegen, ist es möglich, ein bestimmtes Loch genau zu lokalisieren durch die Angabe, welche rationalen Zahlen links davon und welche rechts davon liegen. Dies ist die Idee des *Dedekindschen Schnittes*, und wir wollen sie nun benutzen, um das System $\mathbb{Q}$ zu vervollständigen zum Körper $\mathbb{R}$ der reellen Zahlen.

Kleine griechische Buchstaben bezeichnen weiterhin rationale Zahlen. Wir definieren: Eine Teilmenge $A \subset \mathbb{Q}$ heißt ein *Schnitt*, wenn sie folgende Eigenschaften besitzt:

(S0) $A \neq \emptyset, \quad A \neq \mathbb{Q}$;

(S1) $\alpha \in A, \quad \beta \geqslant \alpha \Rightarrow \beta \in A$;

(S2) A enthält kein kleinstes Element.

Besitzt eine Teilmenge $X \subset \mathbb{Q}$ schon die Eigenschaften (S0) und (S1), aber nicht notwendigerweise die Eigenschaft (S2), so läßt sich X leicht in einen richtiggehenden Schnitt verwandeln, indem man das allfällig vorhandene Minimalelement aus X entfernt. Die Restmenge X^* ist ein Schnitt: ⌜ (S0) und (S1) vererben sich ohne weiteres. Ist ferner ξ ein beliebiges Element von $X^* \subset X$, so ist $\xi \neq \min X$, also gibt es ein $\alpha \in X$ mit $\alpha < \xi$. Die Zahl α liegt vielleicht nicht in X^*, sicher aber die größere Zahl $\frac{\alpha+\xi}{2}$, und diese ist immer noch $< \xi$. Somit genügt X^* auch dem Schnittaxiom (S2). ⌟

① Für jede feste rationale Zahl α_0 ist $A := \{\alpha \in \mathbb{Q} \mid \alpha > \alpha_0\}$ ein Schnitt (siehe die Fig. 41.1). ○

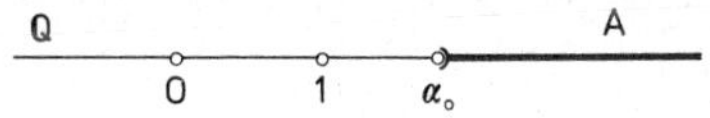

Fig. 41.1

Für Schnitte verwenden wir bis auf weiteres große lateinische Buchstaben. Die Menge aller Schnitte $A \subset \mathbb{Q}$ bezeichnen wir schon gleich mit $\mathbb{R}$. $\mathbb{R}$ wird nun geordnet durch die Inklusion der Schnitte; wir setzen nämlich fest:

(1) $A \leqslant B :\Leftrightarrow A \supset B$

(man beachte die Zeichenumkehr!). Die Relation $\leqslant$ ist jedenfalls transitiv und identitiv. Ist weiter $A \neq B$, so gibt es z.B. ein $\alpha_0 \in A$, das nicht zu B gehört. Wegen (S1), angewandt auf B, müssen dann alle $\beta \in B$ rechts von α_0 liegen, und damit liegen sie automatisch in A. Es gilt also $A \supset B$, womit auch die Totalität der Relation $\leqslant$ erwiesen ist.

Wir behaupten nun: $\mathbb{R}$ ist ordnungsvollständig. ⌈ Zum Beweis betrachten wir eine nichtleere, nach unten beschränkte Menge $\mathcal{M}$ von Schnitten und konstruieren das Infimum von $\mathcal{M}$. Die Anschauung legt nahe, für dieses Infimum den Ansatz

$$C := \bigcup_{A \in \mathcal{M}} A$$

zu machen. C ist ein Schnitt: Nach Voraussetzung über $\mathcal{M}$ gibt es einen Schnitt B mit

$$B \supset A \quad \forall A \in \mathcal{M}.$$

Hieraus folgt

(2) $B \supset C$;

wegen $B \neq \mathbb{Q}$ ist also auch C eine echte Teilmenge von $\mathbb{Q}$. Wir beweisen noch (S1): Ist $\alpha \in C$, so liegt α in wenigstens einem $A \in \mathcal{M}$. A enthält alle $\beta \geqslant \alpha$, und diese β liegen dann auch in C. Die Verifikation von (S2) überlassen wir dem Leser. — Die Inklusionen

$$C \supset A \quad \forall A \in \mathcal{M}$$

besagen nun zusammen, daß C eine untere Schranke von $\mathcal{M}$ ist, und zwar ist C die größte untere Schranke, denn (2) trifft für jede untere Schranke B zu. ⌋

Wir benötigen noch den folgenden Hilfssatz. Er gestattet, einen Schnitt zwischen zwei rationalen Zahlen beliebig kleiner Differenz einzuschließen:

(4.1) *Ist A ein Schnitt, so gibt es zu jedem $\delta>0$ ein λ mit*

$$\lambda-\delta\notin A, \qquad \lambda\in A.$$

⌈ Wegen (S0) gibt es ein $\alpha_0\notin A$ und ein $\alpha_1\in A$; wir können ohne Einschränkung der Allgemeinheit schreiben

$$\alpha_1=\alpha_0+\frac{p}{q}\delta, \qquad p\geqslant 1.$$

Die Menge

$$\Lambda:=\left\{k\in\mathbb{N}\,|\,\alpha_0+k\frac{\delta}{q}\in A\right\}$$

ist nicht leer (sie enthält wenigstens die Zahl p), besitzt also nach **(3.1)** ein kleinstes Element k_0, und zwar ist $k_0\neq 0$. Setzen wir jetzt

$$\lambda:=\alpha_0+k_0\frac{\delta}{q},$$

so ist $\lambda\in A$, aber $\lambda-\delta/q=\alpha_0+(k_0-1)(\delta/q)\notin A$. Wegen $q\geqslant 1$ ist dann erst recht $\lambda-\delta\notin A$. ⌋

42. Addition der Schnitte

Auf $\mathbb{R}$ definieren wir nun die Addition wie folgt:

(1) $$A+B:=\{\alpha+\beta\,|\,\alpha\in A,\beta\in B\}.$$

Es ist leicht einzusehen, daß $A+B$ ein Schnitt ist. Wir beweisen z.B. $A+B\neq\mathbb{Q}$: Es sei $\alpha_0\notin A$, $\beta_0\notin B$. Dann gilt $\alpha_0<\alpha\ \forall\alpha\in A$ und $\beta_0<\beta\ \forall\beta\in B$ und somit $\alpha_0+\beta_0<\gamma\ \forall\gamma\in A+B$. Hiernach ist $\alpha_0+\beta_0\notin A+B$. — Weiter ist die Addition (1) kommutativ (klar) und assoziativ:

$$\left.\begin{aligned}(A+B)+C&=\\ A+(B+C)&=\end{aligned}\right\rangle\{\alpha+\beta+\gamma\,|\,\alpha\in A,\beta\in B,\gamma\in C\}.$$

Wir definieren nun den speziellen Schnitt

(2) $$S_0 := \{\xi \in \mathbb{Q} \mid \xi > 0\}$$

und behaupten:

$$A + S_0 = A \qquad \forall A \in \mathbb{R},$$

d.h.: S_0 vertritt die Null in $\mathbb{R}$.

⌜ Wegen (S1) gilt natürlich $A + S_0 \subset A$. Anderseits gibt es zu jedem $\alpha \in A$ wegen (S2) ein $\alpha' < \alpha$, das immer noch in A liegt, folglich ist

$$\alpha = \alpha' + (\alpha - \alpha') \in A + S_0 .$$

Damit ist auch die umgekehrte Inklusion $A \subset A + S_0$ bewiesen. ⌟

Wir behaupten weiter: Die Menge

$$X := \{\xi \in \mathbb{Q} \mid \xi + \alpha > 0 \quad \forall \alpha \in A\}$$

besitzt die Schnitteigenschaften (S0) und (S1), und der Schnitt X^* ist das additive Inverse des Schnittes A, d. h. es gilt:

(3) $$X^* + A = S_0 .$$

⌜ Wir betrachten irgendein $\beta \notin A$. Für alle $\alpha \in A$ gilt dann $\alpha > \beta$ und somit $(-\beta) + \alpha > 0$. Hieraus folgt $-\beta \in X$. Ist andererseits $\alpha \in A$, so folgt aus $(-\alpha) + \alpha = 0$: $-\alpha \notin X$. Hiernach besitzt X die Eigenschaft (S0). (S1) ist trivialerweise erfüllt. (Bemerkung: X braucht kein Schnitt zu sein. Ist z. B. $A := S_0$, so ist $X = S_0 \cup \{0\}$, und X enthält ein kleinstes Element.)

Nun zum Beweis von (3). Da für jedes $\xi \in X^*$ und für jedes $\alpha \in A$ gilt: $\xi + \alpha > 0$, so ist natürlich $X^* + A \subset S_0$. — Es sei umgekehrt $2\delta > 0$ ein beliebiges Element von S_0. Nach dem Hilfssatz **(4.1)** gibt es ein $\lambda \in A$ mit $\lambda - \delta \notin A$. Hiernach ist

$$\lambda - \delta < \alpha \qquad \forall \alpha \in A$$

und folglich

$$(-\lambda + \delta) + \alpha > 0 \qquad \forall \alpha \in A .$$

Dies beweist $-\lambda + \delta \in X$, also ist sicher $-\lambda + 2\delta \in X^*$; wegen $\lambda \in A$ haben wir somit

$$2\delta = (-\lambda + 2\delta) + \lambda \in X^* + A .$$

Also gilt auch $S_0 \subset X^* + A$, womit (3) vollständig bewiesen ist. ⌟

In Übereinstimmung mit unserer seinerzeitigen Konvention (Abschnitt 21) schreiben wir im folgenden $-A$ anstelle von X^*. — Im ganzen haben wir gezeigt: Die Addition der Schnitte genügt den sämtlichen Axiomen (K1)(a), (K2)(a), (K4)(a), (K5)(a); und es gelten die sich daraus ergebenden Rechenregeln, z. B.

$$(-)^2 A := -(-A) = A,$$

$$-(A+B) = (-A)+(-B). \tag{4}$$

Endlich ist auch (OK1) erfüllt, wovon sich der Leser selbst überzeugen mag.

43. Multiplikation der Schnitte

Für die Multiplikation beschränken wir uns zunächst auf die Menge

$$\mathbb{R}_0^+ := \{A \in \mathbb{R} \mid A \geqslant S_0\}$$

der nichtnegativen Schnitte. Diese Schnitte enthalten nur positive rationale Zahlen. Auf $\mathbb{R}_0^+$ definieren wir nun die Multiplikation durch

$$A \cdot B := \{\alpha\beta \mid \alpha \in A, \beta \in B\}. \tag{1}$$

Die Argumente, die wir bei der Addition benutzt haben, lassen sich hier mutatis mutandis wiederholen. Wir können uns daher etwas kürzer fassen.

Zunächst verifiziert man leicht, daß $A \cdot B$ ein Schnitt ist. Weiter ist die Multiplikation (1) kommutativ und assoziativ (klar), aber auch distributiv über die Addition:

$$\left.\begin{matrix}(A+B)\cdot C = \\ AC+BC = \end{matrix}\right\rangle \{\alpha\gamma+\beta\gamma \mid \alpha \in A, \beta \in B, \gamma \in C\}.$$

Wir definieren nun den speziellen Schnitt

$$S_1 := \{\xi \in \mathbb{Q} \mid \xi > 1\} \tag{2}$$

und behaupten:

$$A \cdot S_1 = A \qquad \forall A \in \mathbb{R}_0^+,$$

d.h.: S_1 vertritt die Eins in $\mathbb{R}_0^+$.

⌜ Natürlich ist $A \cdot S_1 \subset A$. Umgekehrt gibt es zu jedem $\alpha \in A$ wegen (S2) ein $\alpha' < \alpha$, das immer noch in A liegt. Dann ist aber $\alpha/\alpha' > 1$, und es gilt

$$\alpha = \alpha' \cdot \frac{\alpha}{\alpha'} \in A \cdot S_1 .$$

Damit ist auch die umgekehrte Inklusion $A \subset A \cdot S_1$ bewiesen. ⌟

Wir behaupten weiter: Ist $A > S_0$, so besitzt die Menge

$$Y := \{\eta \in \mathbb{Q} \mid \eta \cdot \alpha > 1 \quad \forall \alpha \in A\}$$

die Schnitteigenschaften (S0) und (S1), und der Schnitt Y^* ist das multiplikative Inverse des Schnittes A, d. h. es gilt:

(3) $$Y^* \cdot A = S_1 .$$

⌜ Nach Voraussetzung über A gibt es ein $\beta > 0$, das nicht in A liegt. Wir denken uns β im folgenden festgehalten. — Für alle $\alpha \in A$ gilt $\alpha > \beta$ und somit $(1/\beta) \cdot \alpha > 1$. Hieraus folgt $1/\beta \in Y$. Andererseits ist natürlich $0 \notin Y$. Y besitzt somit die Eigenschaft (S0). (S1) ist trivialerweise erfüllt.

Nun zur Behauptung (3). Da für jedes $\eta \in Y^*$ und für jedes $\alpha \in A$ gilt: $\eta \cdot \alpha > 1$, so ist natürlich $Y^* \cdot A \subset S_1$. — Es sei jetzt umgekehrt $1 + 2\delta$ ein beliebiges Element von S_1. Nach dem Hilfssatz **(4.1)** gibt es ein $\lambda \in A$ mit $\lambda - \frac{\beta\delta}{1+\delta} \notin A$. Wegen $\lambda > \beta$ ist dann die Zahl $\lambda - \frac{\lambda\delta}{1+\delta} = \frac{\lambda}{1+\delta}$ erst recht nicht in A, es gilt also

$$\frac{\lambda}{1+\delta} < \alpha \qquad \forall \alpha \in A$$

und folglich

$$\frac{1+\delta}{\lambda} \cdot \alpha > 1 \qquad \forall \alpha \in A .$$

Dies beweist $\frac{1+\delta}{\lambda} \in Y$, also ist sicher $\frac{1+2\delta}{\lambda} \in Y^*$; wegen $\lambda \in A$ haben wir somit

$$1 + 2\delta = \frac{1+2\delta}{\lambda} \cdot \lambda \in Y^* \cdot A .$$

Also gilt auch $S_1 \subset Y^* \cdot A$, womit (3) vollständig bewiesen ist. ⌟

In Übereinstimmung mit unserer seinerzeitigen Konvention schreiben wir im folgenden $1/A$ anstelle von Y^*. — Die Multiplikation der Schnitte genügt ferner dem Axiom (OK 2), wie der Leser selbst verifizieren mag. Endlich gilt (wie erwartet!):

$$(4) \qquad A \cdot S_0 = S_0 \qquad \forall A \in \mathbb{R}_0^+ .$$

⌜ Natürlich ist $A \cdot S_0 \subset S_0$, denn beide Schnitte linker Hand enthalten nur positive rationale Zahlen. Es sei anderseits η ein beliebiges Element von S_0 und $\alpha \in A$. Dann ist $\eta/\alpha > 0$ und somit

$$\eta = \alpha \cdot \frac{\eta}{\alpha} \in A \cdot S_0 .$$

Folglich gilt auch $S_0 \subset A \cdot S_0$. ⌟

Wir müssen nun die Multiplikation auf ganz $\mathbb{R}$ ausdehnen. Dabei machen wir Gebrauch von der folgenden Tatsache: Zu jedem Schnitt $A \in \mathbb{R}$ gibt es einen wohlbestimmten Schnitt $P \in \mathbb{R}_0^+$ sowie ein $k \in \mathbb{Z}$ derart, daß gilt

$$A = (-)^k P .$$

Dabei ist die *Parität* von k (d.h. ob gerade oder ungerade) ebenfalls bestimmt, außer im Fall $A = -A = S_0$. Dies ergibt sich aus der Regel **(2.2)**(d), die nur die additive Struktur, die Ordnung und (OK 1) voraussetzt. Aus leicht ersichtlichen Gründen schreiben wir im folgenden $|A|$ anstelle von P.

Es seien jetzt A und B zwei beliebige Elemente von $\mathbb{R}$,

$$(5) \qquad A = (-)^k |A| , \qquad B = (-)^l |B| .$$

Wir definieren dann das Produkt $A \cdot B$ in naheliegender Weise durch

$$A \cdot B := (-)^{k+l} |A| \cdot |B| .$$

Da die Schnitte $|A|, |B| \in \mathbb{R}_0^+$ durch A und B wohlbestimmt sind, ist auch $|A| \cdot |B|$ wohlbestimmt. Die Paritäten von k und von l bestimmen zusammen diejenige von $k+l$. Ist jedoch die Parität von k (oder von l) unbestimmt, so ist $A = |A| = S_0$ (bzw. $B = |B| = S_0$) und somit wegen (4) auch $|A| \cdot |B| = S_0$, und die Parität von $k+l$ wird belanglos.

Damit ist die Multiplikation auf ganz $\mathbb{R}$ wohldefiniert; sie setzt (1) fort, ist kommutativ und ersichtlich assoziativ. Das multiplikative Inverse von negativen

Schnitten $-|A|$ ist gegeben durch $-(1/|A|)$; endlich verifiziert man leicht, daß allgemein gilt

(6) $$-AB=(-A)B.$$

Als letztes bleibt das Distributivgesetz. Für nichtnegative Werte der Variablen ist es ja schon erwiesen, und dies genügt zur Erledigung des allgemeinen Falles:

⌜ Wir betrachten wieder die beiden Schnitte (5) sowie drittens $C=(-)^m|C|$. Haben dabei k und l dieselbe Parität (d.h. A und B „dasselbe Vorzeichen"), so gilt wegen (42.4):

$$A+B=(-)^k|A|+(-)^k|B|=(-)^k(|A|+|B|).$$

Wir erhalten daher nacheinander, unter nochmaliger Benutzung von (42.4):

$$\begin{aligned}(A+B)C &= (-)^{k+m}(|A|+|B|)|C| \\ &= (-)^{k+m}(|A||C|+|B||C|) \\ &= (-)^{k+m}|A||C|+(-)^{k+m}|B||C| \\ &= AC+BC.\end{aligned}$$

Haben aber A und B verschiedenes Vorzeichen, so auch $-A$ und $-B$, und wir können z.B. annehmen, daß $A+B$ dasselbe Vorzeichen besitzt wie $-A$. Damit ergibt sich aus (6) und dem schon Bewiesenen:

$$\begin{aligned}(A+B)C &= AC+(-A)C+(A+B)C = AC+(-A+A+B)C \\ &= AC+BC. \quad ⌟\end{aligned}$$

44. Einbettung von $\mathbb{Q}$

Es sind nun alle Axiome verifiziert: Unser System $\mathbb{R}$ bildet in der Tat einen ordnungsvollständigen geordneten Körper. Trotzdem sind wir noch nicht ganz fertig: $\mathbb{R}$ sollte ja auch eine Erweiterung oder eben „Vervollständigung" von $\mathbb{Q}$ sein und nicht ein System von Teilmengen von $\mathbb{Q}$. Wir stellen nun die geforderte Beziehung zwischen $\mathbb{Q}$ und $\mathbb{R}$ her, indem wir jeder rationalen Zahl α den *von α erzeugten Schnitt*

(1) $$S_\alpha := \{\xi \in \mathbb{Q} \mid \xi > \alpha\}$$

zuordnen (vgl. (42.2) und (43.2)). Für diese *rationalen Schnitte* (1) gelten die Identitäten

$$\text{(2)} \qquad \text{(a) } S_{\alpha+\beta}=S_\alpha+S_\beta, \qquad \text{(b) } S_{\alpha\beta}=S_\alpha\cdot S_\beta, \qquad \text{(c) } S_\alpha<S_\beta \Leftrightarrow \alpha<\beta$$

— d.h. der Summe bzw. dem Produkt zweier rationaler Zahlen entspricht die Summe bzw. das Produkt der von ihnen erzeugten Schnitte, und Analoges gilt für die Ordnung. ⌜ $S_\alpha+S_\beta\subset S_{\alpha+\beta}$ ist klar; anderseits läßt sich jede Zahl $\alpha+\beta+2\eta\in S_{\alpha+\beta}$ zerlegen in $(\alpha+\eta)+(\beta+\eta)\in S_\alpha+S_\beta$, es gilt daher auch $S_{\alpha+\beta}\subset S_\alpha+S_\beta$. Ähnlich beweist man die Formel (2)(b) für nichtnegative α,β. Den Rest überlassen wir dem Leser. ⌟

Die rationalen Schnitte verhalten sich also bezüglich Addition, Multiplikation und Ordnung genau wie die sie erzeugenden rationalen Zahlen, sind aber Elemente von $\mathbb{R}$ — in anderen Worten: $\mathbb{R}$ enthält ein zu $\mathbb{Q}$ *isomorphes*, d.h. strukturgleiches Teilsystem. Aufgrund dieser Tatsache sind wir nun durchaus berechtigt, $\mathbb{R}$ als eine Erweiterung von $\mathbb{Q}$ zu betrachten, denn es kommt nicht darauf an, in welcher Gestalt die rationalen Zahlen erscheinen; vielmehr sind die zwischen ihnen bestehenden Bindungen, die zusammen die Struktur von $\mathbb{Q}$ ausmachen, das Wesentliche, und diese Struktur wird ja innerhalb unseres Systems $\mathbb{R}$ getreu reproduziert.

Über die Einbettung von $\mathbb{Q}$ in $\mathbb{R}$ beweisen wir ferner:

(4.2) *Die rationalen Zahlen (Schnitte) liegen im Sinne der Ordnung dicht in* $\mathbb{R}$, *d.h. zu je zwei Schnitten* $A,B\in\mathbb{R}$ *mit* $A<B$ *gibt es eine rationale Zahl* α *mit*

$$\text{(3)} \qquad A<S_\alpha<B.$$

⌜ Nach Voraussetzung gibt es ein β, das in A, aber nicht in B liegt. Weiter gibt es wegen (S2) ein $\alpha<\beta$, das immer noch in A liegt. Dann gilt $\alpha\in A\setminus S_\alpha$, $\beta\in S_\alpha\setminus B$; die Beziehung (3) ist also erfüllt. ⌟

Nachdem nun der „Turm" (31.1) steht, können wir das Gerüst entfernen: Wir wollen also die Schnitte wieder vergessen und stattdessen einfach von *reellen Zahlen* sprechen — abstrakten Individuen, zwischen denen gewisse, im Axiom (R) zusammengefaßte Bindungen bestehen.

Wir schließen diesen Abschnitt mit dem sogenannten *Axiom von Archimedes*, das hier als Satz erscheint:

(4.3) *Zu jeder reellen Zahl* $a\geqslant 0$ *gibt es ein* $n\in\mathbb{N}$ *mit* $n>a$.

⌜ Die Menge

$$A:=\{k\in\mathbb{N}\mid k\leqslant a\}$$

ist eine nichtleere und nach oben beschränkte Teilmenge von $\mathbb{R}$: $0\in A$, $A\rbrace a$.

Somit existiert das $\sup A =: s \in \mathbb{R}$. Wegen **(2.4)** gibt es ein $n' \in A$ mit $n' > s - \frac{1}{2}$; die natürliche Zahl $n := n' + 1$ ist also $> s$ und daher nicht in A. Hieraus folgt $n > a$. ⌟

45. Abzählbare Mengen

Wir schalten hier einige Bemerkungen über die Anzahl der Elemente in verschiedenen Mengen ein. Bei unendlichen Mengen spricht man in diesem Zusammenhang von der *Mächtigkeit*.

Wir legen als „n-elementige Standardmengen" die Mengen

$$\mathbb{N}_0 := \emptyset, \qquad \mathbb{N}_n := \{0, 1, 2, \ldots, n-1\} \qquad (n \geqslant 1)$$

fest. Eine beliebige Menge A heißt *endlich*, wenn es eine natürliche Zahl n gibt und eine bijektive Abbildung

$$\varphi : \mathbb{N}_n \to A .$$

Dieses n ist dann eindeutig bestimmt (lassen wir den Beweis!) und heißt *Anzahl* der Elemente von A; man schreibt dafür gelegentlich $\# A$.

Die Menge A heißt *abzählbar unendlich*, wenn es eine bijektive Abbildung

$$\varphi : \mathbb{N} \to A$$

gibt: Diese Abbildung leistet dann eben die „Abzählung" der Elemente von A. Die Umkehrabbildung $\varphi^{-1} =: \Phi$ wäre dann etwa als „Numerierung" der Elemente von A zu bezeichnen. Für „endlich oder abzählbar unendlich" sagt man kurz *abzählbar*.

① Die Mengen $\{0, 2, 4, 6, 8, \ldots\}$, $\mathbb{N}$, $\mathbb{Z}$ sind abzählbar unendlich. Eine Abzählung von $\mathbb{Z}$ wird z.B. durch die Funktion

$$\varphi(k) := \tfrac{1}{4}[(-1)^k (2k+1) - 1]$$

bewerkstelligt, die für $k = 0, 1, 2, 3, \ldots$ nacheinander die Zahlen $0, -1, 1, -2, 2, \ldots$ „produziert". Die Mengen der geraden natürlichen Zahlen, der natürlichen und der ganzen Zahlen sind also „gleichmächtig", obwohl jede von ihnen scheinbar doppelt soviele Elemente aufweist wie die jeweils vorangehende. Diese Paradoxie tritt bei endlichen Mengen nicht auf. ○

Die hier eingeführten Eigenschaften von Mengen sind invariant gegenüber bijektiven Abbildungen. Ist z.B. die Menge A abzählbar unendlich und $\psi : A \to B$

eine bijektive Abbildung, so ist auch die Menge B abzählbar unendlich. Zum Beweis verweisen wir auf Beispiel 13.⑨. — Weniger trivial ist der folgende Satz:

(4.4) *Jede Teilmenge $A \subset \mathbb{N}$ ist entweder endlich oder abzählbar unendlich.*

⌜ Entweder ist A beschränkt, oder es gibt zu jedem $n \in \mathbb{N}$ ein $k \in A$ mit $k > n$. Im ersten Fall ist A endlich (wir unterdrücken die Einzelheiten). Im zweiten Fall können wir rekursiv eine Funktion $\varphi: \mathbb{N} \to A$ definieren durch die Festsetzung

$$\varphi(0) := \min\{k \mid k \in A\}, \qquad \varphi(m+1) := \min\{k \mid k \in A, k > \varphi(m)\} \qquad (m \geqslant 0)$$

(siehe die Fig. 45.1); die Annahme über A garantiert, daß die Rekursion nicht abbricht. Neben $\varphi(m) \in A$ gilt dann für alle m:

$$\varphi(m+1) > \varphi(m) \quad \text{bzw.} \quad \varphi(m+1) \geqslant \varphi(m) + 1 .$$

Hieraus folgt mit vollständiger Induktion

(1) $\qquad \varphi(m') > \varphi(m) \qquad (m' > m)$

sowie wegen $\varphi(0) \geqslant 0$:

(2) $\qquad \varphi(m) \geqslant m \qquad \forall m .$

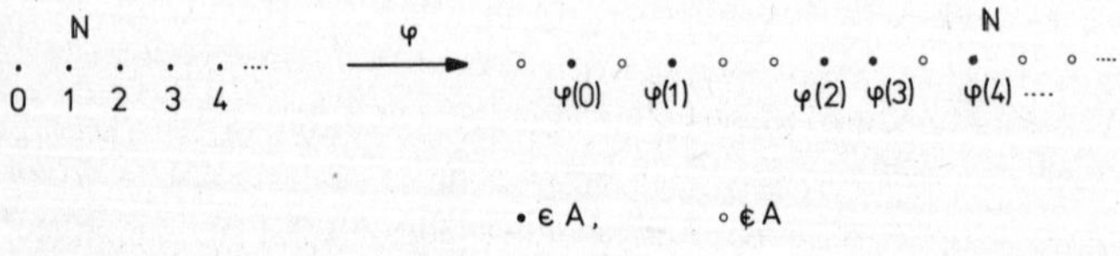

Fig. 45.1

Aufgrund von (1) ist φ injektiv. Um zweitens zu beweisen, daß alle Elemente von A durch φ „produziert" werden, betrachten wir ein festes Element $a \in A$ und setzen

$$m_0 := \min\{m \mid \varphi(m) \geqslant a\}$$

(wegen (2) gibt es sicher Zahlen m mit $\varphi(m) \geqslant a$). Dann gilt

$$\varphi(m_0 - 1) < a \leqslant \varphi(m_0) ,$$

ausgenommen im Fall $m_0 = 0$, wo nur die rechte Ungleichung zutrifft. Wegen $a \in A$ folgt aber hieraus $\varphi(m_0) = a$, denn sonst wäre $\varphi(m_0)$ nicht das kleinste noch nicht „produzierte" Element von A. — Die Funktion $\varphi:\mathbb{N}\to A$ ist also auch surjektiv und somit in der Tat eine Abzählung von A. ⌟

Berücksichtigen wir die dem Satz vorangestellte Bemerkung, so können wir allgemeiner sagen:

(4.5) *Jede Teilmenge einer abzählbaren Menge ist abzählbar.*

In Beispiel ① haben wir gesehen, daß „zwei mal abzählbar" immer noch abzählbar ist. Der folgende Satz zeigt, daß sogar „abzählbar mal abzählbar" nicht aus der Abzählbarkeit herausführt:

(4.6) *Die Menge* $\mathbb{N}\times\mathbb{N}$ *ist abzählbar.*

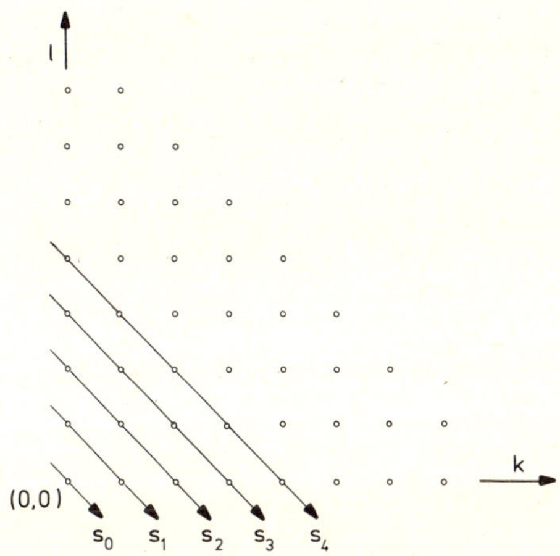

Fig. 45.2

Die Fig. 45.2 zeigt, wie die Elemente von $\mathbb{N}\times\mathbb{N}$ tatsächlich eins nach dem anderen alle numeriert werden können. Der Leser mag sich selbst davon überzeugen, daß die Funktion Φ, die für jedes Zahlenpaar (k,l) die zugehörige Nummer festlegt, durch

$$\Phi(k,l)=\frac{(k+l)(k+l+1)}{2}+k$$

gegeben ist. (Hinweis: Nach Durchlaufen der Diagonalen $s_0, s_1, \ldots, s_{r-1}$ hat man $1+2+3+\cdots+r$ Nummern verbraucht und ist damit bei der Nummer $(r(r+1)/2)-1$ angelangt. Der Punkt (k,l) ist der $(k+1)$-te Punkt auf der Diagonalen s_{k+l}.)

(4.7) *Vereinigung und kartesisches Produkt zweier abzählbarer Mengen sind abzählbar.*

⌜ Wir betrachten nur den Fall zweier abzählbar unendlicher Mengen A und B. Wir denken uns bijektive Numerierungen

$$\Phi: A \to \mathbb{N}, \quad \Psi: B \to \mathbb{N}$$

vorgegeben und definieren eine Funktion $\omega: A \cup B \to \mathbb{N}$ wie folgt:

$$\omega(x) := \begin{cases} 2\Phi(x) & (x \in A) \\ 2\Psi(x)+1 & (x \in B \setminus A). \end{cases}$$

Aufgrund der Eigenschaften von Φ, Ψ und $\mathbb{N}$ ist ω eine injektive Abbildung von $A \cup B$ in die natürlichen Zahlen, also eine bijektive Abbildung von $A \cup B$ auf eine gewisse Teilmenge von $\mathbb{N}$. Nach Satz **(4.4)** ist damit $A \cup B$ abzählbar. — Die Behauptung über $A \times B$ folgt aus Satz **(4.6)** und der Tatsache, daß die Abbildung

$$A \times B \to \mathbb{N} \times \mathbb{N}, \quad (x, y) \mapsto (\Phi(x), \Psi(y))$$

bijektiv ist. ⌟

Für die Analysis ist nun vor allem der folgende Satz von Bedeutung:

(4.8) *Die Menge $\mathbb{Q}$ der rationalen Zahlen ist abzählbar.*

⌜ Jede rationale Zahl α besitzt eine wohlbestimmte Darstellung

$$\alpha = \frac{p}{q}, \quad p \in \mathbb{Z}, \quad q \in \mathbb{N}^*,$$

mit minimalem q, und zwei verschiedene Zahlen $\alpha, \beta \in \mathbb{Q}$ besitzen verschiedene solche Darstellungen. Damit haben wir eine injektive Abbildung

$$\psi: \mathbb{Q} \to \mathbb{Z} \times \mathbb{N}^*$$

definiert. $\mathbb{Q}$ wird durch ψ bijektiv auf eine gewisse Teilmenge der abzählbaren Menge $\mathbb{Z} \times \mathbb{N}^*$ abgebildet und ist daher nach Satz **(4.5)** abzählbar. ⌟

② Es ist natürlich unmöglich, die rationalen Zahlen „der Größe nach" zu numerieren. Eine konkrete Abzählung von $\mathbb{Q}$ erhält man z.B., indem man aus der Folge

$$-\frac{1}{1}, \frac{0}{1}, \frac{1}{1}, -\frac{4}{2}, -\frac{3}{2}, -\frac{2}{2}, -\frac{1}{2}, \frac{0}{2}, \frac{1}{2}, \ldots, \frac{4}{2}, \ldots,$$

$$-\frac{q^2}{q}, -\frac{q^2-1}{q}, \ldots, -\frac{1}{q}, \frac{0}{q}, \frac{1}{q}, \ldots, \frac{q^2-1}{q}, \frac{q^2}{q}, \ldots$$

alle Zahlen herausstreicht, die schon weiter links aufgetreten sind. ○

46. Überabzählbare Mengen

Nach diesen Erfahrungen wird der Leser mit Recht fragen, ob es überhaupt überabzählbare Mengen gibt. Die Antwort lautet: ja. Wir werden sogar zeigen, daß es zu jeder Menge A Mengen gibt, die „wesentlich mehr" Elemente enthalten als A, so daß der Mächtigkeit von Mengen nach oben keine Grenze gesetzt ist.

Es sei A eine beliebige Menge. Die Menge aller verschiedenen Teilmengen von A, inklusive $\emptyset$ und A, heißt *Potenzmenge* von A und wird mit 2^A bezeichnet.

① Die Potenzmenge $2^\emptyset$ besteht aus dem einzigen Element $\emptyset$. $2^{\{0\}}$ besteht aus zwei Elementen, nämlich $\emptyset$ und $\{0\}$. $2^{\{0,1\}}$ besteht aus den vier Elementen $\emptyset$, $\{0\}$, $\{1\}$, $\{0,1\}$. Allgemein besitzt eine n-elementige Menge genau 2^n verschiedene Teilmengen. ○

Das angekündigte Resultat ist nun in dem folgenden Satz enthalten:

(4.9) *Es gibt keine surjektive Abbildung* $\varphi: A \to 2^A$.

⌜ Es sei A eine beliebige Menge und φ eine Vorschrift, die für jedes Element $x \in A$ eine gewisse Teilmenge $U_x \subset A$ festlegt:

$$\varphi: A \to 2^A, \qquad x \mapsto U_x .$$

Gewisse x werden dabei in „ihrem" U_x liegen, andere nicht. Die Elemente x der zweiten Art bilden eine gewisse (u. U. leere) Teilmenge $Y \subset A$:

$$Y := \{x \in A \mid x \notin U_x\} .$$

Wir behaupten nun: Y liegt nicht im Wertebereich von φ, d.h. es gibt kein Element $y \in A$ mit $U_y = Y$. Gäbe es nämlich ein derartiges y, so ließe sich die Frage stellen, ob es der Menge Y angehört oder nicht. Nach Definition von Y liegt aber y genau dann in Y, wenn es nicht in U_y liegt — eine mit $U_y = Y$ unverträgliche Situation. Damit ist die Existenz eines solchen y widerlegt, und φ ist erwiesenermaßen nicht surjektiv. ⌟

Die zum Beweis dieses Satzes verwendete Methode, das sogenannte *Diagonalverfahren*, stammt (wie auch das übrige Material der Abschnitte 45 und 46) von Cantor, dem Begründer der Mengenlehre.

Für die Analysis ist natürlich vor allem die folgende Tatsache von Bedeutung:

(4.10) *Die Menge* $\mathbb{R}$ *der reellen Zahlen ist überabzählbar.*

Es gibt also viel mehr irrationale Zahlen als rationale, oder, anders ausgedrückt: Die rationalen Zahlen bilden in $\mathbb{R}$ eine verschwindende Minderheit.

⌜ Um zu zeigen, daß eine Zahlfolge

$$(1)\qquad \mathbf{x}: \mathbb{N} \to \mathbb{R}, \quad k \mapsto x_k$$

unmöglich alle reellen Zahlen „produzieren" kann, denken wir uns eine beliebige solche Folge gegeben und konstruieren dazu eine reelle Zahl ξ, die von allen x_k der Folge verschieden ist. Wir benutzen dabei zwei Hilfsfolgen (a_k) und (b_k), denen wir folgende Eigenschaften verleihen:

(2) alle a_k sind kleiner als alle b_l,

$$(3)\qquad x_k \notin [a_k, b_k] \quad \forall k.$$

Die a_k bilden dann zusammen eine Menge A, die b_k eine Menge B, und wegen (2) gilt $A \wr B$. Nach dem Vollständigkeitsaxiom (OV) gibt es somit eine Zahl $\xi \in \mathbb{R}$ mit $A \wr \xi \wr B$, d.h. mit

$$a_k \leqslant \xi \leqslant b_k \quad \forall k.$$

Wegen (3) ist dieses ξ von allen x_k verschieden.

Die Hilfsfolgen (a_k) und (b_k) konstruieren wir rekursiv, und zwar wählen wir als $[a_{k+1}, b_{k+1}]$ allemal das erste oder das letzte Viertel des Intervalls $[a_k, b_k]$ — je nachdem, ob x_{k+1} rechts oder links von $(a_k + b_k)/2$ liegt. In Formeln:

$$a_0 := x_0 + 1, \quad b_0 := x_0 + 2;$$

$$\left.\begin{aligned} a_{k+1} &:= a_k \\ b_{k+1} &:= \frac{3a_k + b_k}{4} \end{aligned}\right\} \left(x_{k+1} \geqslant \frac{a_k + b_k}{2} \right),$$

bzw.

$$\left.\begin{aligned} a_{k+1} &:= \frac{a_k + 3b_k}{4} \\ b_{k+1} &:= b_k \end{aligned}\right\} \left(x_{k+1} < \frac{a_k + b_k}{2} \right).$$

Dann ist jedenfalls (3) erfüllt, überdies nehmen die a_k mit wachsendem k zu, die b_k ab:

$$a_k \leqslant a_{k+1}, \quad b_{k+1} \leqslant b_k \quad \forall k,$$

und hieraus ergibt sich

$$a_k \leqslant a_{k+l} < b_{k+l} \leqslant b_l \quad \forall k, l \in \mathbb{N}.$$

Damit ist auch (2) erwiesen. ⌟

Aufgaben

1. Ein *Schnitt von* $\mathbb{R}$ ist eine Teilmenge $S \subset \mathbb{R}$, die den Schnittaxiomen (S0)—(S2) genügt. Es sei $\tilde{\mathbb{R}}$ die Menge aller Schnitte von $\mathbb{R}$. Zeige: Es gibt eine bijektive und ordnungstreue Abbildung $\varphi: \tilde{\mathbb{R}} \to \mathbb{R}$, die jedem Schnitt von $\mathbb{R}$ in natürlicher Weise ein Element von $\mathbb{R}$ zuordnet. In anderen Worten: Die Wiederholung der Dedekindschen Konstruktion liefert kein größeres System.

2. Eine reelle Zahl ξ heißt *algebraisch*, wenn es eine natürliche Zahl n und ganze Zahlen $a_n \neq 0, a_{n-1}, \ldots, a_1, a_0$ gibt derart, daß

$$a_n \xi^n + a_{n-1} \xi^{n-1} + \cdots + a_1 \xi + a_0 = 0 .$$

Zeige: Die Menge der algebraischen Zahlen ist abzählbar unendlich.

3. Zeige: Die Vereinigung von abzählbar vielen abzählbaren Mengen A_k ist abzählbar. Beachte: Die A_k sind nicht notwendigerweise disjunkt.

4. Mit Hilfe von bekannten Funktionen (algebraische Operationen, Auf- bzw. Abrunden usw.) konstruiere man explizit eine Abzählung von $\mathbb{N}^2$.

5. Eine Folge (x_k) von natürlichen Zahlen heiße *zulässig*, wenn nur endlich viele x_k von 0 verschieden sind. Zeige: Die Menge der zulässigen Folgen von natürlichen Zahlen ist abzählbar. — Mit Hilfe von Primzahlpotenzen läßt sich übrigens eine Numerierung dieser Folgen explizit angeben. Wie steht es mit der Menge *aller* Folgen von natürlichen Zahlen?

6. Konstruiere eine bijektive Abbildung der reellen Achse

   a) auf $\mathbb{R}^*$, b) auf eine Kreislinie.

Kapitel 5. Komplexe Zahlen und Vektoren

51. Konstruktion des Körpers $\mathbb{C}$

Dieses Buch handelt in erster Linie von reeller Analysis. Trotzdem wollen wir gleich auch die komplexen Zahlen einführen, und zwar aus den folgenden Gründen: Zahlreiche Sätze über Folgen, Reihen, Funktionen usw. gelten genauso im Komplexen wie im Reellen, ja, in noch viel allgemeinerem Zusammenhang, und wir möchten diese Sätze nicht auf jeder Stufe der Verallgemeinerung von neuem, sondern wo immer möglich nur ein einziges Mal beweisen. Zweitens werden uns die komplexen Zahlen bei der Einführung und Behandlung der trigonometrischen Funktionen zuhilfe kommen und eine befriedigende, rein analytische Theorie dieser Funktionen ermöglichen.

Die komplexen Zahlen bilden einen Körper $\mathbb{C}$, und zwar einen *Erweiterungskörper* von $\mathbb{R}$, das heißt: Die reellen Zahlen sind (mitsamt ihren Operationen und Unterstrukturen) in das System der komplexen Zahlen eingebaut. Der „Turm" (31.1) erhält damit ein weiteres (und letztes) Stockwerk aufgesetzt:

$$\mathbb{N} \subset \mathbb{Z} \subset \mathbb{Q} \subset \mathbb{R} \subset \mathbb{C}.$$

Zur Erweiterung von $\mathbb{R}$ wird man bekanntlich gedrängt durch die Tatsache, daß z.B. die quadratische Gleichung

$$(1) \qquad x^2+1=0 \quad \text{bzw.} \quad x^2=-1$$

in $\mathbb{R}$ keine Lösung hat. Wir stellen uns jetzt vor, es sei K ein Erweiterungskörper von $\mathbb{R}$, in dem die Gleichung (1) lösbar ist. Es gibt also ein Element $i \in K$ mit $i^2=-1$. Dann ist jedenfalls $i \notin \mathbb{R}$. Aufgrund der Körperaxiome enthält K wenigstens alle „Zahlen" der Form

$$(2) \qquad z := x + i y, \qquad x, y \in \mathbb{R}.$$

Dabei sind der *Realteil* $x =: \mathscr{R} z$ und der *Imaginärteil* $y =: \mathscr{I} z$ durch z eindeutig bestimmt: Gilt

(3) $$x+iy=u+iv$$

und ist $y \neq v$, so läßt sich (3) nach i auflösen; es ergibt sich

$$i=\frac{x-u}{v-y} \in \mathbb{R}$$

— ein Widerspruch. Somit ist $y=v$, wie behauptet, und aus (3) folgt dann auch $x=u$.

Es sei jetzt

$$C := \{x+iy \in K \mid x, y \in \mathbb{R}\}$$

die Menge der eben betrachteten z. Wir behaupten: Schon diese Teilmenge $C \subset K$ ist bezüglich der in K erklärten Operationen ein Körper.

⌜ Es seien

$$z := x+iy, \qquad w := u+iv$$

zwei beliebige Elemente von C. Dann gilt

(4) $$z+w=x+u+i(y+v), \qquad -z=-x+i(-y),$$
$$z \cdot w = xu + xiv + iyu + i^2 yv$$

und somit wegen $i^2=-1$:

(5) $$z \cdot w = (xu-yv)+i(xv+yu),$$

ferner

$$\frac{1}{z}=\frac{1}{x+iy}=\frac{x-iy}{(x+iy)(x-iy)}=\frac{x-iy}{x^2+y^2}$$

und somit

(6) $$\frac{1}{z}=\frac{x}{x^2+y^2}+i\frac{-y}{x^2+y^2}$$

— letzteres natürlich nur, falls $z \neq 0$, d.h. $(x,y) \neq (0,0)$. Mit $z, w \in C$ sind also auch die „Zahlen" $z+w$, $-z$, $z \cdot w$ und $1/z$ von der Form $a+ib$ und damit in C. Die übrigen Körpereigenschaften vererben sich automatisch von K auf C. ⌟

Die vorangegangenen Überlegungen zeigen: Falls es überhaupt einen Erweiterungskörper von $\mathbb{R}$ gibt, in dem die Gleichung (1) lösbar ist, so gibt es einen kleinsten solchen Körper, und diese minimale Erweiterung ist („bis auf Isomorphie") wohlbestimmt: Ihre Operationen sind notwendigerweise durch die Formeln (4), (5) und (6) mit denen von $\mathbb{R}$ verknüpft. Der so charakterisierte Körper heißt *Körper der komplexen Zahlen* und wird mit $\mathbb{C}$ bezeichnet.

Um die Existenz dieses Körpers wirklich nachzuweisen, geben wir eine explizite Konstruktion, wobei wir uns natürlich von den Formeln (4)—(6) inspirieren lassen. Wir definieren auf der Menge

$$\mathbb{R}^2 := \{(x,y) \mid x,y \in \mathbb{R}\}$$

eine Addition durch

$$(7) \qquad (x,y)+(u,v) := (x+u, y+v)$$

und eine Multiplikation durch

$$(8) \qquad (x,y)(u,v) := (xu-yv, xv+yu)$$

und bezeichnen das so entstehende System mit K. Man rechnet in einigen Zeilen nach, daß diese beiden Operationen kommutativ und assoziativ sind, daß das Distributivgesetz gilt, ferner, daß das Paar $(0,0)$ als Nullelement, das Paar $(1,0)$ als Einselement wirkt und daß gilt:

$$-(x,y) = (-x,-y),$$

$$(x,y)^{-1} = \left(\frac{x}{x^2+y^2}, \frac{-y}{x^2+y^2}\right),$$

letzteres natürlich nur, falls $(x,y) \neq (0,0)$. Das System K ist somit ein Körper. Weiter enthält K als Teilmenge eine „isomorphe" Kopie von $\mathbb{R}$, denn die speziellen Paare $(x,0)$, $(u,0)$ verhalten sich unter (7) und (8) wie die entsprechenden reellen Zahlen x und u, d.h. es gilt

$$(x,0)+(u,0) = (x+u,0),$$

$$(x,0)\cdot(u,0) = (x\cdot u,0).$$

Endlich ist

$$(0,1)^2 = (0,1)\cdot(0,1) = (0\cdot 0 - 1\cdot 1, 0\cdot 1 + 1\cdot 0) = (-1,0).$$

Aus alledem folgt: K ist ein Erweiterungskörper von $\mathbb{R}$, der ein Element i (z.B. $i:=(0,1)$) enthält mit $i^2=-1$. Aufgrund der vorangegangenen Überlegungen ist damit die Existenz des Körpers $\mathbb{C}$ bewiesen, und zwar ist das eben konstruierte K gerade eine Realisierung von $\mathbb{C}$.

52. Elementare Eigenschaften von $\mathbb{C}$

Zum Rechnen mit komplexen Zahlen verwendet man natürlich die Notation (51.2), für geometrische Überlegungen ist es jedoch vorteilhafter, die komplexen Zahlen als Paare (x,y), d.h. als Punkte einer Ebene, der sogenannten *Gaußschen Zahlenebene*, aufzufassen (siehe die Fig. 52.1). In jedem Fall ist eine komplexe Zahl *ein* Ding und soll daher, wo immer möglich, mit *einem* Buchstaben, z.B. mit z, bezeichnet werden.

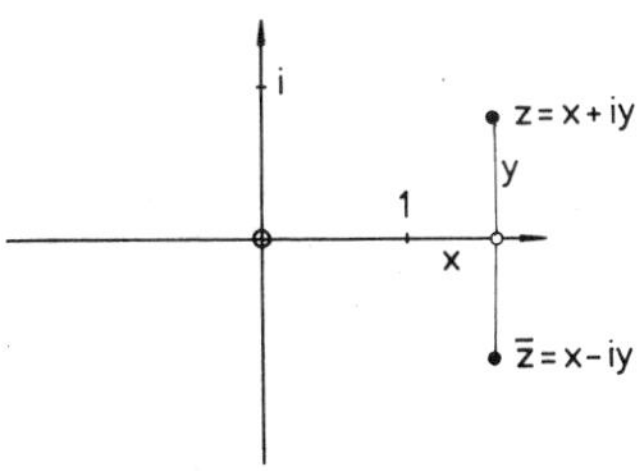

Fig. 52.1

Das System $\mathbb{C}$ weist eine ausgezeichnete Selbstabbildung auf, nämlich die *Konjugation*

$$z=x+iy \mapsto x-iy=:\bar{z}.$$

Man nennt $\bar{z}$ die *zu z konjugiert komplexe Zahl*, z und $\bar{z}$ liegen spiegelbildlich zur reellen Achse. Die Verifikation der folgenden Formeln überlassen wir dem Leser:

(5.1) (a) $\mathscr{R}z=\dfrac{z+\bar{z}}{2}, \quad \mathscr{I}z=\dfrac{z-\bar{z}}{2i},$

(b) $z\in\mathbb{R} \Leftrightarrow z=\bar{z}$,

(c) $\bar{\bar{z}}=z$.

(5.2) (a) $\overline{z_1+z_2}=\bar{z}_1+\bar{z}_2$, (b) $\overline{z_1\cdot z_2}=\bar{z}_1\cdot\bar{z}_2$.

Aufgrund der beiden Identitäten **(5.2)** ist die Konjugation ein „*Automorphismus*“ von $\mathbb{C}$, d.h. eine bijektive Selbstabbildung, die die algebraische Struktur reproduziert.

Für jede komplexe Zahl z ist

$$z\bar{z}=(x+iy)(x-iy)=x^2+y^2$$

eine nichtnegative reelle Zahl und besitzt somit, wie wir später zeigen werden, eine wohlbestimmte nichtnegative Quadratwurzel. Man nennt

$$|z|:=\sqrt{z\bar{z}}=\sqrt{x^2+y^2}$$

den *absoluten Betrag* der Zahl z; geometrisch interpretiert ist $|z|$ der Abstand des Punktes z vom Ursprung. Der absolute Betrag besitzt die folgenden Eigenschaften:

(5.3) (a) $|z_1 \cdot z_2| = |z_1| \cdot |z_2|$,

(b) $z \in \mathbb{R} \Rightarrow |z|_{\mathbb{C}} = |z|_{\mathbb{R}}$,

(c) $|\mathscr{R}z| \leqslant |z|, \quad |\mathscr{I}z| \leqslant |z|$,

(d) $|z| \geqslant 0, \quad |z|=0 \Leftrightarrow z=0$,

(e) $|z_1+z_2| \leqslant |z_1|+|z_2|$ *(Dreiecksungleichung)*.

⌈ Man hat wegen **(5.2)**(b):

$$|z_1 \cdot z_2|^2 = z_1 z_2 \cdot \overline{z_1 z_2} = z_1 \bar{z}_1 \cdot z_2 \bar{z}_2 = |z_1|^2 |z_2|^2 .$$

Zieht man hier auf beiden Seiten die Quadratwurzel, so folgt (a). — Die Formel (b) besagt, daß die Betragsfunktion auf $\mathbb{C}$ eine Fortsetzung der auf $\mathbb{R} \subset \mathbb{C}$ bereits vorhandenen Betragsfunktion darstellt. Ist $z := x \in \mathbb{R}$, so gilt $|z|_{\mathbb{C}} = \sqrt{x^2} = |x| = |z|_{\mathbb{R}}$. — (c) und (d) sind evident, (e) wird im nächsten Abschnitt bewiesen. ⌋

Wir beweisen hier noch die fundamentale *Ungleichung von Cauchy-Schwarz-Bunjakowski*, im weiteren kurz als *Schwarzsche Ungleichung* bezeichnet:

(5.4) *Sind $(a_1, \ldots, a_n)$ und $(b_1, \ldots, b_n)$ zwei beliebige n-Tupel von komplexen Zahlen, so gilt*

$$\left|\sum_{k=1}^n a_k \bar{b}_k\right|^2 \leqslant \sum_{k=1}^n |a_k|^2 \cdot \sum_{k=1}^n |b_k|^2 ,$$

und zwar besteht Gleichheit genau dann, wenn eines der beiden n-Tupel ein λ-faches des andern ist.

⌜ Mit den Abkürzungen

$$\textstyle\sum_k |a_k|^2 =: A, \qquad \sum_k |b_k|^2 =: B, \qquad \sum_k a_k \bar{b}_k =: C$$

(der Index k läuft hier und im folgenden stets von 1 bis n) lautet die fragliche Ungleichung:

$$AB - C\bar{C} \geqslant 0.$$

Wir betrachten zunächst den im Zusatz erwähnten Fall

$$b_k = \lambda a_k \qquad (1 \leqslant k \leqslant n).$$

Hier gilt

$$B = \lambda\bar{\lambda}A, \qquad C = \textstyle\sum_k a_k \bar{\lambda}\bar{a}_k = \bar{\lambda}A$$

und somit

$$AB - C\bar{C} = A\lambda\bar{\lambda}A - \bar{\lambda}A\lambda A = 0,$$

wie behauptet.

Ist keines der beiden n-Tupel ein λ-faches des andern, so ist notwendigerweise $A > 0$ — sonst wären alle $a_k = 0$, und $(a_1, \ldots, a_n)$ wäre das 0-fache von $(b_1, \ldots, b_n)$ —, und zweitens sind dann auch die n Zahlen

$$b_k - \frac{\bar{C}}{A} a_k \qquad (1 \leqslant k \leqslant n)$$

nicht alle gleich 0. Hieraus folgt: Die Größe

$$S := A \sum_k \left| b_k - \frac{\bar{C}}{A} a_k \right|^2$$

ist wohldefiniert und streng positiv. Nun gilt aber

$$\begin{aligned} S &= A \sum_k \left(b_k - \frac{\bar{C}}{A} a_k \right)\left(\bar{b}_k - \frac{C}{A} \bar{a}_k \right) \\ &= A \left[\sum_k b_k \bar{b}_k - \frac{C}{A} \sum_k b_k \bar{a}_k - \frac{\bar{C}}{A} \sum_k a_k \bar{b}_k + \frac{\bar{C}C}{A^2} \sum_k a_k \bar{a}_k \right] \\ &= A \left[B - \frac{C}{A}\bar{C} - \frac{\bar{C}}{A} C + \frac{\bar{C}C}{A^2} A \right] = AB - C\bar{C}. \end{aligned}$$

Wegen $S > 0$ ist damit alles bewiesen. ⌟

Wir schließen diesen Abschnitt mit einer Bemerkung über algebraische Gleichungen. Anstoß zur Einführung der komplexen Zahlen war ja das Bestreben, die Lösbarkeit der Gleichung (51.1) zu erwirken. Es ist nun einigermaßen überraschend, daß im Körper der komplexen Zahlen nicht nur diese spezielle, sondern überhaupt jede algebraische Gleichung eine Lösung besitzt. Es gilt nämlich der sogenannte *Fundamentalsatz der Algebra*:

(5.5) *Jede Gleichung*

$$z^n + a_{n-1} z^{n-1} + a_{n-2} z^{n-2} + \cdots + a_1 z + a_0 = 0$$

mit komplexen Koeffizienten $a_0, a_1, \ldots, a_{n-1}$ $(n \geqslant 1)$ *besitzt wenigstens eine Lösung* $\zeta \in \mathbb{C}$.

Wir werden auf diesen Satz ausführlich zurückkommen (Abschnitt 141) und ihn bei Gelegenheit auch beweisen (Beispiel 86.⑦).

53. Der n-dimensionale euklidische Raum

Spätere Teile dieses Werkes handeln von mehrdimensionaler Analysis, also z. B. von krummen Flächen und von Vektorfeldern im dreidimensionalen Raum. Aus den zu Beginn dieses Kapitels angeführten Gründen wollen wir daher das Nötigste über den n-dimensionalen Raum $\mathbb{R}^n$, $n > 1$, schon hier zusammenstellen.

Die *Punkte* oder *Vektoren* des $\mathbb{R}^n$ sind definitionsgemäß n-Tupel $\mathbf{x} := (x_1, x_2, \ldots, x_n)$ von reellen Zahlen. Die x_i $(1 \leqslant i \leqslant n)$ heißen die *Koordinaten* oder die *Komponenten* des Vektors $\mathbf{x}$. Auf $\mathbb{R}^n$ ist eine Addition erklärt durch

$$(1) \qquad \mathbf{x} + \mathbf{y} := (x_1 + y_1, x_2 + y_2, \ldots, x_n + y_n),$$

man spricht daher von *komponentenweiser Addition* der Vektoren. Geometrisch entspricht die Addition (1) dem „Parallelogramm der Kräfte" (siehe die Fig. 53.1).

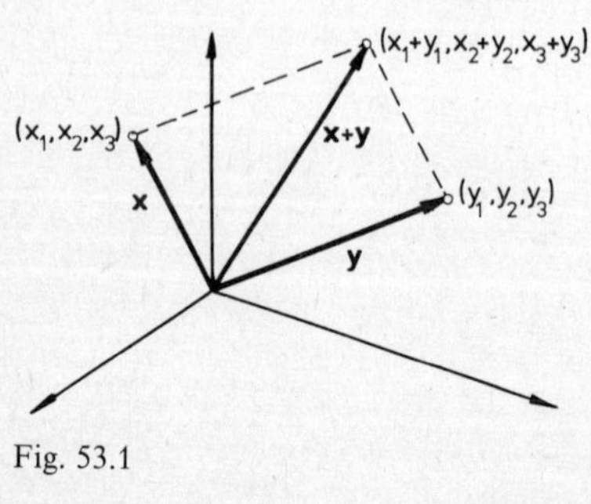

Fig. 53.1

Wir benutzen diese Tatsache zur Unterstützung der Anschauung, werden aber weiter keinen Gebrauch davon machen und wollen daher den Beweis unterdrücken.

Die Addition der Vektoren ist offensichtlich assoziativ und kommutativ, der *Nullvektor* $\mathbf{0}:=(0,0,\dots,0)$ ist Neutralelement, und jeder Vektor $\mathbf{x}$ besitzt ein (additives) Inverses

$$-\mathbf{x}=(-x_1,-x_2,\dots,-x_n).$$

Ist weiter λ eine beliebige reelle Zahl oder, wie man in diesem Zusammenhang auch sagt: ein *Skalar*, so ist das *λ-fache des Vektors* $\mathbf{x}$ definiert durch

$$\lambda\mathbf{x}:=(\lambda x_1,\lambda x_2,\dots,\lambda x_n).$$

Diese *äußere Verknüpfung* $\mathbb{R}\times\mathbb{R}^n\to\mathbb{R}^n$ (für jeden Skalar $\lambda\in\mathbb{R}$ und jeden Vektor $\mathbf{x}\in\mathbb{R}^n$ ist der Vektor $\lambda\mathbf{x}\in\mathbb{R}^n$ erklärt) genügt in Verbindung mit den übrigen Operationen in $\mathbb{R}$ und $\mathbb{R}^n$ den folgenden Axiomen:

$$(\lambda+\mu)\mathbf{x}=\lambda\mathbf{x}+\mu\mathbf{x},$$
$$\lambda(\mathbf{x}+\mathbf{y})=\lambda\mathbf{x}+\lambda\mathbf{y},$$
$$1\mathbf{x}=\mathbf{x}.$$

Alle diese Fakten lassen sich in dem folgenden Satz zusammenfassen: $\mathbb{R}^n$ ist ein *reeller Vektorraum* im Sinn der linearen Algebra.

Darüber hinaus läßt sich auf $\mathbb{R}^n$ eine weitere Verknüpfung festlegen, nämlich das *Skalarprodukt*

$$\mathbf{x}\bullet\mathbf{y}:=x_1y_1+x_2y_2+\cdots+x_ny_n.$$

Das Skalarprodukt der beiden Vektoren $\mathbf{x}$ und $\mathbf{y}$ ist somit eine Zahl; die geometrische Bedeutung dieser Zahl wird später untersucht (Beispiel 96.①). Als Funktion $\mathbb{R}^n\times\mathbb{R}^n\to\mathbb{R}$ besitzt das Skalarprodukt folgende allgemeinen Eigenschaften:

(5.6) (a) $\mathbf{x}\bullet\mathbf{y}=\mathbf{y}\bullet\mathbf{x}$,

(b) $(\mathbf{x}+\mathbf{y})\bullet\mathbf{z}=\mathbf{x}\bullet\mathbf{z}+\mathbf{y}\bullet\mathbf{z}$,

(c) $\lambda\mathbf{x}\bullet\mathbf{y}=\lambda(\mathbf{x}\bullet\mathbf{y})$.

Zusammen mit den analogen Identitäten bezüglich des zweiten Faktors besagen (b) und (c): Das Skalarprodukt ist eine *bilineare Funktion* von zwei Vektorvariablen.

Mit Hilfe des Skalarprodukts definieren wir nun noch den *absoluten Betrag des Vektors* $\mathbf{x}$ durch

$$|\mathbf{x}| := \sqrt{\mathbf{x} \bullet \mathbf{x}} = \sqrt{x_1^2 + x_2^2 + \cdots + x_n^2},$$

in Übereinstimmung mit elementargeometrischen Vorstellungen: $|\mathbf{x}|$ stellt den Abstand des Punktes $\mathbf{x}$ vom Ursprung dar. Die Eigenschaften des Betrages sind:

(5.7) (a) $|\lambda \mathbf{x}| = |\lambda|\,|\mathbf{x}|$,

(b) $|\mathbf{x}| \geqslant 0, \quad |\mathbf{x}| = 0 \Leftrightarrow \mathbf{x} = \mathbf{0}$,

(c) $|\mathbf{x} \bullet \mathbf{y}| \leqslant |\mathbf{x}|\,|\mathbf{y}|$ *(Schwarzsche Ungleichung)*,

(d) $|\mathbf{x} + \mathbf{y}| \leqslant |\mathbf{x}| + |\mathbf{y}|$ *(Dreiecksungleichung)*,

(e) $|\mathbf{x} - \mathbf{z}| \leqslant |\mathbf{x} - \mathbf{y}| + |\mathbf{y} - \mathbf{z}|$.

┌ Die Schwarzsche Ungleichung **(5.4)** lautet im hier vorliegenden reellen Fall:

$$\left|\sum_{k=1}^n x_k y_k\right|^2 \leqslant \sum_{k=1}^n x_k^2 \cdot \sum_{k=1}^n y_k^2 .$$

Zieht man auf beiden Seiten die Quadratwurzel, so folgt (c). — Mit Hilfe der allgemeinen Eigenschaften **(5.6)** des Skalarprodukts sowie der Schwarzschen Ungleichung (c) ergibt sich nacheinander

$$\begin{aligned} |\mathbf{x} + \mathbf{y}|^2 &= (\mathbf{x} + \mathbf{y}) \bullet (\mathbf{x} + \mathbf{y}) = \mathbf{x} \bullet \mathbf{x} + \mathbf{x} \bullet \mathbf{y} + \mathbf{y} \bullet \mathbf{x} + \mathbf{y} \bullet \mathbf{y} \\ &= |\mathbf{x}|^2 + 2\mathbf{x} \bullet \mathbf{y} + |\mathbf{y}|^2 \\ &\leqslant |\mathbf{x}|^2 + 2|\mathbf{x}|\,|\mathbf{y}| + |\mathbf{y}|^2 \\ &= (|\mathbf{x}| + |\mathbf{y}|)^2 ; \end{aligned}$$

also gilt (d). — (e) folgt durch Anwendung von (d) auf die Vektoren $\mathbf{x}' := \mathbf{x} - \mathbf{y}$ und $\mathbf{y}' := \mathbf{y} - \mathbf{z}$. ┘

Mit **(5.7)**(d) ist zugleich auch die Dreiecksungleichung in $\mathbb{C}$ bewiesen, denn bezüglich Addition und Betragsfunktion ist $\mathbb{C}$ „identisch" mit $\mathbb{R}^2$ (vgl. (51.7) und (53.1)).

Aufgaben

┌ 1. Im $\mathbb{R}^2$ werden folgende Operationen eingeführt:

$$(a,b) + (c,d) := (a+c, b+d),$$
$$(a,b) \cdot (c,d) := (ac, bd).$$

Wird damit ein Körper definiert?

2. Durch $z \mapsto w := 1/z$ wird die *punktierte z-Ebene* $(:= \mathbb{C} \setminus \{0\})$ in die w-Ebene abgebildet. Man zeichne die Bilder

a) der reellen Achse,
b) der imaginären Achse,
c) eines Kreises $|z| = r$,
d) einer allgemeinen Geraden durch den Nullpunkt.

3. Zerlege die folgenden komplexen Zahlen in Real- und Imaginärteil:

a) $\dfrac{1}{1+i} + \dfrac{1}{2+i} + \dfrac{1}{3+i}$, b) $\dfrac{2-3i}{2+i} + \dfrac{1-i}{1+3i}$.

4. Man bestimme alle Punkte $z \in \mathbb{C}$, für welche

a) $\dfrac{1-z}{|1-z|} = i \dfrac{1+z}{|1+z|}$, b) $z^2 + z\bar{z} + \bar{z}^2 = 0$.

Kapitel 6. Folgen

61. Begriff des metrischen Raumes

Die Mengen $\mathbb{R}$, $\mathbb{C}$, $\mathbb{R}^n$ tragen nicht nur die algebraische Struktur, die wir in den vorhergehenden Kapiteln beschrieben haben, sondern auch eine sogenannte *topologische Struktur*, die festlegt, welche Punkte „in der Nähe" eines gegebenen Punktes a liegen, und damit z. B. erlaubt, der Formel

$$„x_n \to a \qquad (n \to \infty)“$$

einen präzisen Sinn zu erteilen. Um auf irgendeiner Menge M eine topologische Struktur zu erhalten, genügt es, ein Maß für den Abstand von je zwei Punkten zu haben; die in den obigen Beispielen vorhandene algebraische Struktur (Körpereigenschaften usw.) braucht es an sich nicht.

Wir bezeichnen als *Metrik auf der Menge M* eine Funktion $\rho: M \times M \to \mathbb{R}$, die den folgenden Axiomen genügt:

(M 1) $\quad \rho(x,y) \geqslant 0, \quad \rho(x,y)=0 \Leftrightarrow x=y,$

(M 2) $\quad \rho(x,y)=\rho(y,x),$

(M 3) $\quad \rho(x,z) \leqslant \rho(x,y)+\rho(y,z).$

M, versehen mit der Metrik ρ, heißt ein *metrischer Raum*. Wenn wir $\rho(x,y)$ als *Abstand* von x und y bezeichnen, so folgt aus (M 1), daß je zwei verschiedene Punkte von M einen positiven Abstand haben. Die *Dreiecksungleichung* (M 3) drückt aus, daß der Abstand „keine Sprünge macht": Liegt der Punkt y nahe bei x und z nahe bei y, so liegt auch der Punkt z nahe bei x.

① Vermöge

(1) (a) $\quad \rho(x,y) := |x-y| \quad (x,y \in \mathbb{R}),$

(b) $\quad \rho(z_1,z_2) := |z_1 - z_2| \quad (z_1,z_2 \in \mathbb{C}),$

(c) $\quad \rho(\mathbf{x},\mathbf{y}) := |\mathbf{x}-\mathbf{y}| = \sqrt{(x_1-y_1)^2+\cdots+(x_n-y_n)^2} \quad (\mathbf{x},\mathbf{y} \in \mathbb{R}^n)$

erhält man je die *natürliche Metrik* auf den Mengen $\mathbb{R}$, $\mathbb{C}$ und $\mathbb{R}^n$. Nach **(5.7)** sind die Axiome (M 1)–(M 3) in allen drei Fällen erfüllt. ○

② Ist M ein metrischer Raum, so ist jede Teilmenge $A \subset M$ von selbst ein metrischer Raum: Die gegenseitigen Abstände der Punkte von A allein genügen a fortiori (M 1)—(M 3). Insbesondere ist z.B. jedes Intervall $[a,b] \subset \mathbb{R}$ bezüglich (1)(a) ein metrischer Raum. ○

Wir denken uns die Systeme $\mathbb{R}$, $\mathbb{C}$, $\mathbb{R}^n$ ein für allemal mit der in Beispiel ① eingeführten natürlichen Metrik versehen und verwenden als Sammelbezeichnung bzw. als Variable für diese drei metrischen Räume den Buchstaben $\mathbb{X}$. Da die Räume $\mathbb{X}$ und ihre Teilmengen bis auf weiteres die einzigen „konkreten" metrischen Räume sind, die wir zu betrachten haben, schreiben wir mit Rücksicht auf (1) im folgenden $|x-y|$ anstelle von $\rho(x,y)$; dabei sind x und y je nach Zusammenhang reelle Zahlen, komplexe Zahlen oder Vektoren.

Die in der Nähe eines festen Punktes $a \in \mathbb{X}$ gelegenen Punkte lassen sich zusammenfassen in verschieden großen *Umgebungen* des Punktes a: Für beliebiges $\varepsilon > 0$ heißt

$$U_\varepsilon(a) := \{x \in \mathbb{X} \mid |x-a| < \varepsilon\}$$

die *ε-Umgebung des Punktes a*; unter einer *(allgemeinen) Umgebung des Punktes a* versteht man eine beliebige Menge $U \subset \mathbb{X}$, die wenigstens ein $U_\varepsilon(a)$ umfaßt.

③ Nach **(2.3)**(d) ist die ε-Umgebung einer Zahl $a \in \mathbb{R}$ gegeben durch

$$U_\varepsilon(a) =]a-\varepsilon, a+\varepsilon[. \quad —$$

Das Intervall $[0,1] \subset \mathbb{R}$ ist eine Umgebung des Punktes 1/4, aber nicht der Punkte 0 und 1. ○

④ In $\mathbb{C}$ ist $U_\varepsilon(a)$ die offene Kreisscheibe vom Radius ε um den Punkt a. *Offen* heißt hier: ohne den Randkreis $|z-a| = \varepsilon$. ○

62. Konvergenz

Es sei (x_n) eine Folge in $\mathbb{X}$. Ein Punkt $a \in \mathbb{X}$ heißt *Häufungspunkt der Folge* (x_n), wenn in jeder (noch so kleinen) ε-Umgebung von a unendlich viele x_n liegen — genauer: wenn es zu jedem $\varepsilon > 0$ und zu jedem $n_0 \in \mathbb{N}$ ein $n > n_0$ gibt mit $x_n \in U_\varepsilon(a)$.

① (a) Die Folge $n \mapsto (-1)^n$ in $\mathbb{R}$ oder $\mathbb{C}$ hat die beiden Häufungspunkte 1 und -1. — (b) Die Folge $n \mapsto \mathscr{R}(i^n)$ in $\mathbb{C}$ hat wegen $i^{4k} = 1$, $i^{4k+1} = i$, $i^{4k+2} = -1$, $i^{4k+3} = -i$ $(k \in \mathbb{N})$ die drei Häufungspunkte 1, 0, -1. — (c) Die Folge $n \mapsto n^2$ mit den Gliedern 0, 1, 4, 9, ... hat keinen Häufungspunkt. — (d) Die Folge $n \mapsto 2^{(-2)^n}$ mit den Gliedern 2, 1/4, 16, 1/256, 65 536, ... hat den einzigen Häufungspunkt 0. ○

② Ist $n \mapsto x_n$ eine Abzählung von $\mathbb{Q}$, so ist jede reelle Zahl a Häufungspunkt der Folge (x_n). Es sei etwa die Zahl $a \in \mathbb{R}$ nicht Häufungspunkt dieser Folge; dann gibt es ein $\varepsilon > 0$, so daß nur endlich viele x_n in $U_\varepsilon(a) =]a-\varepsilon, a+\varepsilon[$ liegen. Wählt man daher ε' hinreichend klein, so liegt kein einziges x_n im Intervall $]a, a+\varepsilon'[$. Dies ist nach Satz **(4.2)** unmöglich, wenn (x_n) eine Abzählung von $\mathbb{Q}$ sein soll. ○

Der Punkt $a \in \mathbb{X}$ heißt *Grenzwert* oder *Limes* der Folge (x_n), in Zeichen:

$$x_n \to a \quad (n \to \infty),$$

wenn jede (noch so kleine) ε-Umgebung von a „fast alle" x_n enthält — genau: wenn es zu jedem $\varepsilon > 0$ ein $n_0 := n_0(\varepsilon) \in \mathbb{N}$ gibt mit

$$x_n \in U_\varepsilon(a) \quad \forall n > n_0 .$$

Besitzt die Folge (x_n) einen Grenzwert $a \in \mathbb{X}$, so heißt sie *konvergent*, andernfalls *divergent*. Keine der in den Beispielen ① und ② betrachteten Folgen ist konvergent. Dies folgt aus den nachstehenden Sätzen **(6.1)** und **(6.3)**, ist aber auch anschaulich klar.

③ Für die Zahlfolge $(x_n) := (1/n)$ gilt

(1) $$\frac{1}{n} \to 0 \quad (n \to \infty).$$

⌈ Ist $\varepsilon > 0$ vorgegeben, so ist auch $1/\varepsilon > 0$, und nach dem Axiom von Archimedes **(4.3)** gibt es somit ein $n_0 \in \mathbb{N}$ mit $n_0 > 1/\varepsilon$. Für jedes $n > n_0$ gilt dann

$$0 < \frac{1}{n} < \frac{1}{n_0} < \varepsilon$$

und somit $1/n \in U_\varepsilon(0)$. ⌋ ○

④ Eine *konstante Folge*

$$x_n := a \quad (n = 0, 1, 2, \ldots)$$

ist trivialerweise konvergent. ○

Die Folge (x_n) heißt *beschränkt*, wenn es ein $R > 0$ gibt mit

$$|x_n| \leqslant R \quad \forall n .$$

Die Folgen in den Beispielen ①(a), ①(b), ③ und ④ sind beschränkt, diejenigen in den Beispielen ①(c), ①(d) und ② unbeschränkt.

(6.1) *Eine konvergente Folge ist beschränkt.*

⌜ Gilt $x_n \to a\ (n\to\infty)$, so gibt es ein n_0 mit $|x_n - a| < 1\ \forall n > n_0$. Wir setzen

$$R := \max\{|x_0|, |x_1|, \ldots, |x_{n_0}|, |a|+1\};$$

dann ist ersichtlich $|x_n| \leqslant R$ für jedes $n \in \mathbb{N}$. ⌟

Ist (x_n) eine Folge in $\mathbb{X}$ und $a \in \mathbb{X}$ fest, so wird durch

$$r_n := |x_n - a|$$

eine Folge (r_n) in $\mathbb{R}_0^+$ erklärt. Es gilt

(6.2) $$x_n \to a \quad (n\to\infty) \Leftrightarrow |x_n - a| \to 0 \quad (n\to\infty).$$

⌜ Die Aussagen $x_n \in U_\varepsilon(a)$ und $|x_n - a| \in U_\varepsilon(0)$ sind äquivalent. ⌟

Wir wollen jetzt das Verhältnis der Begriffe „Häufungspunkt" und „Grenzwert" näher untersuchen und beweisen zunächst:

(6.3) *Gilt $x_n \to a\ (n\to\infty)$, so ist a der einzige Häufungspunkt der Folge (x_n).*

⌜ Daß a Häufungspunkt ist, folgt unmittelbar aus den Definitionen. Für einen Punkt $b \neq a$ hat man nach (M1): $|a-b| =: 2\varepsilon > 0$. Wegen $x_n \to a$ gibt es ein n_0 mit $x_n \in U_\varepsilon(a)\ \forall n > n_0$; aus

$$2\varepsilon = |a-b| \leqslant |a - x_n| + |x_n - b|$$

folgt somit

$$|x_n - b| > \varepsilon \qquad \forall n > n_0.$$

Dann kann aber b nicht Häufungspunkt der Folge (x_n) sein. ⌟

Wie das Beispiel ①(d) zeigt, ist die Umkehrung dieses Satzes falsch: Eine Folge mit genau einem Häufungspunkt braucht nicht zu konvergieren. Aus Satz **(6.3)** ergibt sich hingegen unmittelbar:

(6.4) *Eine konvergente Folge hat genau einen Grenzwert.*

Der Grenzwert der konvergenten Folge (x_n) wird mit

$$\lim_{n\to\infty} x_n$$

bezeichnet; für die Aussage „$x_n \to a$ $(n \to \infty)$" schreiben wir von jetzt an auch:

$$\lim_{n\to\infty} x_n = a.$$

63. Teilfolgen

Ist a ein Häufungspunkt der divergenten Folge (x_n), so liegen unendlich viele x_n in der Nähe von a. Indem man alle „schlechten" x_n verwirft und nur „die guten ins Töpfchen" legt, müßte man eine „Folge" erhalten, die wirklich gegen a konvergiert. Wir haben das zu präzisieren.

Eine streng monoton wachsende Folge $\mathbf{n}: k \mapsto n_k$ von natürlichen Zahlen wollen wir eine *Auswahlfolge* nennen; *streng monoton wachsend* heißt dabei:

$$(1) \qquad n_{k+1} > n_k \qquad \forall k \geqslant 0.$$

Eine Auswahlfolge ist durch die Menge $A := \{n_k | k \in \mathbb{N}\} \subset \mathbb{N}$ ihrer Glieder eindeutig bestimmt. Ist nämlich A vorgegeben, so gilt

$$n_0 = \min\{n | n \in A\}, \qquad n_{k+1} = \min\{n | n > n_k, n \in A\} \qquad (k \geqslant 0),$$

wie man sich leicht überlegt (vgl. den Beweis von Satz **(4.4)**).

Ist nun $\mathbf{x}: n \mapsto x_n$ eine beliebige Folge in $\mathbb{X}$ und $\mathbf{n}: k \mapsto n_k$ eine Auswahlfolge, so heißt die aus $\mathbf{n}$ und $\mathbf{x}$ zusammengesetzte Folge

$$\mathbf{x} \circ \mathbf{n}: k \mapsto x_{n_k}$$

eine *Teilfolge* der Folge (x_n).

① Ist etwa $n_0 = 2$, $n_1 = 5$, $n_2 = 6$, $n_3 = 11, \ldots$, so ist die zugehörige Teilfolge der Folge (x_n) gegeben durch $(x_2, x_5, x_6, x_{11}, \ldots)$. ○

② Wir betrachten die Folge $(x_n) := (-1, 1/2, -1/3, 1/4, -1/5, \ldots)$ mit dem allgemeinen Glied

$$x_n := \frac{(-1)^n}{n} \qquad (n \geqslant 1).$$

Die zu den (mit $k=1$ beginnenden) Auswahlfolgen (a) $n_k := 3k+1$, (b) $n_k := k^2$, (c) $n_k := k$-te Primzahl gehörenden Teilfolgen von (x_n) sind

(a) $$\left(\frac{1}{4}, \frac{-1}{7}, \frac{1}{10}, \frac{-1}{13}, \dots\right),$$

(b) $$\left(-1, \frac{1}{4}, -\frac{1}{9}, \frac{1}{16}, \dots\right),$$

(c) $$\left(\frac{1}{2}, \frac{-1}{3}, \frac{-1}{5}, \frac{-1}{7}, \frac{-1}{11}, \dots\right).$$

Alle diese Teilfolgen konvergieren nach 0. ○

(6.5) *Ist* $\lim\limits_{n\to\infty} x_n = a$, *so hat auch jede Teilfolge von* (x_n) *den Grenzwert a.*

⌜ Wir bemerken zunächst, daß für jede Auswahlfolge (n_k) gilt:

(2) $$n_k \geqslant k \quad \forall k.$$

Dies ist jedenfalls richtig für $k=0$ und sei bewiesen für ein $k \geqslant 0$. Dann ergibt sich wegen (1): $n_{k+1} \geqslant n_k + 1 \geqslant k+1$.

Sei nun (x_{n_k}) eine Teilfolge der Folge (x_n) und $\varepsilon > 0$ eine vorgegebene Zahl. Es gibt dann ein n^* mit $x_n \in U_\varepsilon(a)\ \forall n > n^*$. Für beliebiges $k > n^*$ ist nach (2) auch $n_k > n^*$, somit gilt $x_{n_k} \in U_\varepsilon(a)\ \forall k > n^*$. ⌟

③ Für jedes ganzzahlige $p \geqslant 2$ gilt

(3) $$\lim_{k\to\infty} \frac{1}{p^k} = 0.$$

Es ist nämlich $k \mapsto n_k := p^k$ eine Auswahlfolge und somit $(x_{n_k}) = (1/p^k)$ eine Teilfolge der gegen 0 konvergenten Folge $(x_n) := (1/n)$. ○

Wir kommen nun zu dem oben angedeuteten *Ausziehen einer konvergenten Teilfolge:*

(6.6) *Ist a ein Häufungspunkt der Folge* (x_n), *so gibt es eine Teilfolge* (x_{n_k}) *mit* $\lim\limits_{k\to\infty} x_{n_k} = a$; *und umgekehrt.*

⌜ Um rekursiv eine geeignete Auswahlfolge (n_k) zu konstruieren, setzen wir $n_0 := 0$ und nehmen an, es sei n_{k-1} für ein $k \geqslant 1$ schon festgelegt. Nach Definition des Häufungspunktes gibt es ein $n > n_{k-1}$ mit $|x_n - a| < 1/k$; wir wählen als n_k das kleinste solche n. Damit ist die Folge (n_k) wohldefiniert und streng monoton wachsend. Für die zugehörige Teilfolge (x_{n_k}) gilt nach Konstruktion der n_k:

$$|x_{n_k} - a| < \frac{1}{k} \quad \forall k \geqslant 1;$$

mit (62.1) und dem (plausiblen) Vergleichskriterium **(6.9)** folgt hieraus $|x_{n_k}-a|\to 0$ $(k\to\infty)$, d.h. nach **(6.2)**: $\lim_{k\to\infty} x_{n_k}=a$. — Die Umkehrung ist trivial. ⌟

④ Die Folge $(1, 1/2, 4, 1/8, 16, 1/32, \ldots)$ mit dem allgemeinen Glied $x_n := 2^{n(-1)^n}$ besitzt den Häufungspunkt 0. Setzen wir $n_k := 2k+1$, so wird $x_{n_k} = 2^{-(2k+1)}$, und wir erhalten die Teilfolge $(1/2, 1/8, 1/32, \ldots)$ mit dem Grenzwert 0. ○

64. Rechenregeln

Folgen in $\mathbb{R}$, in $\mathbb{C}$ und im $\mathbb{R}^p$ heißen beziehungsweise *Zahlfolgen*, *komplexe Zahlfolgen* und *vektorwertige Folgen*. Wir wollen nun untersuchen, wie die Konvergenz mit den übrigen in diesen Räumen vorhandenen Strukturen zusammenspielt.

Eine Folge (x_n) mit $\lim_{n\to\infty} x_n = 0$ ist eine *Nullfolge*. Wegen $|x_n - 0| = |x_n|$ ergibt sich als Korollar von **(6.2)**:

(6.7) $$x_n \to 0 \quad (n\to\infty) \Leftrightarrow |x_n| \to 0 \quad (n\to\infty).$$

Weiter gilt

(6.8) $$x_n \to a \quad (n\to\infty) \Leftrightarrow x_n - a \to 0 \quad (n\to\infty);$$

denn beide Seiten sind äquivalent mit $|x_n - a| \to 0$ $(n\to\infty)$. Endlich hat man für Nullfolgen das nachstehende allgemeine *Vergleichskriterium*:

(6.9) *Ist (r_n) eine Nullfolge von reellen Zahlen und gilt für die Folge (x_n) in $\mathbb{X}$:*

$$|x_n| \leqslant r_n \qquad \forall n > n_1,$$

so ist (x_n) eine Nullfolge in $\mathbb{X}$.

⌜ Zu jedem $\varepsilon > 0$ gibt es ein n_2 mit $r_n < \varepsilon$ $\forall n > n_2$. Damit gilt für alle $n > n_0 := \max\{n_1, n_2\}$:

$$0 \leqslant |x_n| \leqslant r_n < \varepsilon.$$

Dies beweist $|x_n| \to 0$ und damit $x_n \to 0$. ⌟

Bezüglich der Addition gilt

(6.10) $$\lim_{n\to\infty} x_n = a, \quad \lim_{n\to\infty} y_n = b \Rightarrow \lim_{n\to\infty} (x_n + y_n) = a + b.$$

⌜ Zu jedem $\varepsilon>0$ gibt es ein n_1 mit $|x_n-a|<\varepsilon/2\ \forall n>n_1$ und ein n_2 mit $|y_n-b|<\varepsilon/2\ \forall n>n_2$. Dann gilt für alle $n>n_0:=\max\{n_1,n_2\}$:

$$|(x_n+y_n)-(a+b)|\leqslant|x_n-a|+|y_n-b|<\frac{\varepsilon}{2}+\frac{\varepsilon}{2}=\varepsilon\,. \quad \lrcorner$$

Mit vollständiger Induktion läßt sich dieser Satz auf Summen von mehr als zwei, aber endlich vielen Folgen übertragen:

(6.11) *Konvergieren die Folgen* $(x_n^{(j)})$ $(1\leqslant j\leqslant r)$:

$$\lim_{n\to\infty} x_n^{(j)}=a_j \qquad (1\leqslant j\leqslant r),$$

so gilt:

$$\lim_{n\to\infty}(x_n^{(1)}+\cdots+x_n^{(r)})=a_1+\cdots+a_r\,.$$

Es bezeichne $*$ irgendeines der folgenden Produkte: (a) Produkt von reellen Zahlen, (b) Produkt von komplexen Zahlen, (c) äußere Verknüpfung von reellen Zahlen mit Vektoren im $\mathbb{R}^p$, (d) Skalarprodukt von Vektoren im $\mathbb{R}^p$, (e) Vektorprodukt von Vektoren im $\mathbb{R}^3$ (siehe Abschnitt 261). Alle diese Produkte sind beidseitig distributiv, und für alle gilt

(1) $$|x*y|\leqslant|x|\cdot|y|\,.$$

Diese beiden Eigenschaften genügen bereits zum Beweis der nachstehenden Sätze **(6.12)** und **(6.13)** über „Produktfolgen".

(6.12) *Ist* (x_n) *eine Nullfolge und* (y_n) *eine beschränkte Folge (oder umgekehrt), so ist* (x_n*y_n) *eine Nullfolge.*

⌜ Nach Voraussetzung gibt es ein $R>0$ mit $|y_n|\leqslant R\ \forall n$. Weiter gibt es zu jedem $\varepsilon>0$ ein n_0 mit $|x_n|<\varepsilon/R\ \forall n>n_0$. Damit gilt wegen (1) für alle $n>n_0$:

$$|x_n*y_n|\leqslant|x_n|\cdot|y_n|<\frac{\varepsilon}{R}\cdot R=\varepsilon\,,$$

und dies genügt nach **(6.7)**. ⌟

(6.13) $$\lim_{n\to\infty}x_n=a\,,\quad \lim_{n\to\infty}y_n=b \;\Rightarrow\; \lim_{n\to\infty}(x_n*y_n)=a*b\,.$$

⌜ Aus der Distributivität folgt nämlich

$$x_n * y_n = a*b + a*(y_n - b) + (x_n - a)*y_n .$$

Die konvergente Folge (y_n) ist beschränkt, somit folgt wegen **(6.8)** und **(6.12)**: $a*(y_n-b)\to 0$, $(x_n-a)*y_n\to 0$. Die Behauptung ergibt sich nunmehr aus Satz **(6.11)**. ⌟

$\mathbb{R}$ und $\mathbb{C}$ sind Körper. Bezüglich der Division gilt:

(6.14) *Ist* (x_n) *eine reelle oder komplexe Zahlfolge mit* $\lim\limits_{n\to\infty} x_n = a \neq 0$, *so gilt*

$$\lim_{n\to\infty} \frac{1}{x_n} = \frac{1}{a}.$$

⌜ Aus $a\neq 0$ folgt $|a|>0$, es gibt somit nach Voraussetzung ein n_1 mit $|x_n - a| < |a|/2 \ \forall n > n_1$. Aus $|a| \leqslant |a - x_n| + |x_n|$ ergibt sich damit weiter $|x_n| > |a|/2$ $\forall n > n_1$, also insbesondere $x_n \neq 0 \ \forall n > n_1$, so daß die Folge $(1/x_n)$ für $n > n_1$ wohldefiniert ist. Nun gilt für alle $n > n_1$:

$$\left|\frac{1}{x_n} - \frac{1}{a}\right| = \frac{|a - x_n|}{|a|\,|x_n|} < \frac{2}{|a|^2}|a - x_n| .$$

Hier strebt die rechte Seite mit $n\to\infty$ gegen 0; die Behauptung ergibt sich daher aus dem Vergleichskriterium **(6.9)**. ⌟

Die beiden folgenden Sätze verknüpfen die Konvergenz von Zahlfolgen mit der Ordnungsstruktur von $\mathbb{R}$:

(6.15) *Ist* $\lim\limits_{n\to\infty} x_n = a$, $\lim\limits_{n\to\infty} y_n = b$ *und gilt* $x_n \leqslant y_n$ *für unendlich viele n, so ist* $a \leqslant b$.

⌜ Zu jedem $\varepsilon > 0$ gibt es ein n, so daß gleichzeitig gilt

$$a - \varepsilon < x_n, \qquad x_n \leqslant y_n, \qquad y_n < b + \varepsilon .$$

Hieraus ergibt sich $a - \varepsilon < b + \varepsilon$, d.h. $a - b < 2\varepsilon$, und zwar für beliebiges $\varepsilon > 0$. Dies ist nur möglich, wenn $a - b \leqslant 0$ ist. ⌟

Aus $x_n < y_n \ \forall n$ folgt jedoch nicht $a < b$: Es ist zwar $1/n > 0 \ \forall n \geqslant 1$; trotzdem gilt $\lim\limits_{n\to\infty}(1/n) = 0$.

(6.16) *Besitzen die reellen Zahlfolgen* (a_n) *und* (b_n) *denselben Grenzwert* ξ *und gilt für die Folge* (x_n):

$$a_n \leqslant x_n \leqslant b_n \qquad \forall n \geqslant n_0,$$

so ist auch $\lim\limits_{n\to\infty} x_n = \xi$.

⌜ Zu jedem $\varepsilon > 0$ gibt es ein n_1 mit $a_n > \xi - \varepsilon\ \forall n > n_1$ sowie ein n_2 mit $b_n < \xi + \varepsilon$ $\forall n > n_2$. Setzt man daher $n_3 := \max\{n_0, n_1, n_2\}$, so gilt für alle $n > n_3$:

$$\xi - \varepsilon < a_n \leqslant x_n \leqslant b_n < \xi + \varepsilon$$

und somit $x_n \in U_\varepsilon(\xi)$. ⌟

① Die Zahlfolge (x_n) sei gegeben durch

$$x_n := \frac{(n+1)(3n^2-4)}{(2n-5)^3}.$$

Dies läßt sich auf die Form

$$x_n = \frac{\left(1+\frac{1}{n}\right)\left(3-\frac{4}{n^2}\right)}{\left(2-\frac{5}{n}\right)^3}$$

bringen; aus (62.1) und den oben bewiesenen Rechenregeln folgt somit $x_n \to (1\cdot 3)/2^3 = 3/8$. ○

② Es sei für $n \geqslant 2$:

$$x_n := \prod_{k=2}^{n}\left(1-\frac{1}{k^2}\right) = \left(1-\frac{1}{4}\right)\left(1-\frac{1}{9}\right)\cdot\ldots\cdot\left(1-\frac{1}{n^2}\right).$$

Damit gilt für alle $n \geqslant 3$:

$$x_n = x_{n-1}\cdot\left(1-\frac{1}{n^2}\right) = x_{n-1}\frac{(n+1)(n-1)}{n^2},$$

woraus sich

$$x_n\frac{n}{n+1} = x_{n-1}\frac{n-1}{n}$$

ergibt. Hiernach hat der Ausdruck $x_n\cdot(n/(n+1))$ für alle $n \geqslant 2$ denselben Wert, nämlich $x_2\cdot 2/3 = (3/4)\cdot(2/3) = 1/2$; es folgt $x_n = (n+1)/2n = (1+1/n)/2$ und somit $\lim\limits_{n\to\infty} x_n = 1/2$. ○

③ Es sei q eine feste reelle oder komplexe Zahl mit $|q|<1$. Dann gilt

(2) $$\lim_{n\to\infty} q^n = 0 .$$

⌐ Der Fall $q=0$ ist trivial; wir dürfen daher $\alpha := |q| \in]0,1[$ annehmen. Zunächst ist $1/\alpha > 1$, also $1/\alpha = 1+\tau$ für ein gewisses $\tau > 0$. Die Bernoullische Ungleichung **(3.2)** liefert somit

$$\left(\frac{1}{\alpha}\right)^n = (1+\tau)^n \geqslant 1+n\tau \qquad \forall n \geqslant 0 ,$$

und hieraus folgt

$$|q^n| = \alpha^n \leqslant \frac{1}{1+n\tau} .$$

Hier strebt die rechte Seite mit $n\to\infty$ ersichtlich gegen 0; die Behauptung ergibt sich daher aus dem Vergleichskriterium **(6.9)**. ⌟ ○

④ Es sei r eine feste natürliche Zahl und q eine reelle oder komplexe Zahl mit $|q|<1$. Dann gilt

(3) $$\lim_{n\to\infty} n^r q^n = 0 ;$$

das heißt: q^n geht mit $n\to\infty$ schneller nach 0 als n^r nach unendlich.

⌐ Zum Beweis sei wiederum $\alpha := |q| \in]0,1[$, so daß $x_n := n^r \alpha^n > 0$ wird. Man hat

(4) $$\frac{x_{n+1}}{x_n} = \left(\frac{n+1}{n}\right)^r \alpha = \left(1+\frac{1}{n}\right)^r \alpha \to \alpha \qquad (n\to\infty)$$

(r ist ja fest). Wir wählen jetzt eine Zahl β im Intervall $]\alpha, 1[$, z.B. $\beta := (\alpha+1)/2$; dann gibt es wegen (4) ein N mit $x_{n+1}/x_n \leqslant \beta \ \forall n \geqslant N$. Durch wiederholte Anwendung dieser Ungleichung folgt

$$x_n \leqslant \beta^{n-N} x_N \qquad \forall n \geqslant N$$

und somit nach Definition von x_n:

$$|n^r q^n| \leqslant \frac{x_N}{\beta^N} \beta^n \qquad \forall n \geqslant N .$$

Wegen $\beta<1$ und (2) strebt hier die rechte Seite mit $n\to\infty$ gegen 0 (N ist fest!), und (3) folgt wiederum mit Hilfe von **(6.9)**. ⌟ ○

Die beiden letzten Sätze dieses Abschnittes betreffen wieder $\mathbb{X}$-wertige Folgen. Zunächst vergleichen wir die Konvergenz einer Folge in $\mathbb{X}$ mit der sogenannten *koordinatenweisen Konvergenz*:

(6.17) *Es seien* $(\mathbf{x}_n)$, $\mathbf{x}_n=(x_{1,n},\ldots,x_{p,n})$, *eine Folge und* $\mathbf{a}=(a_1,\ldots,a_p)$ *ein Punkt im* $\mathbb{R}^p$. *Dann gilt*

(5) $$\lim_{n\to\infty}\mathbf{x}_n=\mathbf{a} \Leftrightarrow \lim_{n\to\infty}x_{i,n}=a_i \quad (1\leqslant i\leqslant p).$$

Insbesondere gilt für jede komplexe Zahlfolge (z_n), $z_n=x_n+i\,y_n$:

$$\lim_{n\to\infty}z_n=a+ib \Leftrightarrow \lim_{n\to\infty}x_n=a \wedge \lim_{n\to\infty}y_n=b.$$

⌜ Die beiden Behauptungen (5) folgen aus den elementargeometrischen Ungleichungen

$$|x_{i,n}-a_i|\leqslant|\mathbf{x}_n-\mathbf{a}|\leqslant\textstyle\sum_{i=1}^p|x_{i,n}-a_i| \quad \forall n.$$

(„Jede Kathete ist höchstens gleich der Hypotenuse, diese höchstens gleich der Summe der Katheten.") Die linke Ungleichung beweist $\Rightarrow$, die rechte $\Leftarrow$, wobei stillschweigend **(6.7)** und **(6.11)** benutzt wurden. ⌟

(6.18) *Aus* $\lim_{n\to\infty}x_n=a$ *folgt* $\lim_{n\to\infty}|x_n|=|a|$.

⌜ Es gelten die Ungleichungen

$$|a|\leqslant|a-x_n|+|x_n|, \qquad |x_n|\leqslant|x_n-a|+|a|$$

und somit

$$-|a-x_n|\leqslant|x_n|-|a|\leqslant|x_n-a|,$$

d.h.

$$\big||x_n|-|a|\big|\leqslant|x_n-a|.$$

Hieraus ergibt sich mit **(6.7)** und **(6.9)** die Behauptung. ⌟

65. Monotone Folgen

Die Sätze und Regeln der Abschnitte 62—64 bedürfen einer wesentlichen Ergänzung aus dem folgenden Grund: Wir haben ja u.a. die Absicht, bestimmte irrationale Zahlen, wie e oder π, als Grenzwerte geeigneter Zahlfolgen zu definieren und näherungsweise zu berechnen. Dazu können uns jedoch die bisherigen Sätze nicht dienen; denn sie setzen alle voraus, daß wir den betreffenden Grenzwert schon „besitzen". Wir benötigen vielmehr Kriterien, die die Konvergenz einer Zahlfolge allein auf Grund ihrer „inneren", d.h. durch alleinige Betrachtung der x_n überprüfbaren Eigenschaften sicherstellen. Dies leisten nun die folgenden für die ganze Analysis grundlegenden Sätze **(6.19)**, **(6.23)** und **(6.25)**. Sie stützen sich alle auf das Vollständigkeitsaxiom (OV) bzw. auf die besondere Struktur von $\mathbb{R}$ und gelten daher nicht in beliebigen metrischen Räumen.

Eine reelle Zahlfolge (x_n) heißt *monoton wachsend*, wenn für alle n gilt: $x_{n+1} \geqslant x_n$; sie heißt *streng* oder *eigentlich monoton wachsend*, wenn für alle n gilt: $x_{n+1} > x_n$. Strebt die Folge (x_n) monoton wachsend gegen den Grenzwert σ, so schreibt man dafür kurz

$$x_n \nearrow \sigma \qquad (n \to \infty).$$

Analoge Festsetzungen gelten für *monoton fallende* Folgen.

(6.19) *Jede monotone und beschränkte reelle Zahlfolge (x_n) ist konvergent, und zwar gilt mit $S := \{x_n \mid n \in \mathbb{N}\}$:*

$$x_n \nearrow \sup S \quad \textit{bzw.} \quad x_n \searrow \inf S \qquad (n \to \infty),$$

je nachdem, ob die Folge (x_n) monoton wächst oder monoton fällt.

⌜ Sei etwa (x_n) eine monoton wachsende Folge. Die (nichtleere) Menge S ist nach Voraussetzung beschränkt, also ist $\sigma := \sup S < \infty$. Zu jedem $\varepsilon > 0$ gibt es nach **(2.4)** ein x_{n_0} mit $x_{n_0} > \sigma - \varepsilon$; wegen der Monotonie folgt daher

$$\sigma - \varepsilon < x_{n_0} \leqslant x_n \leqslant \sigma \qquad \forall n \geqslant n_0$$

und somit $x_n \in U_\varepsilon(\sigma)$ $\forall n \geqslant n_0$. ⌟

① Durch die Rekursionsvorschrift

$$x_0 := 1, \quad x_n := \frac{(2n-1)(2n+1)}{(2n)^2} x_{n-1} \qquad (n \geqslant 1)$$

wird wegen $0<\frac{(2n-1)(2n+1)}{(2n)^2}<1$ eine monoton fallende Folge von positiven Zahlen festgelegt; ihr allgemeines Glied lautet

$$x_n=\frac{1}{2}\cdot\frac{3}{2}\cdot\frac{3}{4}\cdot\frac{5}{4}\cdot\frac{5}{6}\cdot\frac{7}{6}\cdot\ldots\cdot\frac{2n-1}{2n}\cdot\frac{2n+1}{2n}\qquad(n\geqslant 1).$$

Diese Folge ist nach dem eben bewiesenen Satz konvergent. Wie wir später zeigen werden, gilt $\lim\limits_{n\to\infty}x_n=2/\pi$ (Beispiel 134.①). ○

② Als weitere Anwendung von Satz **(6.19)** beweisen wir:

(6.20) *Zu jedem reellen* $c\geqslant 0$ *und jeder ganzen Zahl* $q\geqslant 2$ *gibt es genau ein* $\xi\geqslant 0$ *mit* $\xi^q=c$.

Dieses ξ heißt die *q-te Wurzel* von c und wird mit $\sqrt[q]{c}$, im Fall $q=2$ *(Quadratwurzel)* mit $\sqrt{c}$ bezeichnet. Insbesondere gilt für alle $x\in\mathbb{R}$:

$$\sqrt{x^2}=|x|$$

(und nicht etwa $=x$!).

⌜ Der Beweis von **(6.20)** liefert zugleich ein Verfahren, das $\sqrt[q]{c}$ mit beliebiger Genauigkeit zu berechnen gestattet. Wir zeigen zunächst: Es gibt höchstens ein $\xi\geqslant 0$ mit $\xi^q=c$. Aus $0\leqslant\xi<\eta$ folgt nämlich

$$\eta^q-\xi^q=(\eta-\xi)(\eta^{q-1}+\eta^{q-2}\xi+\cdots+\xi^{q-1})\geqslant(\eta-\xi)\eta^{q-1}>0.$$

Natürlich ist $\sqrt[q]{0}=0$, $\sqrt[q]{1}=1$. Ist ferner die Existenz von $\sqrt[q]{c}$ für alle $c>1$ bewiesen, so folgt sie für $c\in\,]0,1[$ durch Übergang zum Kehrwert: $1/c$ ist dann >1, und es gilt $\sqrt[q]{c}=1/\sqrt[q]{1/c}$. Wir können daher von nun an $c>1$ voraussetzen.

Es sei jetzt x ein irgendwie gefundener, aber zu großer Näherungswert der gesuchten Wurzel $\sqrt[q]{c}$; konkret genüge die Zahl x den Bedingungen

(1) $\qquad x\geqslant 1,\quad x^q>c.$

Um eine bessere Näherung x' zu erhalten, machen wir den Ansatz

$$x':=x(1-\delta),$$

wobei die Zahl $\delta\in\,]0,1[$ noch geeignet zu wählen ist. Für das „ideale" δ ergibt sich aus der Bedingung $x'^q=c$ die Gleichung

(2) $$c = x^q(1-\delta)^q = x^q\left(1 - q\delta + \binom{q}{2}\delta^2 - \ldots\right).$$

Ist x ein guter Näherungswert der gesuchten Wurzel, so ist das „ideale“ δ sehr klein, und die höheren Potenzen von δ sind dann noch viel kleiner, so daß die betreffenden Glieder in (2) fast keine Rolle spielen. Ersetzen wir daher (2) durch

$$c = x^q(1 - q\delta),$$

so erhalten wir eine Gleichung zwar nicht für das „ideale“ δ, aber immerhin für ein „brauchbares“ δ; sie liefert

$$\delta = \frac{1}{q}\left(1 - \frac{c}{x^q}\right).$$

Wegen (1) liegt dieses δ jedenfalls im Intervall $]0,1[$, der zugehörige Näherungswert

$$x' = x(1-\delta) = x\left(1 - \frac{1 - c/x^q}{q}\right)$$

ist daher kleiner als x. Wir behaupten weiter: Die Ungleichungen (1) gelten auch für x' anstelle von x. Nach der Bernoullischen Ungleichung **(3.2)** hat man nämlich

$$x'^q = x^q(1-\delta)^q > x^q(1 - q\delta) = c,$$

und da x' jedenfalls positiv ist, gilt dann wegen $c > 1$ auch $x' \geqslant 1$.

Es liegt nahe, den von x zu x' führenden Prozeß zunächst an x' und dann ad infinitum zu wiederholen, um die gesuchte Wurzel $\sqrt[q]{c}$ immer besser anzunähern. Wir definieren also rekursiv eine Zahlfolge (x_n) durch

(3) $$x_0 := c, \quad x_{n+1} := x_n\left(1 - \frac{1 - c/x_n^q}{q}\right) \quad (n \geqslant 0),$$

wobei der Ausgangswert x_0 so gewählt wurde, daß (1) für x_0 und damit für alle x_n zutrifft. Diese Folge ist monoton fallend und nach unten beschränkt, besitzt also nach **(6.19)** einen Grenzwert $\xi \geqslant 1$. Natürlich ist auch $\lim\limits_{n\to\infty} x_{n+1} = \xi$; aus (3) folgt daher mit $n \to \infty$:

$$\xi = \xi\left(1 - \frac{1 - c/\xi^q}{q}\right).$$

Nach Division mit $\xi \neq 0$ ergibt sich $1 - c/\xi^q = 0$, d.h. aber: $\xi^q = c$. ⌟

Mit Hilfe der q-ten Wurzeln lassen sich Potenzen mit beliebigen gebrochenen Exponenten definieren, indem man setzt

$$c^{p/q} := \sqrt[q]{c^p} \qquad (c>0;\, p\in\mathbb{Z},\, q\in\mathbb{N}^*)\,.$$

Dadurch ist c^x für jedes $x\in\mathbb{Q}$ wohldefiniert, und es gelten die üblichen Regeln für das Rechnen mit Potenzen. Wir überlassen den Beweis dieser Tatsachen dem Leser.

③ Es gelten die Beziehungen

(4) $$\lim_{n\to\infty} \sqrt[n]{n} = 1\,,$$

(5) $$\lim_{n\to\infty} \sqrt[n]{a} = 1 \qquad (a>0)\,.$$

⌜ Sei $\varepsilon>0$; dann ist $0<1/(1+\varepsilon)<1$ und somit nach (64.3): $\lim\limits_{n\to\infty} (n/(1+\varepsilon)^n)=0$. Es gibt daher ein n_0 mit

$$1 \leqslant n < (1+\varepsilon)^n \qquad \forall n>n_0\,,$$

und hieraus folgt durch Ziehen der n-ten Wurzel

$$1 \leqslant \sqrt[n]{n} < 1+\varepsilon \qquad \forall n>n_0\,.$$

Da ε beliebig war, ist damit (4) bewiesen. Weiter gilt

$$\frac{1}{n} \leqslant a \leqslant n \qquad \forall n \geqslant C := \max\left\{a, \frac{1}{a}\right\}$$

und somit

$$\frac{1}{\sqrt[n]{n}} \leqslant \sqrt[n]{a} \leqslant \sqrt[n]{n} \qquad \forall n \geqslant C\,.$$

Dies beweist nach **(6.16)** die Relation (5). ⌟ ○

④ Sind $a_1, \ldots, a_p$ feste nichtnegative Zahlen, so gilt

$$\lim_{n\to\infty} \sqrt[n]{a_1^n + \cdots + a_p^n} = \max\{a_1, \ldots, a_p\}\,.$$

⌜ Mit $\max\{a_1, \ldots, a_p\} =: \alpha \geqslant 0$ ergibt sich

$$\alpha^n \leqslant a_1^n + \cdots + a_p^n \leqslant p\,\alpha^n$$

und somit

$$\alpha \leqslant \sqrt[n]{a_1^n + \cdots + a_p^n} \leqslant \sqrt[n]{p}\;\alpha\,.$$

Wegen (5) und **(6.16)** folgt hieraus die Behauptung. ⌟ ○

66. Vollständigkeit

Um aus **(6.19)** eine auch für nicht-monotone Folgen gültige Aussage zu gewinnen, beweisen wir zunächst den folgenden Hilfssatz:

(6.21) *Jede reelle Zahlfolge* (x_n) *enthält eine monotone Teilfolge.*

⌜ Es sei A die Menge derjenigen $n \in \mathbb{N}$, für die x_n alle späteren x_l übertrifft:

$$A := \{n \in \mathbb{N} \mid x_n \geqslant x_l \quad \forall\, l > n\}\,.$$

Ist die Menge A unendlich, so bilden die zugehörigen x_n eine monoton abnehmende Teilfolge. Ist aber A endlich, so gibt es ein $n_0 \in \mathbb{N}$, so daß kein $n > n_0$ zu A gehört, das heißt: Zu jedem $n > n_0$ gibt es ein $l > n$ mit $x_l > x_n$. Damit läßt sich eine monoton wachsende Teilfolge konstruieren. ⌟

(6.21) und **(6.19)** ergeben jetzt zusammen mit **(6.6)** den sogenannten *Satz von Bolzano-Weierstraß:*

(6.22) *Jede beschränkte reelle Zahlfolge besitzt eine konvergente Teilfolge bzw. einen Häufungspunkt.*

Allgemeiner:

(6.23) *Jede beschränkte Folge in* $\mathbb{X}$ *besitzt eine konvergente Teilfolge bzw. einen Häufungspunkt.*

⌜ Der Satz **(6.22)** ist schon bewiesen. **(6.23)** ist also richtig für Folgen im $\mathbb{R}^1$ und sei bewiesen für Folgen im $\mathbb{R}^p$, $p \geqslant 1$. Wir bezeichnen die Punkte des $\mathbb{R}^{p+1} = \mathbb{R}^p \times \mathbb{R}$ mit

$$\mathbf{z} := (\mathbf{x}, y)\,, \qquad \mathbf{x} \in \mathbb{R}^p\,, \qquad y \in \mathbb{R}\,,$$

und betrachten eine beschränkte Folge $(\mathbf{z}_n)$ im $\mathbb{R}^{p+1}$. Wegen $|\mathbf{x}_n| \leqslant |\mathbf{z}_n|$ ist dann auch die zugehörige Folge $(\mathbf{x}_n)$ im $\mathbb{R}^p$ beschränkt, sie besitzt daher nach Induktionsvoraussetzung eine konvergente Teilfolge $(\mathbf{x}_{n_k})$:

(1) $$\mathbf{x}_{n_k} \to \mathbf{x}^* \in \mathbb{R}^p \qquad (k \to \infty).$$

Die zugehörige Teilfolge (y_{n_k}) in $\mathbb{R}$ ist ebenfalls beschränkt, sie besitzt daher ihrerseits eine konvergente Teilfolge $(y_{n_{k_j}})$:

$$y_{n_{k_j}} \to y^* \in \mathbb{R} \qquad (j \to \infty).$$

Aus (1) folgt weiter wegen **(6.5)**:

$$\mathbf{x}_{n_{k_j}} \to \mathbf{x}^* \qquad (j \to \infty).$$

Die beiden letzten Relationen zusammen besagen aber nach Satz **(6.17)** gerade

$$\mathbf{z}_{n_{k_j}} \to \mathbf{z}^* := (\mathbf{x}^*, y^*) \qquad (j \to \infty). \quad \lrcorner$$

Eine Folge (x_n) in einem metrischen Raum heißt eine *Cauchy-Folge*, wenn es zu jedem $\varepsilon > 0$ ein n_0 gibt mit

$$\rho(x_m, x_n) < \varepsilon \qquad \forall m, n > n_0.$$

Liegen die x_n schließlich, d.h. für große n, alle in der Nähe eines Punktes a, so liegen sie schließlich auch nahe beieinander:

(6.24) *Jede konvergente Folge ist eine Cauchy-Folge.*

$\ulcorner$ Ist $\lim\limits_{n \to \infty} x_n = a$, so gibt es zu jedem $\varepsilon > 0$ ein n_0 mit $\rho(x_n, a) < \varepsilon/2 \ \forall n > n_0$. Daher gilt für alle $m, n > n_0$:

$$\rho(x_m, x_n) \leqslant \rho(x_m, a) + \rho(a, x_n) < \frac{\varepsilon}{2} + \frac{\varepsilon}{2} = \varepsilon. \quad \lrcorner$$

Bei den hier interessierenden Räumen gilt hiervon auch die Umkehrung, das sogenannte *Konvergenzkriterium von Cauchy*:

(6.25) *Jede reelle, komplexe oder vektorwertige Cauchy-Folge ist konvergent.*

$\ulcorner$ Sei (x_n) eine Cauchy-Folge in $\mathbb{X}$. Wir zeigen zunächst: Die Folge (x_n) ist beschränkt. Es gibt nämlich ein m_0 mit $|x_{m_0} - x_m| < 1 \ \forall m > m_0$. Setzt man daher $\max\{|x_0|, |x_1|, \dots, |x_{m_0}|\} =: R$, so gilt $|x_n| < R + 1 \ \forall n$. Nach Satz **(6.23)** besitzt somit die Folge (x_n) eine konvergente Teilfolge (x_{n_k}):

(2) $x_{n_k} \to a \in \mathbb{X} \quad (k \to \infty)$.

Zu jedem $\varepsilon > 0$ gibt es nach Voraussetzung ein N mit $|x_m - x_n| < \varepsilon/2 \ \forall m, n > N$; ferner gibt es wegen (2) ein $n_k > N$ mit $|x_{n_k} - a| < \varepsilon/2$. Folglich gilt für alle $m > N$:

$$|x_m - a| \leqslant |x_m - x_{n_k}| + |x_{n_k} - a| < \frac{\varepsilon}{2} + \frac{\varepsilon}{2} = \varepsilon . \quad \lrcorner$$

Das folgende Kapitel wird zahlreiche Anwendungen dieses fundamentalen Satzes bringen. Allgemein heißen metrische Räume, in denen jede Cauchy-Folge konvergiert, *vollständige metrische Räume.*

67. Uneigentliche Konvergenz

Zum Schluß dieses Kapitels betrachten wir noch eine spezielle Art der Divergenz von reellen Zahlfolgen, die sogenannte *uneigentliche Konvergenz*, wie sie etwa im Beispiel 62.①(c) vorliegt. Hierzu bezeichnen wir als *ε-Umgebungen* von ∞ bzw. $-\infty$ die Mengen

$$U_\varepsilon(\infty) :=]1/\varepsilon, \infty[, \qquad U_\varepsilon(-\infty) :=]-\infty, -1/\varepsilon[\qquad (\varepsilon > 0)$$

(kleinerem ε entspricht eine kleinere Umgebung!) und definieren formal gleich wie bei der Konvergenz gegen einen endlichen Punkt: Die Zahlfolge (x_n) besitzt den *uneigentlichen Grenzwert* ∞, wenn es zu jedem $\varepsilon > 0$ ein n_0 gibt mit

$$x_n \in U_\varepsilon(\infty) \qquad \forall n > n_0 ;$$

man schreibt dafür

$$x_n \to \infty \qquad (n \to \infty), \qquad \lim_{n \to \infty} x_n = \infty .$$

Diese Definition ist via $1/\varepsilon =: M$ äquivalent mit dem folgenden: $x_n \to \infty$, wenn es zu jedem $M > 0$ ein n_0 gibt mit $x_n > M$ für alle $n > n_0$.

Wir sagen ferner, die reelle Zahlfolge (x_n) besitze ∞ als *uneigentlichen Häufungspunkt*, wenn in jedem $U_\varepsilon(\infty)$ unendlich viele x_n liegen. Dies ist bei den Folgen der Beispiele 62.①(c), (d) und 62.② der Fall.

Analog wird für $-\infty$ definiert.

Die Sätze **(6.3)**—**(6.6)**, die alle von der „Konvergenz an sich" handeln, lassen sich, unter geringfügiger Modifizierung der Beweise, auf die hier betrachtete Situation übertragen. Anders ist es mit den Rechenregeln, denn ∞ ist ja keine Zahl. Hier gelten die folgenden Beziehungen, deren Beweis wir dem Leser überlassen:

(6.26) (a) $\lim_{n\to\infty} x_n = \infty\,, \quad y_n \geqslant C \;\forall n \;\Rightarrow\; \lim_{n\to\infty}(x_n+y_n)=\infty\,,$

(b) $\lim_{n\to\infty} x_n = \infty\,, \quad y_n \geqslant C > 0 \;\forall n \;\Rightarrow\; \lim_{n\to\infty}(x_n y_n)=\infty\,,$

(c) $\lim_{n\to\infty} |x_n| = \infty \;\Rightarrow\; \lim_{n\to\infty}\frac{1}{x_n} = 0\,,$

(d) $\lim_{n\to\infty} x_n = 0\,, \quad x_n > 0 \;\forall n \;\Rightarrow\; \lim_{n\to\infty}\frac{1}{x_n} = \infty\,.$

Um Mißverständnisse zu vermeiden, treffen wir die folgende Vereinbarung: Wenn irgendwo ∞ oder $-\infty$ als Grenzwerte bzw. Häufungspunkte zugelassen sind, so wird das an der betreffenden Stelle ausdrücklich vermerkt.

Aufgaben

1. Es sei (x_n) eine Folge von reellen Zahlen. Man beschreibe das Faktum „die Folge (x_n) ist divergent" so, daß dabei keine Negation („nicht", „kein", „un-" oder ähnlich) verwendet wird.

2. Zeige: Eine konvergente Folge ganzer Zahlen ist von einem n_0 an konstant.

3. Man gebe eine injektive Zahlfolge (x_n) an, die genau die sämtlichen natürlichen Zahlen als Häufungspunkte besitzt. (Es genügt, die Folge (x_n) soweit anzuschreiben, bis das Bildungsgesetz erkennbar wird. Eine Formel für x_n ist nicht verlangt.)

4. Es sei S die Menge der Häufungspunkte einer Folge (x_n) und ξ ein Häufungspunkt der Menge S. Dann ist ξ auch ein Häufungspunkt der Folge (x_n).

5. Bestimme in den folgenden Beispielen ein $n_0(\varepsilon)$ so, daß $|x_n|<\varepsilon$ für alle $n>n_0$:

a) $x_n := \dfrac{n}{n^3+n^2+1}$, b) $x_n := \dfrac{\sin n+\cos^3 n}{\sqrt{n}}$, c) $x_n := \dfrac{1+\sqrt{n}}{n^2}$.

6. Berechne die folgenden Grenzwerte:

a) $\lim\limits_{n\to\infty} \dfrac{(3n-4)(n^2+1)}{7n(2n^2+10000)}$, b) $\lim\limits_{n\to\infty} (\sqrt{n+1}-\sqrt{n})$,

c) $\lim\limits_{n\to\infty} \left[n\left(1-\sqrt{1-\dfrac{a}{n}}\right)\right]$.

7. Bestimme die Häufungspunkte oder eventuell die Grenzwerte der nachstehenden Folgen:

a) $z_n := \sqrt[n]{n^4-n^2+2}\,\sin\dfrac{\pi n}{2} + i\,\dfrac{n+2}{2n+1}\sin\dfrac{2\pi n}{3}$,

b) $x_n := \dfrac{t^n-t^{-n}}{t^n+t^{-n}}$, $t\in\mathbb{R}^*$ fest

(Unterscheide die Fälle $0<|t|<1$, $t=\pm 1$, $|t|>1$).

8. Zeige: $\lim\limits_{n\to\infty}\left(1-\dfrac{1}{n^2}\right)^n = 1$.

9. Es sei $z_n := (4n+8i)^9\left(\dfrac{8}{9}+\dfrac{4}{9}i\right)^n$.

a) Bestimme $z^* := \lim\limits_{n\to\infty} z_n$ mit Hilfe der Rechenregeln.

b) Bestimme ein n_0 so, daß sich z_n für alle $n>n_0$ um weniger als 0.001 von z^* unterscheidet.

10. Die Folge (a_n) sei rekursiv definiert durch

$$a_0 := 1, \quad a_{n+1} := \sqrt{2a_n} \quad (n \geqslant 0).$$

Zeige, daß diese Folge konvergiert, und berechne ihren Grenzwert.

11. a) Es sei (x_n) eine Folge, und es seien die Teilfolgen (x_{2k}), (x_{2k+1}) und (x_{5k}) konvergent. Dann konvergiert auch die Folge (x_n).

b) Beweise oder widerlege: Die Teilfolgen (x_{pk}) seien konvergent für alle Primzahlen p. Dann konvergiert auch die Folge (x_n).

12. Es seien (p_n), (q_n) zwei Folgen natürlicher Zahlen mit $\lim\limits_{n\to\infty} p_n/q_n = \sqrt{2}$. Zeige: $\lim\limits_{n\to\infty} 1/q_n = 0$.

13. Es sei $x_0 > y_0 > 0$, und es seien die Folgen (x_n) und (y_n) rekursiv definiert durch

$$x_n := \frac{x_{n-1} + y_{n-1}}{2}, \qquad y_n := \sqrt{x_{n-1}\, y_{n-1}} \qquad (n \geqslant 1).$$

Zeige: Die beiden Folgen besitzen einen gemeinsamen Grenzwert α. (Der Grenzwert läßt sich nicht elementar berechnen.)

14. Es sei (x_n) eine beliebige Zahlfolge und (a_n) die Folge der arithmetischen Mittel

$$a_n := \frac{x_1 + x_2 + \cdots + x_n}{n}.$$

Zeige: Aus $\lim_{n \to \infty} x_n = a$ folgt $\lim_{n \to \infty} a_n = a$. Gilt hiervon auch die Umkehrung?

Kapitel 7. Reihen

71. Konvergenz

Ist (a_k) eine Folge von Zahlen oder Vektoren, so heißt der Ausdruck

$$(1) \qquad \sum_{k=0}^{\infty} a_k$$

eine *Reihe*, die einzelnen a_k heißen die *Glieder* der Reihe. Es ist natürlich unmöglich, unendlich viele Additionen wirklich auszuführen. Man kann aber die Folge (s_n) der endlichen *Partialsummen*

$$s_n := \sum_{k=0}^{n} a_k$$

betrachten und das Verhalten dieser Folge untersuchen. Existiert der (eigentliche) Grenzwert

$$\lim_{n\to\infty} s_n =: s\,,$$

so heißt die Reihe (1) *konvergent* und s die *Summe* der Reihe. Der Ausdruck (1) bezeichnet dann per definitionem auch diesen Grenzwert:

$$\sum_{k=0}^{\infty} a_k := \lim_{n\to\infty} \sum_{k=0}^{n} a_k\,.$$

Besitzt die Folge (s_n) keinen eigentlichen Grenzwert, so heißt die Reihe (1) *divergent.*

Die Summation kann natürlich statt mit $k=0$ mit irgendeinem $k_0 \in \mathbb{Z}$ beginnen: Es genügt, daß die a_k für alle $k \geqslant k_0$ definiert sind. Der Einfachheit halber werden wir die „allgemeine Reihe" weiterhin in der Form (1) ansetzen. Ferner schreiben wir anstelle von (1) auch einfach $\sum_k a_k$, wo dies zu keinen Mißverständnissen führt.

① Für die Reihe

(2) $$\sum_{k=1}^{\infty} \frac{1}{k^2}$$

ist $s_n - s_{n-1} = 1/n^2 > 0$, die Folge (s_n) also monoton wachsend. Ferner gilt für alle $n \geqslant 1$:

$$s_n = \sum_{k=1}^{n} \frac{1}{k^2} \leqslant 1 + \sum_{k=2}^{n} \frac{1}{k(k-1)} = 1 + \sum_{k=2}^{n} \left(\frac{1}{k-1} - \frac{1}{k}\right)$$

$$= 1 + 1 - \frac{1}{n} < 2\,.$$

Nach **(6.19)** ist somit die Reihe (2) konvergent. Ihre Summe können wir erst in Beispiel 327.② berechnen; sie beträgt $\pi^2/6$, wie Euler als erster gefunden hat. ○

② Die *geometrische Reihe*

(3) $$\sum_{k=0}^{\infty} z^k$$

besitzt für beliebiges $z \in \mathbb{C}$, $z \neq 1$, die Partialsummen

$$s_n = 1 + z + \cdots + z^n = \frac{1 - z^{n+1}}{1 - z}\,.$$

Ist $|z| < 1$, so gilt $z^{n+1} \to 0$ $(n \to \infty)$, wir erhalten daher mit Hilfe der Rechenregeln in Abschnitt 64:

(4) $$\sum_{k=0}^{\infty} z^k = \frac{1}{1-z} \qquad (z \in \mathbb{C}, |z| < 1)\,. \quad ○$$

Daß die Reihe (3) für $|z| \geqslant 1$ divergiert, ergibt sich aus dem folgenden Satz:

(7.1) *Ist die Reihe $\sum_k a_k$ konvergent, so gilt $a_k \to 0$ $(k \to \infty)$.*

Dieser Satz ist seinerseits eine unmittelbare Konsequenz des *Cauchy-Kriteriums für Reihen*, das den meisten Sätzen dieses Kapitels zugrundeliegt. Es lautet:

(7.2) *Eine Reihe $\sum_k a_k$ mit Gliedern in $\mathbb{X}$ ist genau dann konvergent, wenn es zu jedem $\varepsilon > 0$ ein $n_0 \in \mathbb{N}$ gibt mit*

(5) $$\left|\sum_{k=n+1}^{m} a_k\right| < \varepsilon \qquad \forall\, m \geqslant n > n_0\,.$$

⌜ Wegen

$$\left|\sum_{k=n+1}^{m} a_k\right| = |s_m - s_n|$$

ist **(7.2)** nichts anderes als das Cauchy-Kriterium **(6.24)**/**(6.25)**, angewandt auf die Folge der Partialsummen. – Setzt man in (5) speziell $m := n+1$, so ergibt sich gerade **(7.1)**, wie schon angedeutet. ⌟

Die Konvergenzbedingung $a_k \to 0$ ist notwendig, aber nicht hinreichend: Damit die Reihe $\sum_k a_k$ konvergiert, müssen die a_k „genügend schnell" gegen 0 gehen. Hierzu das folgende Standardbeispiel:

③ Die *harmonische Reihe*

$$\sum_{k=1}^{\infty} \frac{1}{k} = 1 + \frac{1}{2} + \frac{1}{3} + \frac{1}{4} + \cdots$$

ist divergent, trotz $1/k \to 0$ $(k \to \infty)$. Für beliebiges $n \geqslant 1$ gilt nämlich

$$|s_{2n} - s_n| = \frac{1}{n+1} + \frac{1}{n+2} + \cdots + \frac{1}{2n} \geqslant n \cdot \frac{1}{2n} = \frac{1}{2};$$

die Folge (s_n) erfüllt also die Cauchy-Bedingung nicht. ○

Für das Rechnen mit Reihen gelten die folgenden Regeln:

(7.3) *Ist*

$$\sum_k a_k = s, \qquad \sum_k b_k = s'$$

und $\lambda \in \mathbb{R}$ *(bzw.* $\in \mathbb{C}$*), so gilt*

$$\sum_k (a_k + b_k) = s + s', \qquad \sum_k \lambda a_k = \lambda s.$$

⌜ Die endlichen Partialsummen s_n, s'_n genügen den Relationen

$$\sum_{k=0}^{n} (a_k + b_k) = s_n + s'_n, \qquad \sum_{k=0}^{n} \lambda a_k = \lambda s_n;$$

die Behauptung folgt somit aus den entsprechenden Regeln **(6.10)**, **(6.13)** für Folgen. ⌟

Werden endlichviele Glieder einer Reihe abgeändert, so ändert sich ihr Konvergenzverhalten nicht, und im Konvergenzfall ändert sich die Summe um den erwarteten Betrag:

(7.4) *Ist* $a_k = b_k$ *für alle* $k > n_0$, *so sind die zwei Reihen* $\sum_k a_k$ *und* $\sum_k b_k$ *beide konvergent oder beide divergent. Sind sie konvergent, so gilt*

$$\sum_{k=0}^{\infty} a_k - \sum_{k=0}^{\infty} b_k = \sum_{k=0}^{n_0} (a_k - b_k) \qquad (=: \Delta).$$

⌜ Die Reihe $\sum_k (a_k - b_k)$ ist trivialerweise konvergent und hat die Summe Δ. Ist nun z.B. $\sum_k b_k$ konvergent, so folgt die Behauptung über $\sum_k a_k$ aus $a_k = b_k + (a_k - b_k)$ und **(7.3)**. ⌟

Ist die Reihe $\sum_k a_k$ konvergent mit Summe s, so heißt die Reihe

$$(6) \qquad \sum_{k=n+1}^{\infty} a_k =: r_n$$

die *n-te Restsumme* von $\sum_k a_k$. Wie zu erwarten, gilt:

(7.5) (a) $r_n = s - s_n$, (b) $\lim_{n \to \infty} r_n = 0$.

Die Differenz $s - s_n$ ist der sogenannte *Abbrechfehler.* — ⌜ Betrachten wir die Folge

$$(a'_k) := (0, 0, \ldots, 0, a_{n+1}, a_{n+2}, \ldots),$$

so können wir die Definition (6) von r_n ersetzen durch

$$r_n := \sum_{k=0}^{\infty} a'_k$$

(die bis $k := N$ erstreckten Partialsummen der beiden Reihen stimmen für $N > n$ überein). Nun folgt aber aus **(7.4)**:

$$\sum_{k=0}^{\infty} a'_k = \sum_{k=0}^{\infty} a_k - \sum_{k=0}^{n} (a_k - a'_k) = s - s_n.$$

Aus $s_n \to s$ ergibt sich endlich $r_n \to 0$ $(n \to \infty)$. ⌟

72. Vergleichskriterien

Die Reihe $\sum_k a_k$ mit Gliedern in $\mathbb{X}$ heißt *absolut konvergent*, wenn die zugehörige Reihe $\sum_k |a_k|$ der absoluten Beträge konvergiert.

(7.6) *Absolut konvergente Reihen sind konvergent.*

⌜ Für beliebige $m \geqslant n$ gilt nach der Dreiecksungleichung

$$\left|\sum_{k=n+1}^{m} a_k\right| \leqslant \sum_{k=n+1}^{m} |a_k|;$$

(7.6) folgt somit aus dem Cauchy-Kriterium **(7.2)**. ⌟

Die Umkehrung dieses Satzes ist falsch, wie wir noch sehen werden. Reihen, die konvergieren, aber nicht absolut konvergieren, heißen *bedingt konvergent.* — Die allfällige absolute Konvergenz einer gegebenen Reihe $\sum_k a_k$ läßt sich (im Gegensatz zur bedingten Konvergenz) im allgemeinen leicht nachweisen. Man benötigt dazu das folgende *Majorantenkriterium* sowie einen Vorrat an konvergenten Reihen mit positiven Gliedern, die als *Majoranten* der Reihe $\sum_k a_k$ in Frage kommen.

(7.7) *Gilt* $|a_k| \leqslant c_k$ *für alle* $k \geqslant k_1$ *und ist die Reihe* $\sum_k c_k$ *konvergent, so ist die Reihe* $\sum_k a_k$ *absolut konvergent.*

⌜ Der Beweis ergibt sich mit Hilfe des Cauchy-Kriteriums **(7.2)** aus

$$\sum_{k=n+1}^{m} |a_k| \leqslant \sum_{k=n+1}^{m} c_k \qquad \forall m \geqslant n \geqslant k_1 .$$ ⌟

Das **(7.7)** entsprechende Divergenzkriterium lautet:

(7.8) *Gilt* $0 \leqslant c_k \leqslant a_k$ *für alle* $k \geqslant k_1$ *und ist die Reihe* $\sum_k c_k$ *divergent, so ist auch die Reihe* $\sum_k a_k$ *divergent.*

⌜ Aus der Konvergenz der Reihe $\sum_k a_k$ folgte nämlich nach **(7.7)** die Konvergenz der Reihe $\sum_k c_k$, gegen die Voraussetzung. ⌟ — Man beachte, daß in **(7.8)** nur über die Divergenz von Reihen mit positiven Gliedern etwas ausgesagt wird, während in den vorhergehenden Sätzen Reihen mit beliebigen reellen oder komplexen oder vektorwertigen Gliedern zugelassen waren.

① Für die Reihe

$$\sum_k a_k := \sum_{k=1}^{\infty} \frac{k \sin k + \sqrt[k]{k^5}}{(2k - \sqrt{k})^3}$$

gilt

$$|a_k| = \frac{1}{k^2}|A_k|, \qquad A_k := \frac{\sin k + \frac{1}{k}\sqrt[k]{k^5}}{\left(2 - \frac{1}{\sqrt{k}}\right)^3}.$$

Im Ausdruck A_k strebt der Nenner mit $k \to \infty$ gegen 8, der zweite Summand des Zählers wegen (65.4) gegen 0, ferner ist $|\sin k| \leqslant 1$ $\forall k$. Es gibt daher ein k_1, so daß für alle $k \geqslant k_1$ gilt: $|A_k| \leqslant 2/7$, und $\sum_k a_k$ besitzt die nach Beispiel 71.② konvergente Majorante $\sum_{k=1}^{\infty} \frac{2}{7} \frac{1}{k^2}$. Die betrachtete Reihe ist also absolut konvergent. ○

② Für die Reihe

$$\sum_k a_k := \sum_{k=1}^{\infty} \frac{(\sqrt{k}-2)^2}{k^2+\sqrt{k^4+1}}$$

hat man

$$a_k = \frac{1}{k} \cdot \frac{\left(1 - \frac{2}{\sqrt{k}}\right)^2}{1+\sqrt{1+\frac{1}{k^4}}}.$$

Hier konvergiert nun der zweite Faktor mit $k \to \infty$ gegen $1/2$; es gibt somit ein k_1 mit $a_k \geqslant 1/3k$ für alle $k \geqslant k_1$, und die Reihe $\sum_k a_k$ divergiert aufgrund der Divergenz der harmonischen Reihe (Beispiel 71.③). ○

73. Reihen mit positiven Gliedern

Im Anschluß an das Majorantenkriterium **(7.7)** benötigen wir offenbar Konvergenzkriterien für *Reihen mit positiven Gliedern*, d. h. für Reihen $\sum_k c_k$, deren Glieder reell und $\geqslant 0$ sind. Die Partialsummen einer solchen Reihe bilden eine monoton wachsende Folge, man hat daher nach den Sätzen **(6.1)** und **(6.19)**:

(7.9) *Eine Reihe mit positiven Gliedern konvergiert genau dann, wenn die Folge (s_n) der Partialsummen beschränkt ist, d.h. wenn es ein $M \in \mathbb{R}$ gibt mit*

$$s_n \leqslant M \qquad \forall n.$$

Mit dem folgenden *Wurzelkriterium* läßt sich die Konvergenz von Reihen beweisen, deren Glieder mindestens so rasch abnehmen wie die einer konvergenten geometrischen Reihe:

(7.10) *Sind alle $c_k \geqslant 0$ und gibt es eine Zahl $q<1$ mit*

$$\sqrt[k]{c_k} \leqslant q \qquad \forall k \geqslant k_1,$$

so ist die Reihe $\sum_k c_k$ konvergent.

⌜ Die Reihe $\sum_k q^k$ ist nach 71.② konvergent und wegen $c_k \leqslant q^k$ $(k \geqslant k_1)$ eine Majorante der Reihe $\sum_k c_k$. **(7.10)** folgt somit aus **(7.7)**. ⌟

Etwas schwächer, dafür handlicher in der Anwendung, ist das *Quotientenkriterium:*

(7.11) (a) *Sind alle* $c_k > 0$ *und gibt es eine Zahl* $q < 1$ *mit*

$$\frac{c_{k+1}}{c_k} \leqslant q \qquad \forall k \geqslant k_1,$$

so ist die Reihe $\Sigma_k c_k$ *konvergent.*

(b) *Sind alle* $c_k > 0$ *und ist*

$$\frac{c_{k+1}}{c_k} \geqslant 1 \qquad \forall k \geqslant k_1,$$

so ist die Reihe $\sum_k c_k$ *divergent.*

⌜ Aus $c_{k+1} \leqslant q c_k$ $(k \geqslant k_1)$ folgt durch vollständige Induktion

$$c_k \leqslant q^{k-k_1} c_{k_1} = \frac{c_{k_1}}{q^{k_1}} q^k \qquad \forall k \geqslant k_1.$$

Ist daher $q < 1$, so wird $\sum_k c_k$ von einer konvergenten Reihe $\sum_k C q^k$ majorisiert. — Im Fall (b) streben die c_k nicht nach 0. ⌟

① Wir betrachten für beliebiges, aber festes $z \in \mathbb{C}$ die Reihe

$$\sum_{k=0}^{\infty} \frac{z^k}{k!}.$$

Setzen wir, falls $z \neq 0$, $c_k := |z|^k / k!$, so gilt:

$$\frac{c_{k+1}}{c_k} = \frac{|z|^{k+1}/(k+1)!}{|z|^k/k!} = \frac{|z|}{k+1} < \frac{1}{2} \qquad \forall k \geqslant 2|z|.$$

Der Fall $z=0$ ist trivial. Wir haben damit bewiesen:

(7.12) *Die Reihe* $\sum_{k=0}^{\infty} z^k/k!$ *ist für jedes* $z \in \mathbb{C}$ *absolut konvergent.* ○

② Bei der Reihe

$$\sum_k c_k := \sum_{k=0}^{\infty} \left(\frac{1}{2}\right)^{k+(-1)^k} = \frac{1}{2} + \frac{1}{1} + \frac{1}{8} + \frac{1}{4} + \frac{1}{32} + \frac{1}{16} + \cdots$$

betragen die Quotienten c_{k+1}/c_k alternierend 2 und 1/8, das Quotientenkriterium gibt somit keinen Aufschluß. Betrachtet man hingegen

$$\sqrt[k]{c_k}=\frac{1}{2}\sqrt[k]{\rho_k}, \quad \rho_k:=\left(\frac{1}{2}\right)^{(-1)^k},$$

so gilt für alle k: $1/2 \leqslant \rho_k \leqslant 2$, und es folgt nach (65.5): $\sqrt[k]{\rho_k}\to 1$ $(k\to\infty)$. Somit ist $\sqrt[k]{c_k}\leqslant 3/4$ $(k\geqslant k_1)$, und die Reihe $\sum_k c_k$ konvergiert. ○

③ Bei der konvergenten Reihe (71.2) versagen sowohl Wurzel- wie Quotientenkriterium: Wegen

$$\sqrt[k]{\frac{1}{k^2}}=\left(\frac{1}{\sqrt[k]{k}}\right)^2\to 1 \qquad (k\to\infty),$$

$$\frac{1/(k+1)^2}{1/k^2}=\left(\frac{k}{k+1}\right)^2\to 1 \qquad (k\to\infty)$$

besitzen die Folgen $\sqrt[k]{c_k}$ und c_{k+1}/c_k keine obere Schranke $q<1$.

Wie die letzten Beispiele deutlich zeigen, folgt aus dem „Versagen" eines Konvergenzkriteriums ja nicht etwa, daß die betrachtete Reihe divergiert. Die allfällige Divergenz muß vielmehr mit Hilfe eines Divergenzkriteriums (z. B. Satz **(7.1)**) ausdrücklich bewiesen werden.

Um weitere Vergleichsreihen zur Verfügung zu stellen, zitieren wir noch den folgenden Satz, der das Resultat von Beispiel 71.① wesentlich verbessert:

(7.13) *Die Reihe* $\sum_{k=1}^{\infty} 1/k^{1+\varepsilon}$ *ist für jedes (feste)* $\varepsilon>0$ *konvergent.*

Den Beweis werden wir in Abschnitt 136 nachholen; im übrigen sind ja Potenzen mit beliebigen reellen Exponenten noch gar nicht definiert worden.

Satz **(7.13)** und Beispiel 71.③ zusammengenommen lassen vielleicht die Vermutung aufkommen, es gebe eine „letzte" konvergente Reihe oder eine „erste" divergente Reihe mit positiven Gliedern c_k. Die betreffenden Folgen (c_k) lägen „irgendwo in der Nähe der Folge $(1/k)$" und müßten dann ein „universelles Vergleichskriterium" liefern. Um solche Vorstellungen ein für allemal auszuräumen, beweisen wir den folgenden Satz:

(7.14) *Zu jeder konvergenten Reihe* $\sum_k c_k$, *alle* $c_k>0$, *gibt es eine Folge* (d_k) *mit* $d_k/c_k\to\infty$, *so daß die Reihe* $\sum_k d_k$ *immer noch konvergiert.*

⌜ Die Restsummen $r_n:=\sum_{k=n+1}^{\infty} c_k$ konvergieren nach Satz **(7.5)** und nach Voraussetzung über die c_k monoton fallend nach 0. Setzen wir daher

$$d_k:=\sqrt{r_{k-1}}-\sqrt{r_k}>0 \qquad (k\geqslant 1),$$

so gilt für die Partialsummen s_n der Reihe $\sum_k d_k$:

$$s_n = \sum_{k=1}^{n} (\sqrt{r_{k-1}} - \sqrt{r_k}) = \sqrt{r_0} - \sqrt{r_n} \to \sqrt{r_0} \qquad (n \to \infty),$$

die Reihe $\sum_k d_k$ ist also konvergent. Ferner hat man wegen der Monotonie der r_k:

$$d_k = \frac{r_{k-1} - r_k}{\sqrt{r_{k-1}} + \sqrt{r_k}} \geqslant \frac{c_k}{2\sqrt{r_{k-1}}},$$

woraus sich $d_k/c_k \geqslant 1/2\sqrt{r_{k-1}}$ und damit $d_k/c_k \to \infty$ $(k \to \infty)$ ergibt. ⌋

Auf ähnliche Art beweist man den zu **(7.14)** komplementären Satz für eine divergente Ausgangsreihe $\sum_k c_k$: Hier gibt es eine Folge (d_k) mit $d_k/c_k \to 0$, so daß die Reihe $\sum_k d_k$ immer noch divergiert.

74. Bedingt konvergente Reihen

Bei absolut konvergenten Reihen $\sum_k a_k$ kommt die Konvergenz allein durch das Kleinwerden der Beträge $|a_k|$ zustande, bei bedingt konvergenten Reihen hingegen in erster Linie durch den Ausgleich zwischen positiven und negativen Gliedern. Eine große und wichtige Klasse von bedingt konvergenten Reihen wird durch das folgende *Abelsche Konvergenzkriterium* erfaßt:

(7.15) *Sind die Partialsummen der (reellen oder komplexen) Reihe $\sum_k \alpha_k$ beschränkt und ist (c_k) eine monoton fallende Nullfolge, so ist die Reihe $\sum_k \alpha_k c_k$ konvergent.*

In der hier betrachteten Reihe $\sum_k \alpha_k c_k$ sind die α_k (sie brauchen nicht zu konvergieren) die Träger der Oszillation, während die c_k dafür sorgen, daß jedenfalls $\alpha_k c_k \to 0$ $(k \to \infty)$ gilt. Zum Beweis von **(7.15)** benötigen wir ein Lemma von Abel über die sogenannte *partielle Summation*; die Analogie zur partiellen Integration **(13.10)** ist evident:

(7.16) *Für beliebige Zahlfolgen (c_k), (s_k) und für beliebige $m \geqslant n$ gilt*

(1) $$\sum_{k=n+1}^{m} c_k(s_k - s_{k-1}) = (c_{m+1} s_m - c_{n+1} s_n) - \sum_{k=n+1}^{m} (c_{k+1} - c_k) s_k.$$

⌜ Wir zerlegen die linke Seite von (1) in zwei Summen und ersetzen bei der zweiten $k-1$ durch k. Es ergibt sich

$$\begin{aligned}\sum_{k=n+1}^{m} c_k(s_k - s_{k-1}) &= \sum_{k=n+1}^{m} c_k s_k - \sum_{k=n}^{m-1} c_{k+1} s_k \\ &= \sum_{k=n+1}^{m} c_k s_k - \sum_{k=n+1}^{m} c_{k+1} s_k \quad + c_{m+1} s_m - c_{n+1} s_n.\end{aligned}$$

Fassen wir jetzt die letzten beiden Summen zusammen, so entsteht gerade die rechte Seite von (1). ⌟

⌜ Um jetzt **(7.15)** zu beweisen, setzen wir

$$s_n := \sum_{k=0}^{n} \alpha_k ;$$

nach Voraussetzung gibt es ein M mit $|s_n| \leqslant M$ $(n \geqslant 0)$. Für beliebige $m \geqslant n \geqslant 0$ gilt nach dem Lemma **(7.16)**:

$$\begin{aligned}\sum_{k=n+1}^{m} c_k \alpha_k &= \sum_{k=n+1}^{m} c_k (s_k - s_{k-1}) \\ &= c_{m+1} s_m - c_{n+1} s_n - \sum_{k=n+1}^{m} (c_{k+1} - c_k) s_k ,\end{aligned}$$

und wegen der Monotonie der c_k folgt hieraus weiter

$$\begin{aligned}\left|\sum_{k=n+1}^{m} c_k \alpha_k\right| &\leqslant c_{m+1}|s_m| + c_{n+1}|s_n| + \sum_{k=n+1}^{m} (c_k - c_{k+1})|s_k| \\ &\leqslant \left(c_{m+1} + c_{n+1} + \sum_{k=n+1}^{m} (c_k - c_{k+1})\right) M \\ &= 2 c_{n+1} M .\end{aligned}$$

Zu gegebenem $\varepsilon > 0$ gibt es nun ein n_0 mit $c_{n+1} < \varepsilon/2M$ $(n > n_0)$; somit ist

$$\left|\sum_{k=n+1}^{m} c_k \alpha_k\right| < \varepsilon \qquad \forall m \geqslant n > n_0 ,$$

und die betrachtete Reihe konvergiert nach **(7.2)**. ⌟

Charakteristische Kandidaten für das Abelsche Konvergenzkriterium sind die Reihen $\sum_{k=1}^{\infty} (\sin k\varphi)/k$, φ fest (siehe Beispiel 184.②). Als Anwendung von Satz **(7.15)** wollen wir hier die *alternierenden Reihen* betrachten, das sind Reihen der Form $\sum_{k=0}^{\infty} (-1)^k c_k$ mit monoton nach 0 abnehmenden $c_k > 0$.

(7.17) *Alternierende Reihen sind konvergent. Ist* $\sum_{k=0}^{\infty} (-1)^k c_k$ *eine alternierende Reihe mit Summe s, so gilt für die Partialsummen* s_n:

$$s_{2m} \geqslant s_{2m+2} \quad (\geqslant s), \qquad s_{2m+1} \leqslant s_{2m+3} \quad (\leqslant s) \qquad \forall m \geqslant 0 ,$$

insbesondere

(2) $$s_{2m} \geqslant s \geqslant s_{2m+1}, \qquad s_{2m+1} \leqslant s \leqslant s_{2m+2} \qquad \forall m \geqslant 0 .$$

Nehmen die c_k *streng monoton ab, so gelten in* (2) *die strengen Ungleichungen* $>$ *bzw.* $<$.

Aus (2) folgt insbesondere, daß der Abbrechfehler stets kleineren Betrag und dasselbe Vorzeichen hat wie das erste vernachlässigte Glied. Siehe auch die Fig. 74.1.

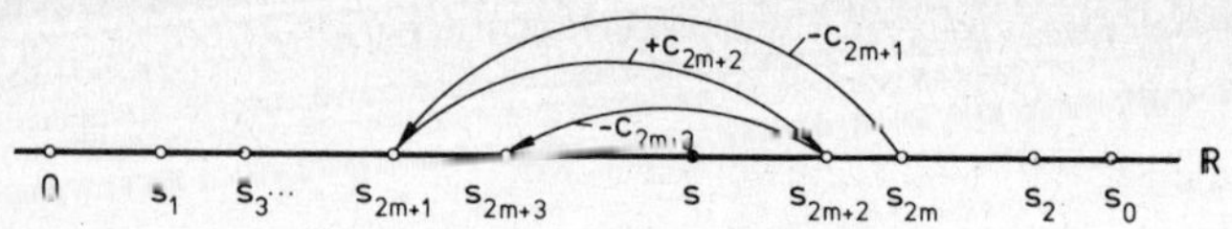

Fig. 74.1

⌜ Die Partialsummen der Reihe $\sum_{k=0}^{\infty}(-1)^k = 1-1+1-1+\cdots$ sind 1 und 0, also beschränkt. Die Konvergenz der alternierenden Reihen folgt somit aus **(7.15)**. Wegen der Monotonie der c_k gilt für alle $m \geqslant 0$:

$$(3)\quad \begin{aligned} s_{2m+2} &= s_{2m} - c_{2m+1} + c_{2m+2} \leqslant s_{2m}, \\ s_{2m+3} &= s_{2m+1} + c_{2m+2} - c_{2m+3} \geqslant s_{2m+1}; \end{aligned}$$

die beiden Teilfolgen (s_{2m}) und (s_{2m+1}) der Folge (s_n) sind folglich monoton wie angegeben, und (2) ist dann von selbst erfüllt. Ist endlich die Folge (c_k) streng monoton, so gelten in (3) die strengen Ungleichungen, d.h. die Folgen $(s_{2m}), (s_{2m+1})$ sind streng monoton. Daraus ergibt sich die letzte Behauptung. ⌟

① In der *alternierenden harmonischen Reihe*

$$\sum_{k=1}^{\infty} \frac{(-1)^{k+1}}{k} = 1 - \frac{1}{2} + \frac{1}{3} - \frac{1}{4} + \cdots$$

haben wir endlich das erste Beispiel einer bedingt konvergenten Reihe vor uns. Wie wir später zeigen werden (siehe Beispiel 184.①), besitzt sie die Summe $\log 2$. Ein anderes Beispiel ist die *Leibnizsche Reihe*

$$\sum_{k=0}^{\infty} \frac{(-1)^k}{2k+1} = 1 - \frac{1}{3} + \frac{1}{5} - \frac{1}{7} + \frac{1}{9} - \cdots$$

mit der Summe $\pi/4$ (siehe 184.①). Zur Berechnung von $\log 2$ und $\pi/4$ sind diese Reihen wegen ihrer langsamen Konvergenz natürlich ungeeignet. ○

Wir schließen die Behandlung der bedingt konvergenten Reihen mit einem negativen Resultat. Es betrifft die Vertauschbarkeit der Summanden, die wir ja bei Reihen noch nicht untersucht haben. *Die Glieder der Reihe* $\sum_k a_k$ *vertauschen*, heißt, eine Permutation $\varphi: \mathbb{N} \to \mathbb{N}$ vorgeben und anstelle von $\sum_k a_k$ die Reihe $\sum_j b_j$ mit $b_j := a_{\varphi(j)}$ betrachten. Gilt $\sum_{j=0}^{\infty} b_j = \sum_{k=0}^{\infty} a_k$?

(7.18) *Die reelle Reihe* $\sum_k a_k$ *sei bedingt konvergent, und es sei* $\xi \in \mathbb{R}$ *eine beliebige Zahl. Dann lassen sich die* a_k *so vertauschen, daß* $\sum_{j=0}^{\infty} a_{\varphi(j)} = \xi$ *wird.*

⌜ Es ist üblich, für beliebige $a \in \mathbb{R}$ zu definieren

$$a^+ := \max\{a,0\}, \qquad a^- := \max\{-a,0\};$$

dann gilt allgemein

(4) $\qquad$ (a) $a = a^+ - a^-$, $\qquad$ (b) $|a| = a^+ + a^-$.

Aus der Divergenz von $\sum_k |a_k|$ und (4)(b) folgt, daß wenigstens eine der beiden Reihen $\sum_k a_k^+$ und $\sum_k a_k^-$, etwa $\sum_k a_k^+$, divergiert. Da anderseits $\sum_k a_k$ konvergiert, ergibt sich weiter aus (4)(a), daß $\sum_k a_k^-$ ebenfalls divergiert. Dann divergieren auch, für beliebiges k_1, die Reihen $\sum_{k=k_1}^{\infty} a_k^+$, $\sum_{k=k_1}^{\infty} a_k^-$, und es folgt mit Satz **(7.9)**:

(*) $\qquad$ Zu jedem $k_1 \in \mathbb{N}$ und zu jedem $C > 0$ gibt es ein k_2 mit $\sum_{k=k_1}^{k_2} a_k^+ > C$ und ein k_3 mit $\sum_{k=k_1}^{k_3} a_k^- > C$.

Wir konstruieren nun rekursiv eine Permutation φ, die die Glieder der gegebenen Reihe $\sum_k a_k$ so umstellt, daß eine Reihe $\sum_j b_j$ mit Summe ξ entsteht. Dabei bezeichnen $s_{-1} := 0$, $s_n := \sum_{j=0}^{n} b_j$ $(n \geqslant 0)$ die Partialsummen der neuen Reihe, ferner werde $p_0 := -1$ gesetzt. Wir nehmen noch (ohne Einschränkung der Allgemeinheit) $\xi \geqslant 0$ an, dann treffen die Voraussetzungen des nachfolgend beschriebenen Rekursionsschritts $r \rightsquigarrow r+1$ für $r = 0$ trivialerweise zu (siehe die Fig. 74.2):

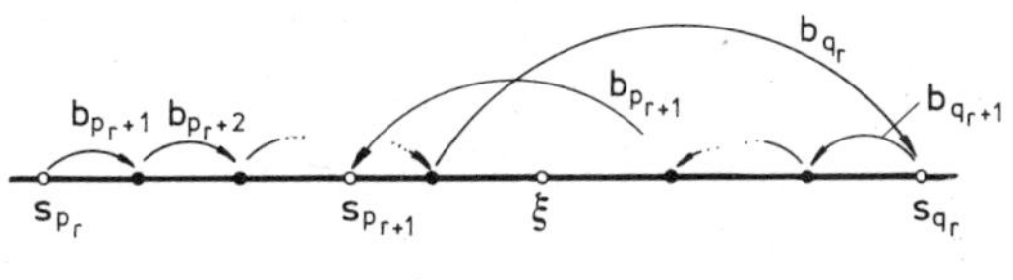

Fig. 74.2

Die Zahl p_r sowie die Glieder $b_0, b_1, \ldots, b_{p_r}$ der umgestellten Reihe seien schon festgelegt, und es sei $s_{p_r} \leqslant \xi$. Wir wählen dann als $b_{p_r+1}, b_{p_r+2}, \ldots, b_{q_r}$ nacheinander die ersten noch „unverbrauchten" $a_k \geqslant 0$, und zwar so viele, bis die Partialsumme s_n zum ersten Mal das ξ überschießt. Dies ist möglich wegen (*); es gelten dann die Ungleichungen

(5) $\qquad s_{p_r} \leqslant s_{p_r+1} \leqslant \cdots \leqslant s_{q_r-1} \leqslant \xi < s_{q_r}$.

Wir wählen weiter als $b_{q_r+1}, b_{q_r+2}, \ldots, b_{p_{r+1}}$ die ersten noch „unverbrauchten" $a_k<0$, und zwar so viele, bis zum ersten Mal die Partialsumme s_n wieder $\leqslant \xi$ wird. Auch dies geht wegen (*); es gelten dann weiter die Ungleichungen

$$(6) \qquad s_{q_r} > s_{q_r+1} > \cdots > s_{p_{r+1}-1} > \xi \geqslant s_{p_{r+1}}.$$

Da hiernach bei jedem einzelnen Rekursionsschritt $r \rightsquigarrow r+1$ wenigstens ein $a_k \geqslant 0$ und ein $a_k<0$ „aufgebraucht" werden und im ganzen die $a_k \geqslant 0$ und die $a_k<0$ unter sich „der Reihe nach", so wird durch das beschriebene Verfahren in der Tat eine Permutation $\varphi: \mathbb{N} \to \mathbb{N}$ definiert, so daß gilt: $b_j = a_{\varphi(j)}$.

Um nun $\sum_{j=0}^{\infty} b_j = \xi$ zu beweisen, geben wir ein $\varepsilon>0$ vor und beachten zunächst, daß nach Satz **(7.1)** $\lim\limits_{k \to \infty} a_k = 0$ ist. Es gibt somit ein r_0 mit

$$(7) \qquad |a_k| < \varepsilon \qquad \forall k \geqslant r_0.$$

Ferner ist

$$(8) \qquad \varphi(j) \geqslant r_0 \qquad \forall j \geqslant p_{r_0},$$

denn $a_0, a_1, \ldots, a_{r_0-1}$ sind in den vorangegangenen r_0 Rekursionsschritten auf alle Fälle aufgebraucht worden.

Ist $j \geqslant p_{r_0}$, so gibt es *entweder* (a) ein $r \geqslant r_0$ mit $p_r \leqslant j < q_r$ *oder* (b) ein $r \geqslant r_0$ mit $q_r \leqslant j < p_{r+1}$. Im Fall (b) folgt aus (6):

$$|s_j - \xi| \leqslant |s_{q_r} - \xi|,$$

und weiter aus (5):

$$|s_{q_r} - \xi| \leqslant |s_{q_r} - s_{q_r-1}| = |b_{q_r}|.$$

Wegen $q_r > p_{r_0}$ und (8) gilt $\varphi(q_r) \geqslant r_0$, somit folgt mit (7):

$$|s_j - \xi| \leqslant |b_{q_r}| = |a_{\varphi(q_r)}| < \varepsilon.$$

Ähnlich schließt man im Fall (a), und man hat allgemein $|s_j - \xi| < \varepsilon$, sobald $j \geqslant p_{r_0}$. Damit ist alles bewiesen. ⌟

Bei einer absolut konvergenten Reihe hingegen lassen sich die Glieder beliebig vertauschen:

(7.19) *Ist die (reelle, komplexe oder vektorwertige) Reihe $\sum_k a_k$ absolut konvergent, so konvergiert auch jede durch Vertauschung der a_k erhaltene Reihe $\sum_j b_j$ absolut und hat dieselbe Summe.*

⌜ Es sei φ eine Permutation von $\mathbb{N}$ und $\varepsilon>0$. Nach **(7.5)**(b) und nach Voraussetzung über die Reihe $\sum_k a_k$ gibt es ein n_0 mit

$$\sum_{k=n_0+1}^{\infty}|a_k|<\varepsilon .$$

Weiter gibt es ein r_0, so daß die Menge $\{\varphi(0),\varphi(1),\ldots,\varphi(r_0)\}$ wenigstens sämtliche Zahlen $0,1,2,\ldots,n_0$ enthält. Setzen wir wieder $b_j:=a_{\varphi(j)}$, so gilt daher für alle $r\geqslant r_0$ und alle $N\geqslant n_0$:

$$(9)\qquad \left|\sum_{j=0}^{r}b_j-\sum_{k=0}^{N}a_k\right|\leqslant\sum_{k=n_0+1}^{N'}|a_k|\leqslant\sum_{k=n_0+1}^{\infty}|a_k|<\varepsilon ,$$

dabei bezeichnet N' die größte der Zahlen $N,\varphi(0),\varphi(1),\ldots,\varphi(r)$. Beide Summen linker Hand enthalten nämlich wenigstens die Glieder $a_0,a_1,\ldots,a_{n_0}$, aber kein a_k mit $k>N'$. Für festes r (und n_0) führen wir nun in (9) den Grenzübergang $N\to\infty$ durch. Es folgt

$$\left|\sum_{j=0}^{r}b_j-\sum_{k=0}^{\infty}a_k\right|\leqslant\varepsilon \qquad \forall r\geqslant r_0 ,$$

und da ε beliebig war, ergibt sich

$$\sum_{j=0}^{\infty}b_j=\sum_{k=0}^{\infty}a_k ,$$

wie behauptet. — Dieselbe Überlegung mit $\sum_j|b_j|$ anstelle von $\sum_j b_j$ beweist schließlich die absolute Konvergenz der umgestellten Reihe. ⌟

75. Produkt zweier Reihen

Für endliches N und beliebige komplexe a_i, b_k gilt

$$\sum_{i=0}^{N}a_i\cdot\sum_{k=0}^{N}b_k=\sum_{i,k=0}^{N}a_i b_k .$$

Mit $N:=\infty$ wird aus der Doppelsumme rechts jedenfalls keine Reihe im Sinn der Definition, da ja für die Glieder $a_i b_k$ keine Reihenfolge festgelegt ist. Um anstelle der sogenannten *Doppelreihe* $\sum_{i,k=0}^{\infty}a_i b_k$ eine gewöhnliche Reihe zu erhalten, in der aber doch alle $a_i b_k$ irgendwie vorhanden sind, bilden wir die Größen

$$(1)\qquad c_r:=\sum_{i=0}^{r}a_i b_{r-i}=\sum_{i+k=r}a_i b_k \quad (r\in\mathbb{N}),$$

in denen die je endlich vielen $a_i b_k$ mit $i+k=r$ zusammengefaßt sind. Diese Operation, die zwei beliebigen Folgen $\mathbf{a}:=(a_i)$ und $\mathbf{b}:=(b_k)$ eine neue Folge $\mathfrak{c}:=(c_r)$ zuordnet, heißt *Faltung*; man schreibt dafür $\mathfrak{c}=:\mathbf{a}*\mathbf{b}$.

Die obigen Überlegungen motivieren den folgenden Satz:

(7.20) *Die komplexen Reihen* $\sum_i a_i$ *und* $\sum_k b_k$ *seien absolut konvergent, und es sei die Folge* (c_r) *gegeben durch* (1). *Dann konvergiert auch die Reihe* $\sum_r c_r$ *absolut, und es gilt*

(2) $$\sum_{r=0}^{\infty} c_r = \sum_{i=0}^{\infty} a_i \cdot \sum_{k=0}^{\infty} b_k .$$

⌈ Aus (1) folgt zunächst

(3) $$\left|\sum_{r=0}^{N} c_r - \sum_{i=0}^{N} a_i \cdot \sum_{k=0}^{N} b_k\right| \leqslant \sum_{\substack{i+k>N \\ 0\leqslant i,k\leqslant N}} |a_i b_k| =: R .$$

Ist $i+k>N$, so ist wenigstens eine der Zahlen i und k größer als $N/2$. Wir haben daher weiter

$$\begin{aligned} R &\leqslant \sum_{N/2<i\leqslant N}|a_i| \cdot \sum_{k=0}^{N}|b_k| + \sum_{i=0}^{N}|a_i| \cdot \sum_{N/2<k\leqslant N}|b_k| \\ &\leqslant \sum_{i>N/2}|a_i| \cdot \sum_{k=0}^{\infty}|b_k| + \sum_{i=0}^{\infty}|a_i| \cdot \sum_{k>N/2}|b_k| . \end{aligned}$$

Da die Reihen $\sum_i a_i$ und $\sum_k b_k$ absolut konvergieren, strebt hier die rechte Seite nach **(7.5)**(b) mit $N\to\infty$ gegen 0, also auch die linke Seite von (3).

Damit ist (2) bewiesen. — Ferner gilt

$$|c_r| \leqslant \sum_{i+k=r}|a_i|\,|b_k| =: \tilde{c}_r ,$$

und die Reihe $\sum_r \tilde{c}_r$ ist nach dem schon Bewiesenen konvergent. Folglich ist $\sum_r c_r$ absolut konvergent. ⌋

Um eine Anwendung von Satz **(7.20)** zu geben, betrachten wir die *Exponentialfunktion* exp, definiert durch die *Exponentialreihe*

$$\exp z := \sum_{k=0}^{\infty} \frac{z^k}{k!} .$$

Nach **(7.12)** ist exp eine auf ganz $\mathbb{C}$ definierte komplexwertige Funktion; dabei ist offenbar für reelles x auch $\exp x$ reell. Wir werden diese Funktion in Kapitel 9 eingehend untersuchen und beweisen hier zunächst nur die folgende fundamentale Identität *(Funktionalgleichung der Exponentialfunktion):*

(7.21) *Für beliebige* $z_1, z_2 \in \mathbb{C}$ *gilt*

(4) $$\exp(z_1+z_2) = \exp z_1 \cdot \exp z_2 .$$

⌜ Faltet man die Folgen

$$(a_j) := \left(\frac{z_1^j}{j!}\right) \quad \text{und} \quad (b_k) := \left(\frac{z_2^k}{k!}\right),$$

so ergibt sich nach dem binomischen Lehrsatz **(3.10)**:

$$c_r := \sum_{j=0}^r a_j b_{r-j} = \frac{1}{r!} \sum_{j=0}^r \frac{r!}{j!(r-j)!} z_1^j z_2^{r-j} = \frac{(z_1+z_2)^r}{r!} \qquad (r \in \mathbb{N}),$$

und dies ist gerade das allgemeine Glied der Reihe $\exp(z_1+z_2)$. Die Voraussetzungen von **(7.20)** sind nach **(7.12)** erfüllt, und (4) folgt nun unmittelbar aus (2). ⌟

Aufgaben

1. Es seien **a** und **b** zwei feste Vektoren im dreidimensionalen Raum, $|\mathbf{b}| < 1$, und es sei die Vektorfolge $(\mathbf{a}_k)$ rekursiv definiert durch

$$\mathbf{a}_0 := \mathbf{a}, \qquad \mathbf{a}_{k+1} := \mathbf{b} \times \mathbf{a}_k \qquad \text{(Vektorprodukt)}.$$

Berechne $\sum_{k=1}^\infty \mathbf{a}_k$. (Hinweis: Benutze die geometrische Definition des Vektorprodukts. Figur!)

2. Untersuche die folgenden Reihen auf Konvergenz:

a) $\sum_{k=1}^\infty \dfrac{k-\sqrt{k}}{(k+\sqrt{k})^2}$, b) $\sum_{k=1}^\infty \dfrac{(-1)^k + i^k}{(3i)^k - 2^k}$,

c) $\sum_{k=0}^\infty \dfrac{k^2}{2^k}$, d) $\sum_{k=1}^\infty \dfrac{1}{\sqrt[k]{k!}}$.

3. Zeige: Die Reihe $\sum_{k=1}^\infty (1/k)\operatorname{tg}(x/k)$ ist für alle $x \in]-\pi/2, \pi/2[$ konvergent.

4. Es sei

$$\varepsilon_k := \begin{cases} 1 & \text{(Dezimaldarstellung von } k \text{ enthält keine 9)} \\ 0 & \text{(sonst)} \end{cases}.$$

Zeige: Die Reihe $\sum_{k=1}^\infty \varepsilon_k/k$ ist konvergent.

5. Es sei (a_k) eine Folge von positiven Zahlen. Dann sind die beiden Reihen

$$\sum_k a_k, \quad \sum_k \frac{a_k}{1+a_k}$$

entweder beide konvergent oder beide divergent.

6. Zeige: Zu jeder divergenten Reihe $\sum_k c_k$ mit positiven Gliedern c_k gibt es eine Folge (d_k) mit $d_k/c_k \to 0$, so daß die Reihe $\sum_k d_k$ immer noch divergiert.

7. a) Zeige: Die Reihe $\sum_{k=1}^{\infty} i^k/k$ ist konvergent.
   b) Bestimme (durch Vergleich mit bekannten Reihen) die Summe dieser Reihe.

8. Man stelle die Glieder der alternierenden harmonischen Reihe so um, daß eine divergierende Reihe entsteht. Es sind so viele Glieder der umgestellten Reihe anzuschreiben, daß ein Konstruktionsgesetz erkennbar wird. (Hinweis: Divergenzbeweis für die harmonische Reihe.)

9. Aus den zwei reellen Zahlfolgen (a_k) und (b_k) wird vermöge

   a) $c_k := \max\{a_k, b_k\}$, b) $c_k := a_k b_k$

   eine dritte Folge (c_k) gebildet. Beweise oder widerlege (durch ein Gegenbeispiel) den folgenden Satz: Konvergieren die Reihen $\sum_k a_k$ und $\sum_k b_k$, so konvergiert auch die Reihe $\sum_k c_k$.

10. Zeige (ohne Verweis auf die Exponentialfunktion): Die Funktion

$$f(z) := \sum_{k=0}^{\infty} \frac{z^{2k}}{(2k)!}$$

genügt der Funktionalgleichung

$$f(2z) = 2(f(z))^2 - 1 .$$

(Hinweis für die Berechnung der rechter Hand auftretenden „inneren“ Summen: $(1 \pm 1)^{2r}$.)

Kapitel 8. Stetige Funktionen

81. Stetigkeit

Wir betrachten in diesem Kapitel Funktionen bzw. Abbildungen f, deren Definitionsbereich $\mathscr{D}(f)$ und Wertevorrat $\mathscr{W}(f)$ Teilmengen von $\mathbb{R}$, $\mathbb{C}$ oder $\mathbb{R}^p$, also metrische Räume sind. Hierunter fallen insbesondere die auf einem Intervall definierten reellwertigen Funktionen. Es geht uns zunächst um eine präzise Definition des Faktums „x nahe bei $\xi \Rightarrow f(x)$ nahe bei $f(\xi)$".

Die Funktion f heißt *stetig im Punkt* $\xi \in \mathscr{D}(f)$, wenn es zu jedem $\varepsilon > 0$ ein $\delta(\varepsilon) =: \delta > 0$ gibt, so daß aus

$$|x - \xi| < \delta, \quad x \in \mathscr{D}(f)$$

folgt

$$|f(x) - f(\xi)| < \varepsilon .$$

In der Sprache der Umgebungen heißt das: Die Funktion $f: A \to \mathbb{X}$ ist stetig im Punkt $\xi \in A$, wenn es zu jedem $\varepsilon > 0$ ein $\delta > 0$ gibt, so daß gilt:

$$f(x) \in U_\varepsilon(f(\xi)) \quad \forall x \in U_\delta(\xi) \cap A .$$

Aus Bequemlichkeitsgründen werden wir im folgenden anstelle von $U_\delta(\xi) \cap A$ oft einfach $U_\delta(\xi)$ schreiben und darunter stillschweigend die „Einschränkung" von $U_\delta(\xi)$ auf den gerade betrachteten Definitionsbereich von f verstehen.

① (Fig. 81.1). Es seien f eine Funktion $[a,b] \to \mathbb{R}$, $\xi \in [a,b]$ und $f(\xi) =: \eta$. Die Funktion f ist genau dann stetig im Punkt ξ, wenn es zu jedem $\varepsilon > 0$ ein $\delta > 0$ gibt mit

$$\eta - \varepsilon < f(x) < \eta + \varepsilon \quad \forall x \in]\xi - \delta, \xi + \delta[\cap [a,b]. \quad \bigcirc$$

(8.1) *Ist die Funktion* $f: A \to \mathbb{R}$ *stetig im Punkt* ξ *und ist* $f(\xi) > 0$, *so ist* $f(x) > 0$ *in einer ganzen Umgebung von* ξ.

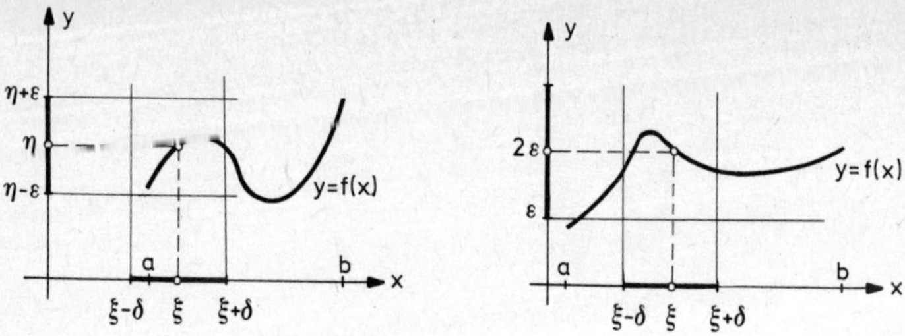

Fig. 81.1—2

⌜ (Siehe die Fig. 81.2.) Es sei $f(\xi)=:2\varepsilon$, dann gibt es ein $\delta>0$ mit

$$f(x)>f(\xi)-\varepsilon=\varepsilon>0 \qquad \forall x\in U_\delta(\xi)\,. \quad ⌟$$

② Die Funktion $f:\mathbb{R}\to\mathbb{R}$, gegeben durch

$$f(x):=\begin{cases}1 & (x\in\mathbb{Q})\\ 0 & (x\notin\mathbb{Q}),\end{cases}$$

ist nach **(8.1)** nirgends stetig, denn in jeder noch so kleinen Umgebung einer rationalen Zahl gibt es irrationale Zahlen, und umgekehrt. ○

③ Für rationale Zahlen x bezeichne q_x den Nenner in der ausgekürzten Darstellung $x=p/q$, $q>0$. Wir betrachten die Funktion $f:[0,1]\to\mathbb{R}$, gegeben durch

$$f(x):=\begin{cases}1/q_x & (x\in\mathbb{Q})\\ 0 & (x\notin\mathbb{Q}),\end{cases}$$

und behaupten: f ist unstetig in den rationalen, aber stetig in allen irrationalen Punkten. ⌜ Ist zunächst ξ rational, so ist $f(\xi)>0$, und man schließt wie in Beispiel ②, daß f im Punkt ξ unstetig ist. Sei jetzt ξ irrational und $\varepsilon>0$. Es gibt nur endlich viele rationale Zahlen $x\in[0,1]$ mit $q_x\leqslant 1/\varepsilon$, somit ist die Zahl

$$\delta:=\min\left\{|x-\xi|\;\middle|\; x\in[0,1]\cap\mathbb{Q},\ q_x\leqslant\frac{1}{\varepsilon}\right\}$$

wohldefiniert; wegen der Irrationalität von ξ ist $\delta>0$. Ist nun $|x-\xi|<\delta$ und $x\in[0,1]$, so ist entweder x irrational, also $f(x)=0$, oder x rational mit $q_x>1/\varepsilon$.

Im zweiten Fall gilt

$$0 < f(x) = \frac{1}{q_x} < \varepsilon;$$

man hat daher in beiden Fällen

$$|f(x) - f(\xi)| = f(x) < \varepsilon. \quad \lrcorner \quad \bigcirc$$

Ist f in jedem Punkt $\xi \in \mathscr{D}(f)$ stetig, so heißt f *stetig* bzw. eine *stetige Funktion* oder eine *stetige Abbildung*. Ist f stetig, so ist auch die Einschränkung von f auf irgendeine Teilmenge $A \subset \mathscr{D}(f)$ stetig.

Wir sagen, die Abbildung $f: A \to \mathbb{X}$ *genüge einer Lipschitz-Bedingung*, oder, f sei *quasikontrahierend*, wenn es eine Konstante $C > 0$ gibt mit

$$|f(x) - f(y)| \leqslant C|x - y| \qquad \forall x, y \in A.$$

(8.2) *Quasikontrahierende Abbildungen sind stetig.*

$\ulcorner$ Es sei f quasikontrahierend mit der *Lipschitz-Konstanten* C, oder kurz: C-*quasikontrahierend*. Dann folgt aus $|x - \xi| < \varepsilon/C$:

$$|f(x) - f(\xi)| \leqslant C|x - \xi| < \varepsilon.$$

Somit genügt $\delta(\varepsilon) := \varepsilon/C$. $\lrcorner$

④ Eine konstante Funktion ist trivialerweise stetig. ○

⑤ Die identische Abbildung

$$\mathbb{1}_A: A \to A, \quad x \mapsto x$$

ist quasikontrahierend und daher stetig. ○

⑥ Die Koordinatenfunktionen $\mathbf{x} \mapsto x_i$ im $\mathbb{R}^p$, insbesondere $\mathscr{R}$ und $\mathscr{I}$, sind wegen $|x_i - y_i| \leqslant |\mathbf{x} - \mathbf{y}|$ quasikontrahierend und somit stetig. ○

⑦ Die Konjugation $z \mapsto \bar{z}$ von $\mathbb{C}$ ist wegen $|\bar{z}_1 - \bar{z}_2| = |z_1 - z_2|$ ebenfalls stetig. ○

Einen Zusammenhang zwischen der Stetigkeit und der Konvergenz von Folgen vermittelt das sogenannte *Übertragungsprinzip*:

(8.3) *Die Funktion $f: A \to \mathbb{X}$ ist genau dann stetig im Punkt $\xi \in A$, wenn für jede gegen ξ konvergente Folge $\mathbf{x} := (x_n)$ gilt:*

$$f(x_n) \to f(\xi) \qquad (n \to \infty).$$

⌜ Es sei f stetig im Punkt ξ, $\mathbf{x}$ eine Folge in A mit $x_n \to \xi$, und es sei $\varepsilon > 0$. Dann gibt es erstens ein $\delta > 0$ mit

$$|f(x) - f(\xi)| < \varepsilon \qquad \forall x \in U_\delta(\xi)$$

und zweitens ein $n_0 \in \mathbb{N}$ mit

$$x_n \in U_\delta(\xi) \qquad \forall n > n_0 ;$$

somit gilt für alle $n > n_0$:

$$|f(x_n) - f(\xi)| < \varepsilon .$$

Dies beweist $\lim\limits_{n \to \infty} f(x_n) = f(\xi)$. — Ist aber f unstetig im Punkt ξ, so gibt es ein $\varepsilon_0 > 0$ ohne zugehöriges $\delta > 0$, insbesondere genügt keine der Zahlen $\delta := 1/n$. Es gibt daher für jedes $n \geqslant 1$ einen Punkt $x_n \in U_{1/n}(\xi) \cap A$ mit $|f(x_n) - f(\xi)| \geqslant \varepsilon_0$. Die x_n bilden nun eine Folge in A mit $x_n \to \xi$, aber $f(x_n) \not\to f(\xi)$. ⌟

Die in diesem Satz auftretenden Folgen $\mathbf{x}$ wollen wir als *Testfolgen* bezeichnen.

82. Rechnen mit stetigen Funktionen

Sind f und g reell- bzw. komplexwertige Funktionen und ist die Menge $A := \mathscr{D}(f) \cap \mathscr{D}(g)$ nichtleer, so lassen sich in natürlicher Weise die Funktionen

$$f + g \colon x \mapsto f(x) + g(x),$$
$$f \cdot g \colon x \mapsto f(x) \cdot g(x),$$
$$f/g \colon x \mapsto f(x)/g(x)$$

bilden; dabei haben $f + g$ und $f \cdot g$ den Definitionsbereich A, f/g ist definiert auf der Menge $A' := A \setminus \{x \mid g(x) = 0\}$. In analoger Weise werden Summe usf. von vektorwertigen Funktionen erklärt.

(8.4) *Sind die reell- oder komplexwertigen Funktionen f und g stetig im Punkt ξ, so sind auch die Funktionen $|f|$, $f + g$, $f \cdot g$ und f/g stetig im Punkt ξ — f/g natürlich nur, wenn $g(\xi) \neq 0$ ist.*

⌜ Wir betrachten etwa den Fall der Funktion f/g. Ist $\mathbf{x}$ eine Folge in $\mathscr{D}(f/g)$ mit $x_n \to \xi$, so gilt nach dem Übertragungsprinzip **(8.3)**: $f(x_n) \to f(\xi)$, $g(x_n) \to g(\xi)$. Ferner sind alle $g(x_n)$ und auch $g(\xi) \neq 0$, es folgt somit nach **(6.13)/(6.14)**:

$f(x_n)/g(x_n) \to f(\xi)/g(\xi)$. Da dies für jede Testfolge $\mathbf{x}$ gilt, ergibt sich, wiederum nach **(8.3)**: f/g ist stetig im Punkt ξ. ⌟

Aus **(8.4)** folgt unmittelbar:

(8.5) *Sind die Funktionen f und g stetig, so sind auch die Funktionen $|f|$, $f+g$, $f \cdot g$ und f/g stetig.*

Analoge Sätze gelten für vektorwertige Funktionen, und sie werden auch auf dieselbe Art bewiesen. Insbesondere ist mit $f: A \to \mathbb{X}$ auch λf, λ eine reelle Konstante, stetig.

Eine Funktion $p: \mathbb{R} \to \mathbb{R}$ (bzw. $\mathbb{C} \to \mathbb{C}$) der Form

$$p(x) := a_n x^n + a_{n-1} x^{n-1} + \cdots + a_1 x + a_0$$

mit gegebenen *Koeffizienten* $a_k \in \mathbb{R}$ (bzw. $\in \mathbb{C}$) heißt ein *Polynom*, genauer: ein *Polynom höchstens n-ten Grades*. Die Zahl

$$\operatorname{dgr} p := \max\{k \mid a_k \neq 0\}$$

ist dann der *(genaue) Grad* des Polynoms p; das *Nullpolynom* o (alle $a_k = 0$) hat per definitionem den Grad $-\infty$. Der Quotient p/q von zwei Polynomen, q nicht das Nullpolynom, heißt eine *rationale Funktion*. Mit vollständiger Induktion ergibt sich aus Beispiel 81.⑤ und Satz **(8.5)**:

(8.6) *Polynome und rationale Funktionen sind stetig.*

Gegebene Funktionen lassen sich bekanntlich (siehe Abschnitt 13) noch auf eine weitere Art zu neuen Funktionen kombinieren: Zu zwei Funktionen $f: A \to B$ und $g: B \to C$ gibt es die aus f und g zusammengesetzte Funktion

$$g \circ f\colon\ A \to C, \qquad x \mapsto g(f(x)).$$

(8.7) *Ist $f: A \to B$ stetig (stetig im Punkt ξ) und $g: B \to C$ stetig (stetig im Punkt $\eta := f(\xi)$), so ist auch die aus f und g zusammengesetzte Funktion $g \circ f$ stetig (stetig im Punkt ξ).*

⌜ (Siehe die Fig. 82.1.) Es genügt, die in Klammern angegebene Variante zu beweisen. Wir setzen hierzu $g(f(\xi)) = g(\eta) =: \zeta$ und denken uns ein $\varepsilon > 0$ vorgegeben. Wegen der Stetigkeit von g im Punkt η gibt es ein $\varepsilon' > 0$ mit

(1) $$g(y) \in U_\varepsilon(\zeta) \qquad \forall y \in U_{\varepsilon'}(\eta).$$

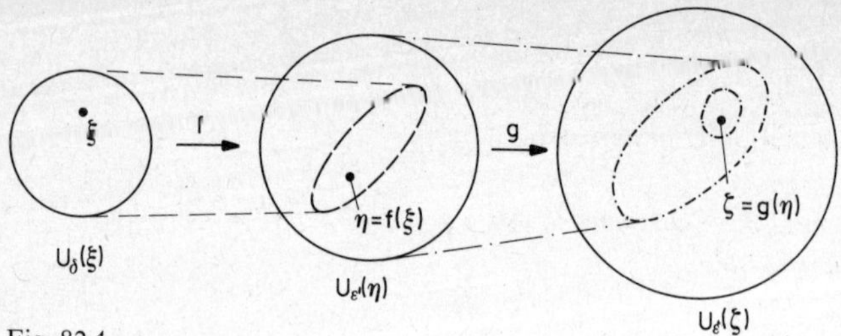

Fig. 82.1

Wegen der Stetigkeit von f im Punkt ξ gibt es weiter ein $\delta>0$ mit

(2) $$f(x)\in U_{\varepsilon'}(\eta) \qquad \forall x\in U_\delta(\xi).$$

(1) und (2) ergeben aber zusammen gerade

$$g(f(x))\in U_\varepsilon(\zeta) \qquad \forall x\in U_\delta(\xi). \quad \lrcorner$$

Es sei $A\subset\mathbb{R}$, und A enthalte ein Intervall $[\xi,\xi+h[$, $h>0$. Dann heißt $f:A\to\mathbb{X}$ im Punkt ξ *rechtsseitig stetig*, wenn die Einschränkung von f auf $[\xi,\xi+h[$ im Punkt ξ stetig ist, d.h. wenn es zu jedem $\varepsilon>0$ ein $\delta>0$ gibt mit

$$|f(x)-f(\xi)|<\varepsilon \qquad \forall x\in[\xi,\xi+\delta[.$$

Analog wird die *linksseitige Stetigkeit* im Punkt ξ definiert.

① Die Funktion „größte ganze Zahl $\leqslant x$":

$$\mathbb{R}\to\mathbb{R}, \qquad x\mapsto\max\{k\in\mathbb{Z}\,|\,k\leqslant x\}=:[x]$$

ist in allen Punkten $\xi\notin\mathbb{Z}$ stetig und in den ganzzahligen Punkten rechtsseitig, aber nicht linksseitig stetig. ○

(8.8) *Die Funktion $f:]\xi-h,\xi+h[\to\mathbb{X}$ ist genau dann stetig im Punkt ξ, wenn f dort linksseitig und rechtsseitig stetig ist.*

⌜ Ist f im Punkt ξ stetig, so erst recht die Einschränkung von f auf $]\xi-h,\xi]$ bzw. auf $[\xi,\xi+h[$. — Ist anderseits f in ξ beidseitig stetig und $\varepsilon>0$, so gibt es ein δ_- mit

$$|f(x)-f(\xi)|<\varepsilon \qquad \forall x\in]\xi-\delta_-,\xi]$$

und ein δ_+ mit

$$|f(x)-f(\xi)|<\varepsilon \qquad \forall x\in[\xi,\xi+\delta_+[.$$

Mit $\delta:=\min\{\delta_-,\delta_+\}$ gilt daher

$$|f(x)-f(\xi)|<\varepsilon \qquad \forall x\in]\xi-\delta,\xi+\delta[. \quad \lrcorner$$

83. Grenzwerte von Funktionen

Wir kommen nun zu dem Begriff des Grenzwerts von Funktionen. Anschaulich gesprochen, geht es im allgemeinen darum, das Verhalten einer Funktion f in der Nähe eines „Randpunktes" ξ von $\mathcal{D}(f)$ zu untersuchen. Das ist natürlich nur dann möglich, wenn wirklich in jeder noch so kleinen Umgebung von ξ Punkte von $\mathcal{D}(f)$ liegen.

Wir bezeichnen als *punktierte ε-Umgebung* von ξ die Menge $\dot{U}_\varepsilon(\xi):=U_\varepsilon(\xi)\setminus\{\xi\}$. Sinngemäß ist $\dot{U}_\varepsilon(\infty)=U_\varepsilon(\infty)$. — Ein Punkt ξ heißt *Häufungspunkt der Menge A*, wenn in jedem $\dot{U}_\varepsilon(\xi)$ wenigstens ein Element von A liegt. Ein Häufungspunkt von A braucht nicht zu A zu gehören.

① Die Häufungspunkte der Menge $A:=]0,1[\subset\mathbb{R}$ sind die Punkte des abgeschlossenen Intervalls $[0,1]$. — Jede reelle Zahl ξ ist Häufungspunkt der Menge $\mathbb{Q}\subset\mathbb{R}$. ○

② Ist ξ Häufungspunkt der *Folge* (x_n), so braucht ξ nicht Häufungspunkt der *Menge* $\{x_n|n\in\mathbb{N}\}$ zu sein: Man betrachte etwa eine konstante Folge, $x_n:=\xi\ \forall n$. ○

Die Menge $A\subset\mathbb{R}$ besitzt ∞ als *uneigentlichen Häufungspunkt*, wenn in jedem $U_\varepsilon(\infty)$ wenigstens ein Element von A liegt. Analog wird für $-\infty$ definiert.

③ Die Intervalle $]c,\infty[$ sowie die Menge $\mathbb{N}$ der natürlichen Zahlen besitzen ∞ als uneigentlichen Häufungspunkt. ○

(8.9) *Ist ξ Häufungspunkt oder uneigentlicher Häufungspunkt der Menge A, so liegen in jedem $U_\varepsilon(\xi)$ unendlich viele Punkte von A.*

⌈ Wir betrachten den Fall eines endlichen ξ; für einen uneigentlichen Häufungspunkt verläuft der Beweis analog. — Enthält $U_\varepsilon(\xi)$ nur endlich viele Punkte von A, so ist die Zahl

$$\varepsilon':=\min\{|x-\xi|\,\big|\,x\in\dot{U}_\varepsilon(\xi)\cap A\},$$

bzw. $\varepsilon':=\varepsilon$, falls $\dot{U}_\varepsilon(\xi)\cap A=\emptyset$, wohldefiniert und positiv. Die Menge $\dot{U}_{\varepsilon'}(\xi)$ enthält nun kein Element von A mehr, somit ist ξ nicht Häufungspunkt von A. ⌟

Ist der Punkt $\xi \in A$ kein Häufungspunkt von A, so heißt ξ ein *isolierter Punkt* von A. Es gilt

(8.10) *In einem isolierten Punkt von A ist jede Funktion $f: A \to \mathbb{X}$ stetig.*

⌜ Nach Voraussetzung gibt es ein $\delta > 0$, so daß $U_\delta(\xi) \cap A$ nur den Punkt ξ enthält. Somit gilt trivialerweise für jedes $\varepsilon > 0$:

$$|f(x) - f(\xi)| < \varepsilon \quad \forall x \in U_\delta(\xi) \cap A . \quad ⌟$$

Die folgenden Bezeichnungen werden bis auf weiteres festgehalten: A ist eine Teilmenge von $\mathbb{R}$, $\mathbb{C}$ oder $\mathbb{R}^p$, ξ ist ein Häufungspunkt oder ein uneigentlicher Häufungspunkt von A, und $f, g, \ldots$ sind Funktionen $A \to \mathbb{X}$.

Die Funktion f *besitzt für $x \to \xi$ den Grenzwert* $\eta \in \mathbb{X}$, in Zeichen:

$$(1) \qquad f(x) \to \eta \quad (x \to \xi),$$

wenn es zu jedem $\varepsilon > 0$ ein $\delta := \delta(\varepsilon) > 0$ gibt mit

$$f(x) \in U_\varepsilon(\eta) \quad \forall x \in \dot{U}_\delta(\xi).$$

Für einen endlichen Punkt ξ heißt das (siehe Fig. 83.1): Zu jedem $\varepsilon > 0$ gibt es ein $\delta > 0$, so daß aus

$$|x - \xi| < \delta, \quad x \in A \setminus \{\xi\}$$

folgt

$$|f(x) - \eta| < \varepsilon .$$

Man beachte: Ob und wie allenfalls f im Punkt ξ selbst definiert ist, bleibt beim Grenzübergang $x \to \xi$ vollständig unberücksichtigt.

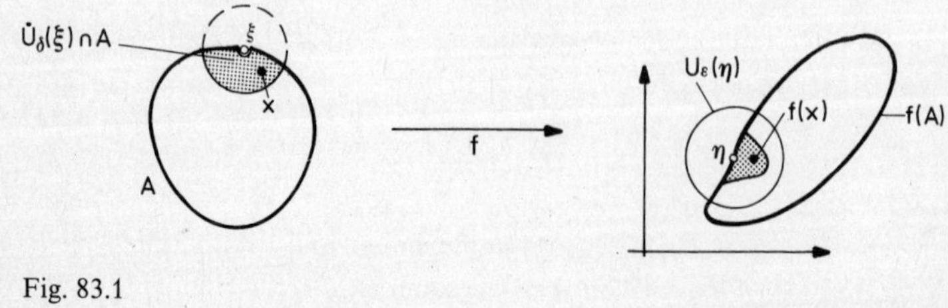

Fig. 83.1

(8.11) *Es gibt höchstens ein* $\eta \in \mathbb{X}$ *mit* $f(x) \to \eta$ $(x \to \xi)$.

⌜ Gilt gleichzeitig $f(x) \to \eta_1$ und $f(x) \to \eta_2$, so gibt es zu jedem $\varepsilon > 0$ ein $\delta_1 > 0$ mit

$$f(x) \in U_\varepsilon(\eta_1) \qquad \forall x \in \dot{U}_{\delta_1}(\xi)$$

und analog ein δ_2. Wir setzen $\delta := \min\{\delta_1, \delta_2\}$. Da ξ ein Häufungspunkt von A ist, gibt es ein $x \in \dot{U}_\delta(\xi) \cap A$, und für dieses x bestehen wegen $\delta \leqslant \delta_1, \delta_2$ die Relationen

$$|f(x) - \eta_1| < \varepsilon, \qquad |f(x) - \eta_2| < \varepsilon.$$

Somit ist $|\eta_1 - \eta_2| < 2\varepsilon$. Da $\varepsilon > 0$ beliebig war, muß $|\eta_1 - \eta_2| = 0$, d.h. $\eta_1 = \eta_2$ sein. ⌟

Hiernach ist der Grenzwert, falls vorhanden, durch f und ξ eindeutig bestimmt. Man bezeichnet ihn mit dem Symbol

$$\lim_{x \to \xi} f(x);$$

die Aussage (1) ist dann gleichbedeutend mit

$$\lim_{x \to \xi} f(x) = \eta.$$

④ $$\lim_{x \to \xi} c = c \qquad (c \text{ eine Konstante}),$$

$$\lim_{x \to \xi} x = \xi \qquad (\xi \neq \pm\infty). \quad \bigcirc$$

⑤ Es ist $\lim_{x \to 0} \sqrt{4+x} = 2$. — ⌜ Aus

$$\sqrt{4+x} - 2 = \frac{4+x-4}{\sqrt{4+x}+2}$$

folgt

$$|\sqrt{4+x} - 2| = \frac{|x|}{\sqrt{4+x}+2} \leqslant \frac{|x|}{2}.$$

Ist nun ein $\varepsilon > 0$ vorgegeben und $0 < |x| < 2\varepsilon =: \delta$, d.h. $x \in \dot{U}_\delta(0)$, so gilt $|\sqrt{4+x} - 2| < \varepsilon$, d.h. $\sqrt{4+x} \in U_\varepsilon(2)$. ⌟ ○

Beim Grenzübergang $x \to \infty$ ist es üblich, $1/\delta =: M$ zu setzen. Die Konvergenzbedingung lautet dann: Zu jedem $\varepsilon > 0$ gibt es ein $M > 0$, so daß aus $x > M$, $x \in A$ folgt

$$|f(x) - \eta| < \varepsilon.$$

⑥ Es ist $\lim_{x\to\infty} 1/x=0$. — ┌ Ist $\varepsilon>0$ vorgegeben und $x>1/\varepsilon$, so folgt $0<1/x<\varepsilon$, also $1/x\in U_\varepsilon(0)$. Somit genügt $M:=1/\varepsilon$. ┘ ○

⑦ Ist $f:\mathbb{N}\to\mathbb{X}$ eine Folge, so stimmt die obige Definition des $\lim_{x\to\infty} f(x)$ mit der früher gegebenen überein. ○

Stetigkeit und Grenzwert von Funktionen sind folgendermaßen miteinander verknüpft:

(8.12) *Die Funktion f ist genau dann stetig im Punkt $\xi\in A$, wenn gilt:*

(2) $$\lim_{x\to\xi} f(x)=f(\xi).$$

┌ Ist einerseits f im Punkt ξ stetig, so gibt es zu jedem $\varepsilon>0$ ein $\delta>0$ mit

(3) $$|f(x)-f(\xi)|<\varepsilon \qquad \forall x\in U_\delta(\xi).$$

A fortiori ist dann

(4) $$|f(x)-f(\xi)|<\varepsilon \qquad \forall x\in \dot{U}_\delta(\xi);$$

und dies beweist (2). — Gilt anderseits (2), so gibt es zu jedem $\varepsilon>0$ ein $\delta>0$ mit (4). Da diese Ungleichung für $x:=\xi$ trivialerweise zutrifft, folgt (3) und somit die Stetigkeit von f im Punkt ξ. ┘

⑧ Für jedes feste $n\in\mathbb{N}^*$ gilt

$$\lim_{x\to 1}\frac{x^n-1}{x-1}=n.$$

┌ Der hier betrachtete Ausdruck ist für $x=1$ undefiniert, für $x\neq 1$ besteht aber die Identität

$$\frac{x^n-1}{x-1}=1+x+\cdots+x^{n-1}=:\mathscr{p}(x).$$

Als Polynom ist $\mathscr{p}$ im Punkt 1 stetig; nach dem eben bewiesenen Satz gilt daher

$$\lim_{x\to 1}\frac{x^n-1}{x-1}=\lim_{x\to 1}\mathscr{p}(x)=\mathscr{p}(1)=n. \quad ┘ \quad ○$$

Für Grenzwerte von Funktionen besteht ebenfalls ein *Übertragungsprinzip*; die darin auftretenden Folgen **x** wollen wir wiederum als *Testfolgen* bezeichnen:

(8.13) *Die Aussage*

(5) $$\lim_{x\to\xi} f(x)=\eta$$

ist äquivalent mit der folgenden: Für jede gegen ξ konvergente Folge $\mathbf{x}:\mathbb{N}\to A\setminus\{\xi\}$ gilt:

(6) $$\lim_{n\to\infty} f(x_n)=\eta\,.$$

⌐ (Vgl. den Beweis von **(8.3)**.) Es sei (5) richtig, $\mathbf{x}$ eine Folge der beschriebenen Art und $\varepsilon>0$. Dann gibt es erstens ein $\delta>0$ mit

$$f(x)\in U_\varepsilon(\eta) \qquad \forall x\in \dot{U}_\delta(\xi)$$

und zweitens ein n_0 mit

$$x_n\in \dot{U}_\delta(\xi) \qquad \forall n>n_0\,;$$

somit gilt für alle $n>n_0: f(x_n)\in U_\varepsilon(\eta)$. Dies beweist (6). — Ist aber (5) falsch, so gibt es ein $\varepsilon_0>0$ ohne zugehöriges δ; insbesondere genügt keine der Zahlen $\delta:=1/n$. Es gibt daher für jedes $n\geqslant 1$ ein $x_n\in\dot{U}_{1/n}(\xi)$ mit $f(x_n)\notin U_{\varepsilon_0}(\eta)$. Die x_n bilden eine Folge der beschriebenen Art, aber die Funktionswerte $f(x_n)$ konvergieren nicht gegen η. ⌟

Das folgende *Cauchy-Kriterium für Funktionen* werden wir erst bei der Behandlung der uneigentlichen Integrale benötigen.

(8.14) *Der* $\lim_{x\to\xi} f(x)$ *existiert genau dann, wenn es zu jedem $\varepsilon>0$ ein $\delta>0$ gibt, so daß gilt:*

(7) $$|f(x)-f(y)|<\varepsilon \qquad \forall x,y\in\dot{U}_\delta(\xi)\,.$$

⌐ Ist $\lim_{x\to\xi} f(x)=\eta$, so gibt es zu jedem $\varepsilon>0$ ein $\delta>0$ mit

$$|f(x)-\eta|<\frac{\varepsilon}{2} \qquad \forall x\in\dot{U}_\delta(\xi)\,.$$

Somit gilt für alle $x,y\in\dot{U}_\delta(\xi)$:

$$|f(x)-f(y)|\leqslant|f(x)-\eta|+|\eta-f(y)|<\frac{\varepsilon}{2}+\frac{\varepsilon}{2}=\varepsilon\,.$$

Es sei umgekehrt die „Cauchy-Bedingung" erfüllt, und es seien (x_n), (y_n) zwei Testfolgen. Bilden wir die Folge

$$(z_n) := (x_0, y_0, x_1, y_1, x_2, y_2, \ldots),$$

so gilt offenbar auch $z_n \to \xi$ $(n \to \infty)$. Zu jedem $\varepsilon > 0$ gibt es nun erstens ein $\delta > 0$ mit (7); zweitens gibt es ein n_0 mit $z_n \in \dot{U}_\delta(\xi)$ $\forall n > n_0$. Somit hat man

$$|f(z_n) - f(z_m)| < \varepsilon \qquad \forall m, n > n_0,$$

d.h. $(f(z_n))$ ist eine Cauchy-Folge in $\mathbb{X}$. Nach Satz **(6.25)** existiert daher der Grenzwert $\lim\limits_{n \to \infty} f(z_n) =: \eta$, und wegen Satz **(6.5)** ist dann auch $\lim\limits_{n \to \infty} f(x_n) = \lim\limits_{n \to \infty} f(y_n) = \eta$.

Damit haben wir gezeigt: Für jede Testfolge (x_n) existiert der $\lim\limits_{n \to \infty} f(x_n)$, und dieser Grenzwert ist für alle Testfolgen derselbe. Nach dem Übertragungsprinzip **(8.13)** gilt somit $\lim\limits_{x \to \xi} f(x) = \eta$. ⌟

84. Rechnen mit Grenzwerten

Die nachstehenden Rechenregeln für Grenzwerte von Funktionen $f: A \to \mathbb{X}$ ergeben sich mit Hilfe des Übertragungsprinzips **(8.13)** aus den entsprechenden Regeln für Folgen (siehe Abschnitt 64), sie lassen sich aber auch direkt beweisen.

(8.15) (a) $\lim\limits_{x \to \xi} f(x) = 0 \Leftrightarrow \lim\limits_{x \to \xi} |f(x)| = 0$.

(b) *Aus*

$$|f(x)| \leqslant r(x) \qquad \forall x \in \dot{U}_\delta(\xi)$$

und $\lim\limits_{x \to \xi} r(x) = 0$ *folgt* $\lim\limits_{x \to \xi} f(x) = 0$.

(c) *Gilt* $\lim\limits_{x \to \xi} f(x) = \alpha$ *und* $\lim\limits_{x \to \xi} g(x) = \beta$, *so ist*

$$\lim_{x \to \xi} |f(x)| = |\alpha|, \qquad \lim_{x \to \xi} (f(x) + g(x)) = \alpha + \beta, \qquad \lim_{x \to \xi} (f(x) * g(x)) = \alpha * \beta;$$

dabei bezeichnet $*$ *irgendeines der in der Regel* **(6.13)** *genannten Produkte. Ferner gilt*

(1) $$\lim_{x \to \xi} \frac{f(x)}{g(x)} = \frac{\alpha}{\beta} \qquad (\beta \neq 0).$$

(d) *Ist überdies*

$$f(x) \leqslant g(x) \qquad \forall x \in \dot{U}_\delta(\xi),$$

so gilt auch $\alpha \leqslant \beta$.

(e) *Gilt*

$$f_1(x) \leqslant g(x) \leqslant f_2(x) \qquad \forall x \in \dot{U}_\delta(\xi),$$

und ist $\lim_{x\to\xi} f_1(x) = \lim_{x\to\xi} f_2(x) = \alpha$, *so existiert auch der* $\lim_{x\to\xi} g(x)$ *und hat ebenfalls den Wert* α.

⌜ Wir beweisen z. B. (1) und verifizieren zunächst, daß ξ auch Häufungspunkt von $\mathscr{D}(f/g) =: A'$ ist: Sonst gäbe es nämlich ein $\delta_0 > 0$ mit

$$g(x) = 0 \qquad \forall x \in \dot{U}_{\delta_0}(\xi),$$

und dies widerspricht der Voraussetzung $\beta \neq 0$. — Sei jetzt (x_n) eine Testfolge in $A' \subset A$, dann gilt nach **(8.13)**:

$$f(x_n) \to \alpha, \qquad g(x_n) \to \beta \neq 0 \qquad (n \to \infty),$$

aus **(6.13)**/**(6.14)** folgt somit

$$f(x_n)/g(x_n) \to \alpha/\beta \qquad (n \to \infty).$$

Da dies für jede Testfolge (x_n) zutrifft, ergibt sich, wiederum nach **(8.13)**: $f(x)/g(x) \to \alpha/\beta \ (x \to \xi)$. ⌟

① Der $\lim_{x\to 0} \sin 1/x$ existiert nicht: Für die durch

$$x_n := \frac{1}{\pi(n+\frac{1}{2})}$$

gegebene Testfolge (x_n) divergiert die zugehörige Folge der Funktionswerte, denn es ist $\sin 1/x_n = (-1)^n$. — Hingegen ist $\lim_{x\to 0} (x \sin 1/x) = 0$; dies folgt aus der Abschätzung

$$\left| x \sin \frac{1}{x} \right| \leqslant |x| \qquad \forall x \neq 0$$

und $\lim_{x\to 0} |x| = 0$. ○

Als Analogon zum Satz **(8.7)** über die Stetigkeit von zusammengesetzten Funktionen beweisen wir einen Satz über „ineinandergeschachtelte" Grenzwerte:

(8.16) *Besitzen die Funktionen* $f: A \to B$ *und* $g: B \to C$ *die Grenzwerte*

$$\lim_{x \to \xi} f(x) = \eta, \qquad \lim_{y \to \eta} g(y) \quad (=: \zeta)$$

und ist (a) $f(x) \neq \eta \ \forall x$ *oder* (b) *g stetig im Punkt* η, *so gilt*

$$\lim_{x \to \xi} g(f(x)) = \lim_{y \to \eta} g(y).$$

⌈ Die im folgenden eingeklammerte Variante bezieht sich auf den Fall (b). — Zu jedem $\varepsilon > 0$ gibt es erstens ein $\varepsilon' > 0$ mit

$$g(y) \in U_\varepsilon(\zeta) \qquad \forall y \in \dot{U}_{\varepsilon'}(\eta) \qquad [\forall y \in U_{\varepsilon'}(\eta)]$$

und zweitens ein $\delta > 0$ mit

$$f(x) \in \dot{U}_{\varepsilon'}(\eta) \qquad [f(x) \in U_{\varepsilon'}(\eta)] \qquad \forall x \in \dot{U}_\delta(\xi).$$

Somit ist in beiden Fällen

$$g(f(x)) \in U_\varepsilon(\zeta) \qquad \forall x \in \dot{U}_\delta(\xi). \quad ⌋$$

② Es gilt

$$\lim_{x \to \infty} x\left[\left(1 + \frac{1}{x}\right)^n - 1\right] = n.$$

⌈ Für alle $x \neq 0$ ist

$$x\left[\left(1 + \frac{1}{x}\right)^n - 1\right] = \frac{\left(1 + \frac{1}{x}\right)^n - 1}{\left(1 + \frac{1}{x}\right) - 1}.$$

Nun gilt einerseits

$$\lim_{x \to \infty} \left(1 + \frac{1}{x}\right) = 1, \qquad 1 + \frac{1}{x} \neq 1 \qquad \forall x > 0;$$

anderseits wurde in Beispiel 83.⑧ gezeigt:

$$\lim_{y \to 1} \frac{y^n - 1}{y - 1} = n. \quad ⌋ \quad ○$$

③ Es ist $\lim_{x\to 0}\sqrt{4+x\sin 1/x}=2$. — ⌜ Erstens gilt (Beispiel ①) $\lim_{x\to 0} x\sin 1/x=0$, zweitens (Beispiel 83.⑤) $\lim_{y\to 0}\sqrt{4+y}=2$. Die Funktion $g(y):=\sqrt{4+y}$ ist somit im Nullpunkt stetig, und es folgt $\lim_{x\to 0}\sqrt{4+x\sin 1/x}=g(0)=2$. ⌟ ○

(8.17) (a) $\lim_{z\to 0}\frac{\exp z-1}{z}=1$.

(b) *Die Exponentialfunktion ist auf ganz* $\mathbb{C}$ *stetig.*

⌜ Beim Beweis der ersten Behauptung dürfen wir von vorneherein $|z|<1$ annehmen. Aus

$$\exp z=1+z+\frac{z^2}{2}+\frac{z^3}{6}+\cdots$$

folgt zunächst

$$\frac{\exp z-1}{z}=1+\frac{z}{2}+\frac{z^2}{6}+\cdots=:1+R(z).$$

Für $R(z)$ gilt weiter die Abschätzung

$$\begin{aligned}|R(z)| &\leqslant \frac{|z|}{2}+\frac{|z|^2}{6}+\frac{|z|^3}{24}+\cdots\\ &\leqslant \frac{|z|}{2}(1+|z|+|z|^2+\cdots)\\ &=\frac{|z|}{2(1-|z|)}.\end{aligned}$$

Hier strebt die rechte Seite mit $z\to 0$ gegen 0, somit ist auch $\lim_{z\to 0}R(z)=0$, und (a) ist bewiesen.

Wir betrachten jetzt ein festes $z_0\in\mathbb{C}$. Nach **(7.21)** gilt für alle $z\in\mathbb{C}$:

$$\begin{aligned}\exp z &= \exp z_0\cdot\exp(z-z_0)\\ &=\exp z_0+\exp z_0(\exp(z-z_0)-1)\\ &=\exp z_0+\exp z_0\frac{\exp(z-z_0)-1}{z-z_0}(z-z_0).\end{aligned}$$

Nach **(8.16)** und (a) strebt der Bruch rechter Hand mit $z \to z_0$ gegen 1, und es folgt

$$\lim_{z \to z_0} \exp z = \exp z_0 .$$

Da $z_0 \in \mathbb{C}$ beliebig war, beweist dies wegen **(8.12)** die Behauptung (b). ⌟

85. Einseitige Grenzwerte. Uneigentliche Grenzwerte

Es sei $A \subset \mathbb{R}$, und A enthalte das Intervall $]\xi, \xi + h[$, $h > 0$. Dann besitzt $f: A \to \mathbb{X}$ im Punkt ξ den *rechtsseitigen Grenzwert* η, in Zeichen

$$f(x) \to \eta \ (x \to \xi +), \qquad \lim_{x \to \xi +} f(x) = \eta, \qquad f(\xi +) = \eta ,$$

wenn es zu jedem $\varepsilon > 0$ ein $\delta > 0$ gibt mit

$$|f(x) - \eta| < \varepsilon \qquad \forall x \in]\xi, \xi + \delta[.$$

Es ist also der rechtsseitige Grenzwert von f im Punkt ξ gleich dem Grenzwert der Einschränkung von f auf das Intervall $]\xi, \xi + h[$. — Analog wird der *linksseitige Grenzwert* von f im Punkt ξ definiert.

① Der $\lim_{x \to 0} \operatorname{sgn} x$ existiert nicht, aber es ist

$$\lim_{x \to 0+} \operatorname{sgn} x = 1, \qquad \lim_{x \to 0-} \operatorname{sgn} x = -1 . \quad ○$$

Aus **(8.8)** und **(8.12)** folgt sofort:

(8.18) *Die Funktion* $f:]\xi - h, \xi + h[\to \mathbb{X}$ *ist im Punkt* ξ *genau dann stetig, wenn gilt:*

$$\lim_{x \to \xi -} f(x) = \lim_{x \to \xi +} f(x) = f(\xi) .$$

Existieren die Grenzwerte $f(\xi -)$ und $f(\xi +)$ und sind sie verschieden, so besitzt f im Punkt ξ eine *Sprungstelle.*

Wie bei Zahlfolgen läßt sich bei reellwertigen Funktionen der Begriff der *uneigentlichen Konvergenz* einführen. Die Funktion $f: A \to \mathbb{R}$ *besitzt im Punkt* ξ *den uneigentlichen Grenzwert* ∞, wenn es zu jedem $\varepsilon > 0$ ein $\delta > 0$ gibt mit

$$f(x) \in U_\varepsilon(\infty) \qquad \forall x \in \dot{U}_\delta(\xi) .$$

Setzt man wiederum $1/\varepsilon =: M$, so heißt das: $\lim_{x\to\xi} f(x)=\infty$, wenn es zu jedem $M>0$ ein $\delta>0$ gibt mit

$$f(x)>M \qquad \forall x\in \dot{U}_\delta(\xi).$$

Analog wird für $-\infty$ definiert. An der früher getroffenen Vereinbarung halten wir fest: Wenn irgendwo ∞ oder $-\infty$ als Grenzwerte zugelassen sind, so wird das an der betreffenden Stelle ausdrücklich angegeben.

Die Sätze **(8.11)**, **(8.13)** und **(8.16)**, die alle von der Konvergenz „an sich" handeln, lassen sich, z.T. mit geringfügiger Modifizierung der Beweise, auf die hier betrachtete Situation übertragen. Anders ist es mit den Rechenregeln. Es gilt:

(8.19) (a) $\lim_{x\to\xi} f(x)=\infty, \quad g(x)\geqslant C \quad \forall x \Rightarrow \lim_{x\to\xi}(f(x)+g(x))=\infty,$

(b) $\lim_{x\to\xi} f(x)=\infty, \quad g(x)\geqslant C>0 \quad \forall x \Rightarrow \lim_{x\to\xi}(f(x)g(x))=\infty,$

(c) $\lim_{x\to\xi} |f(x)|=\infty \Rightarrow \lim_{x\to\xi}\frac{1}{f(x)}=0,$

(d) $\lim_{x\to\xi} f(x)=0, \quad f(x)>0 \quad \forall x \Rightarrow \lim_{x\to\xi}\frac{1}{f(x)}=\infty.$

Der Beweis stützt sich auf die Regeln **(6.26)** für Folgen und auf das Übertragungsprinzip **(8.13)**; wir überlassen die Details dem Leser.

② $$\lim_{x\to 0+}\frac{1}{x}=\infty, \qquad \lim_{x\to 0-}\frac{1}{x}=-\infty. \quad ○$$

③ $\lim_{x\to\infty}\sqrt{x}=\infty$. — ⌜ Ist $M>0$ vorgegeben und $x>M^2$ (d.h. $x\in\dot{U}_{1/M^2}(\infty)$), so gilt $\sqrt{x}>M$. ⌟ ○

86. Satz vom Maximum

Eine Teilmenge A von $\mathbb{X}$ heißt *abgeschlossen*, wenn jeder Häufungspunkt von A zu A gehört.

① Ein abgeschlossenes Intervall $[a,b]$ oder $[a,\infty[$ ist abgeschlossen; die Menge $\{1/n \mid n\in\mathbb{N}^*\}$ ist nicht abgeschlossen. ○

Zum Nachweis der Abgeschlossenheit einer gegebenen Menge dienen die beiden folgenden Sätze sowie Satz **(8.25)**:

(8.20) *Ist $f: \mathbb{X} \to \mathbb{R}$ eine stetige Funktion, so sind die Mengen*

$$A := \{x \in \mathbb{X} \mid f(x) \geqslant 0\}, \qquad B := \{x \in \mathbb{X} \mid f(x) = 0\}$$

abgeschlossen.

⌜ Ist $\xi \notin A$, so gilt $f(\xi) < 0$; nach Satz **(8.1)** gibt es somit eine Umgebung $U_\delta(\xi)$ mit

$$f(x) < 0 \qquad \forall x \in U_\delta(\xi).$$

Da hiernach $U_\delta(\xi)$ keine Punkte von A enthält, kann ξ nicht Häufungspunkt von A sein. — Eine ähnliche Überlegung, mit $|f|$ anstelle von f, beweist die Abgeschlossenheit der Menge B. ⌟

② Die *p-dimensionale Einheitssphäre*, kurz: *p-Sphäre*

$$S^p := \{x \in \mathbb{R}^{p+1} \,\big|\, |\mathbf{x}| = 1\}$$

ist durch die Gleichung $x_1^2 + \cdots + x_{p+1}^2 - 1 = 0$ definiert, deren linke Seite eine in ganz $\mathbb{R}^{p+1}$ stetige Funktion darstellt. Somit ist S^p abgeschlossen. ○

(8.21) *Sind A und B abgeschlossen, so sind auch $A \cap B$ und $A \cup B$ abgeschlossen.*

⌜ Ist ξ ein Häufungspunkt von $A \cap B$, so liegt in jedem $\dot{U}_\delta(\xi)$ ein Punkt von $A \cap B$. Somit ist ξ ein Häufungspunkt sowohl von A als auch von B; nach Voraussetzung über A und B folgt $\xi \in A \cap B$. — Ist $\xi \notin A \cup B$, so ist ξ weder in A noch in B. Nach Voraussetzung über A und B gibt es daher ein $\dot{U}_{\delta_1}(\xi)$, das keine Punkte von A, und ein $\dot{U}_{\delta_2}(\xi)$, das keine Punkte von B enthält. Setzt man jetzt $\delta := \min\{\delta_1, \delta_2\}$, so schneidet $\dot{U}_\delta(\xi)$ die Menge $A \cup B$ nicht; folglich kann ξ nicht Häufungspunkt von $A \cup B$ sein. ⌟

③ Der *p-dimensionale Einheitswürfel*

$$I^p := \{\mathbf{x} \in \mathbb{R}^p \mid 0 \leqslant x_i \leqslant 1 \ \ (1 \leqslant i \leqslant p)\}$$

ist Durchschnitt von $2p$ nach Satz **(8.20)** abgeschlossenen Halbräumen, also selber abgeschlossen. ○

Eine abgeschlossene und beschränkte Teilmenge von $\mathbb{X}$ heißt *kompakt.*

(8.22) *Ist A kompakt, so besitzt jede Punktfolge (x_n) in A einen Häufungspunkt $\xi \in A$.*

⌜ Eine Folge (x_n) in A ist notwendigerweise beschränkt und besitzt daher nach dem Satz von Bolzano-Weierstraß **(6.22)** einen Häufungspunkt $\xi \in \mathbb{X}$. Ist dabei ein $x_n=\xi$, so folgt trivialerweise $\xi\in A$; sind aber alle $x_n\neq\xi$, so gibt es zu jedem $\varepsilon>0$ ein $x_n\in\dot{U}_\varepsilon(\xi)\cap A$. Somit ist ξ Häufungspunkt der Menge A, und wegen der Abgeschlossenheit von A folgt $\xi\in A$. $\lrcorner$

Nach diesen Vorbereitungen können wir nun einige fundamentale Sätze über stetige Funktionen behandeln. Wir beginnen mit dem *Satz vom Maximum.* Die Funktion $f: A\to\mathbb{R}$ *nimmt im Punkt* $\xi\in A$ *ein (globales) Maximum an*, wenn gilt:

$$f(\xi)\geqslant f(x) \quad \forall x\in A,$$

und ein *(globales) Minimum*, wenn gilt:

$$f(\xi)\leqslant f(x) \quad \forall x\in A.$$

Für „Maximum oder Minimum" sagen wir kurz *Extremum.*

(8.23) *Ist A kompakt und $f: A\to\mathbb{R}$ stetig, so nimmt f auf A ein globales Maximum und ein globales Minimum an.*

$\ulcorner$ Setzen wir

$$\tau := \sup\{f(x)\,|\,x\in A\}\leqslant\infty,$$

so gibt es zu jedem $n\in\mathbb{N}^*$ ein $x_n\in A$ mit

$$\tau-\frac{1}{n}<f(x_n)\leqslant\tau \qquad (\tau<\infty),$$

bzw. mit

$$f(x_n)>n \qquad (\tau=\infty),$$

also in beiden Fällen ein $x_n\in A$ mit $f(x_n)\in U_{1/n}(\tau)$. Für die so konstruierte Folge (x_n) gilt daher

(1) $$\lim_{n\to\infty} f(x_n)=\tau \qquad (\leqslant\infty).$$

Zweitens besitzt die Folge (x_n) nach Satz **(8.22)** einen Häufungspunkt $\xi\in A$ und somit nach Satz **(6.6)** eine gegen ξ konvergente Teilfolge (x_{n_k}). Da f im Punkt ξ stetig ist, ergibt sich

$$\lim_{k\to\infty} f(x_{n_k})=f(\xi),$$

zusammen mit (1) und Satz **(6.5)** daher

$$f(\xi)=\tau;$$

insbesondere ist damit der Fall $\tau=\infty$ ausgeschlossen. Nach Definition von τ ist jetzt f im Punkt $\xi\in A$ maximal. — Analog schließt man für das Minimum. ⌟

Satz **(8.23)** sagt nichts darüber aus, wie man den oder die Punkte ξ findet, in denen f maximal wird. Diese Aufgabe wird später noch ausführlich behandelt werden (siehe die Abschnitte 104, 206 und 224ff.).

④ (Fig. 86.1). Die stetige Funktion $f(x):=x\cos x$ nimmt auf $[0,\infty[$ weder ein Maximum noch ein Minimum an: Die Menge $[0,\infty[$ ist nicht beschränkt. ○

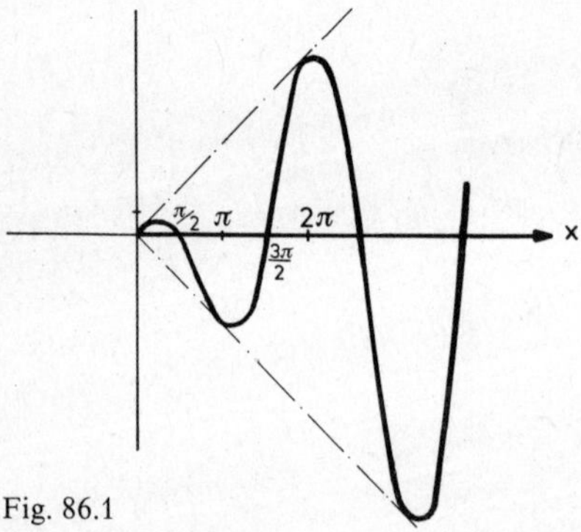

Fig. 86.1

⑤ (Fig. 86.2). Die stetige Funktion $f(x):=x^2$ nimmt auf $]0,1[$ weder ein Maximum noch ein Minimum an: Die Menge $]0,1[$ ist nicht abgeschlossen. ○

⑥ (Fig. 86.3). Die Funktion

$$f(x):=\begin{cases}|x| & (x\neq 0)\\ 1 & (x=0)\end{cases}$$

nimmt auf $[-1,1]$ kein Minimum an: f ist nicht stetig. ○

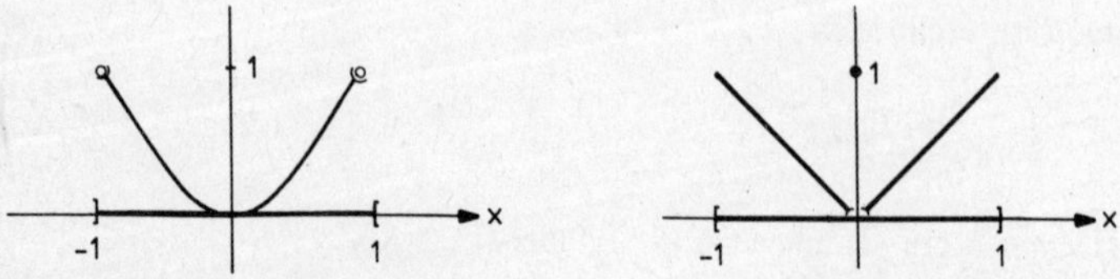

Fig. 86.2—3

Als Korollar von Satz **(8.23)** ergibt sich:

(8.24) *Ist A kompakt und $f: A \to \mathbb{X}$ stetig, so ist f beschränkt.*

⌈ Mit f ist auch die reellwertige Funktion $|f|$ stetig, und es gilt für alle $y \in A$:

$$|f(y)| \leqslant R := \max\{|f(x)| \mid x \in A\}. \quad \lrcorner$$

Wir werden später noch den folgenden Satz benötigen:

(8.25) *Ist A kompakt und $f: A \to \mathbb{X}$ stetig, so ist die Bildmenge $f(A)$ ebenfalls kompakt.*

⌈ Wegen **(8.24)** müssen wir nur noch zeigen, daß $f(A)$ abgeschlossen ist. Es sei daher η ein Häufungspunkt von $f(A)$. Die Funktion

$$\varphi(x) := |f(x) - \eta|$$

ist reellwertig und als Zusammensetzung von stetigen Funktionen wiederum stetig. Somit nimmt φ auf A ein Minimum $\delta \geqslant 0$ an. Wäre $\delta > 0$, so enthielte $U_\delta(\eta)$ keine Punkte von $f(A)$, gegen die Voraussetzung. Es gibt also einen Punkt $\xi \in A$ mit $\varphi(\xi) = 0$, d.h. $f(\xi) = \eta$, und η ist in der Tat ein Element von $f(A)$. ⌋

⑦ Als nichttriviale Anwendung von Satz **(8.23)** bringen wir hier einen Beweis des Fundamentalsatzes der Algebra **(5.5)**. — ⌈ Es sei

$$p(z) := z^n + a_{n-1} z^{n-1} + \cdots + a_1 z + a_0$$

ein Polynom vom genauen Grad $n \geqslant 2$ und

$$R := 1 + |a_{n-1}| + \cdots + |a_1| + |a_0|$$

die Betragssumme seiner Koeffizienten. Wir zeigen, daß p im Innern des Kreises $|z| = R$ wenigstens eine Nullstelle besitzt, indem wir das Minimum des absoluten Betrages von p untersuchen.

Die stetige Funktion $|p|$ nimmt auf der kompakten Menge $K := \{z \mid |z| \leqslant R\}$ ein globales Minimum an. Auf der Kreislinie $|z| = R$ gilt nach der Dreiecksungleichung und wegen $R \geqslant 1$, $n \geqslant 2$ durchwegs

$$\begin{aligned} |p(z)| &\geqslant |z|^n - |a_{n-1}||z|^{n-1} - \cdots - |a_1||z| - |a_0| \\ &\geqslant R^n - (|a_{n-1}| + \cdots + |a_1| + |a_0|) R^{n-1} \\ &= R^n - (R-1) R^{n-1} = R^{n-1} \geqslant R; \end{aligned}$$

wegen $|p(0)|=|a_0|<R$ wird daher das besagte Minimum im *Innern* von K angenommen, etwa an der Stelle z_0. Dieses z_0 ist nun in Wirklichkeit eine Nullstelle von p. Wir zeigen nämlich: Ist $p(z_0)\neq 0$, so gibt es Punkte $z\in K$, in denen $|p(z)|<|p(z_0)|$ ist, entgegen der Annahme über z_0.

Zur Vereinfachung der Rechnung machen wir den Punkt z_0 zum Ursprung eines neuen Koordinatensystems (neue Variable: ζ) und betrachten anstelle von p das Polynom

(2) $$q(\zeta):=\frac{1}{p(z_0)}\,p(z_0+\zeta).$$

Ordnen wir das Polynom q nach aufsteigenden Potenzen von ζ, so ergibt sich

$$q(\zeta)=1+b\zeta^k+\zeta^{k+1}r(\zeta);$$

hier ist b der erste nicht verschwindende Koeffizient nach der 1. Nach Satz **(9.24)**, den wir hier vorwegnehmen dürfen, gibt es ein ζ_0 mit

(3) $$\zeta_0^k=-\frac{1}{b}.$$

Wir betrachten nun das Polynom q an der Stelle $\zeta:=t\zeta_0$, wobei wir uns die Wahl des reellen Parameters t noch vorbehalten, immerhin aber

(4) (a) $0<t<1$, (b) $t|\zeta_0|<R-|z_0|$

voraussetzen. Wegen (3) ergibt sich

$$\begin{aligned} q(t\zeta_0)&=1+bt^k\zeta_0^k+t^{k+1}\zeta_0^{k+1}r(t\zeta_0)\\ &=1-t^k+t^{k+1}\zeta_0^{k+1}r(t\zeta_0)\end{aligned}$$

und folglich

$$\begin{aligned} |q(t\zeta_0)|&\leqslant(1-t^k)+t^{k+1}|\zeta_0^{k+1}r(t\zeta_0)|\\ &=1-t^k(1-t|\zeta_0^{k+1}r(t\zeta_0)|),\end{aligned}$$

wobei wir stillschweigend (4)(a) benützt haben. Wegen $\lim_{t\to 0}t|\zeta_0^{k+1}r(t\zeta_0)|=0$ ist hier die Klammer rechter Hand für alle hinreichend kleinen t positiv. Wir können daher innerhalb der Grenzen (4) ein t so wählen, daß $|q(t\zeta_0)|<1$ wird. Wegen (4)(b) liegt dann der Punkt $z:=z_0+t\zeta_0$ in K, und es folgt mit (2):

$$|p(z)|=|p(z_0+t\zeta_0)|=|p(z_0)|\,|q(t\zeta_0)|<|p(z_0)|,$$

wie angekündigt. ┘ ○

87. Gleichmäßige Stetigkeit

Die Funktion $f: A \to \mathbb{X}$ heißt *gleichmäßig stetig auf* A, wenn es zu jedem $\varepsilon > 0$ ein $\delta := \delta(\varepsilon) > 0$ gibt, so daß aus

$$|x-y| < \delta, \quad x, y \in A$$

folgt

$$|f(x) - f(y)| < \varepsilon .$$

Im Unterschied zur gewöhnlichen Stetigkeit muß also hier das $\delta(\varepsilon)$ nicht nur für *einen* Punkt $\xi \in A$ genügen, sondern für *alle* Punkte $y \in A$ *gleichzeitig*.

① Die Funktion $f(x) := x^2$ ist auf dem Intervall $[-1, 1]$ gleichmäßig stetig. Es gilt nämlich

$$|x^2 - y^2| = |x+y| \cdot |x-y| \leqslant (|x| + |y|)|x-y| \leqslant 2|x-y| ;$$

und die rechte Seite ist $<\varepsilon$, sobald $|x-y| < \varepsilon/2 =: \delta$. ○

② (Fig. 87.1). Die Funktion $f(x) := 1/x$ ist auf dem Intervall $]0, 1]$ stetig, aber nicht gleichmäßig stetig. — ⌜ Wir zeigen: Es gibt kein $\delta > 0$, das für $\varepsilon := 1$ genügt. Betrachtet man nämlich für ein beliebiges $\delta \in]0, 1]$ die beiden Punkte $x := \delta/(1+\delta)$ und $y := \delta$, so gilt $0 < x < y = \delta \leqslant 1$ und somit

$$|x-y| < \delta, \quad x, y \in]0, 1] ,$$

während

$$|f(x) - f(y)| = \frac{1}{x} - \frac{1}{y} = \frac{1+\delta}{\delta} - \frac{1}{\delta} = 1$$

ist. ⌟ ○

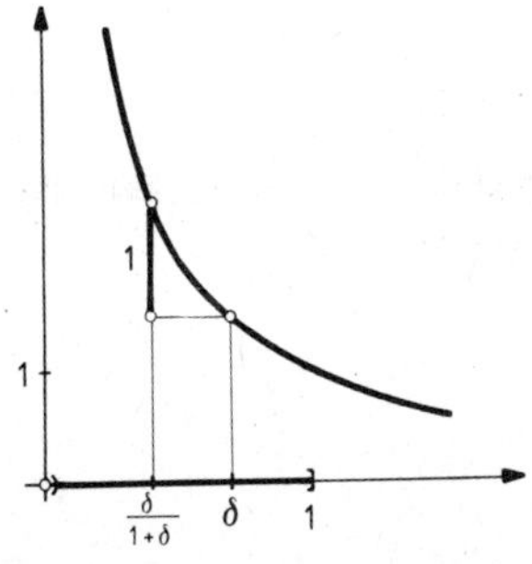

Fig. 87.1

(8.26) *Eine quasikontrahierende Abbildung ist gleichmäßig stetig.*

⌐ Ist C eine Lipschitz-Konstante der betrachteten Abbildung, so genügt offenbar $\delta(\varepsilon):=\varepsilon/C$. ⌋

(8.27) *Ist die Funktion $f: A \to \mathbb{X}$ stetig und A kompakt, so ist f gleichmäßig stetig auf A.*

⌐ Ist f nicht gleichmäßig stetig, so gibt es ein $\varepsilon_0 > 0$ ohne zugehöriges $\delta > 0$. Es lassen sich dann zu jedem $n \in \mathbb{N}^*$ zwei Punkte $x_n, y_n \in A$ finden mit

(1) $$|x_n - y_n| < \frac{1}{n},$$

aber

(2) $$|f(x_n) - f(y_n)| \geqslant \varepsilon_0 .$$

Nach Satz **(8.22)** besitzt die Folge (x_n) einen Häufungspunkt $\xi \in A$ und somit eine gegen ξ konvergente Teilfolge (x_{n_k}). Wegen (1) ist dann auch $\lim\limits_{k\to\infty} y_{n_k} = \xi$. Da f insbesondere im Punkt ξ stetig ist, folgt

$$f(x_{n_k}) \to f(\xi), \qquad f(y_{n_k}) \to f(\xi) \qquad (k \to \infty)$$

und hieraus $|f(x_{n_k}) - f(y_{n_k})| \to 0$, im Widerspruch zu (2). ⌋

88. Zwischenwertsatz

Es folgen einige Sätze über reelle Funktionen. Im ganzen Rest dieses Kapitels bezeichnet I ein beliebiges nichtleeres Intervall,

$$I := (a,b), \qquad -\infty \leqslant a < b \leqslant \infty,$$

wobei wir durch runde Klammern ausdrücken, daß I offen, halboffen oder abgeschlossen sein kann; natürlich ist jedenfalls $\pm\infty \notin I$.

(8.28) *Es sei $f: I \to \mathbb{R}$ eine stetige Funktion und*

(1) $$\inf\{f(x) \mid x \in I\} =: \alpha \quad (\geqslant -\infty), \qquad \sup\{f(x) \mid x \in I\} =: \beta \quad (\leqslant \infty).$$

Dann nimmt f jeden Wert $\eta \in]\alpha, \beta[$ wenigstens einmal an.

⌈ Aus $\alpha<\eta<\beta$ und der Definition von α und β folgt die Existenz von zwei Punkten $a', b' \in I$ mit $f(a')<\eta<f(b')$; wir können ohne Beschränkung der Allgemeinheit $a'<b'$ annehmen. Satz **(8.28)** läßt sich demnach auf den folgenden Spezialfall *(Zwischenwertsatz von Bolzano)* zurückführen:

(8.29) *Ist* $f:[a,b]\to\mathbb{R}$ *stetig und* $f(a)<0<f(b)$, *so besitzt* f *in* $]a,b[$ *wenigstens eine Nullstelle.*

⌈ (Siehe die Fig. 88.1.) Die Funktion f kann in $]a, b[$ mehrere Nullstellen haben; wir suchen die am weitesten rechts liegende zu fassen. Hierzu betrachten wir die Menge

$$K := \{x \in [a,b] \mid f(x) \leqslant 0\};$$

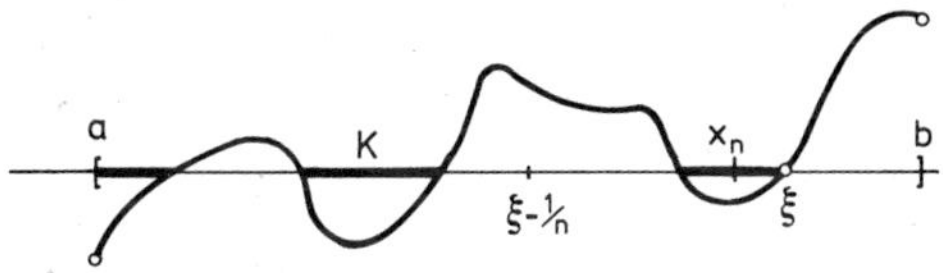

Fig. 88.1

sie enthält den Punkt a und ist nach oben beschränkt durch b, folglich existiert das $\sup K =: \xi$. Nach **(2.4)** gibt es zu jedem $n \in \mathbb{N}^*$ ein $x_n \in K$ mit

$$\xi - \frac{1}{n} < x_n \leqslant \xi,$$

und es gilt dann $\lim_{n\to\infty} x_n = \xi$. Nun ist $f(x_n) \leqslant 0 \ \forall n$ und somit auch

$$f(\xi) = \lim_{n\to\infty} f(x_n) \leqslant 0;$$

dabei haben wir **(8.3)** und **(6.15)** benutzt. Insbesondere ist daher $\xi<b$. Anderseits ist

$$f(x)>0 \qquad \forall x \in]\xi, b],$$

somit ist nach **(8.18)** und **(8.15)** (d) auch

$$f(\xi)=\lim_{x\to\xi+} f(x)\geqslant 0\,.$$

Zusammen ergibt sich hiermit $f(\xi)=0$. ⌟⌟

① Jedes Polynom ungeraden Grades

$$p(x):=x^{2m+1}+a_{2m}x^{2m}+\cdots+a_1x+a_0$$

besitzt wenigstens eine reelle Nullstelle. — ⌜ Für alle $x\neq 0$ gilt nämlich

$$p(x)=x^{2m+1}\left(1+\frac{a_{2m}}{x}+\cdots+\frac{a_0}{x^{2m+1}}\right).$$

Hier strebt die Klammer mit $x\to\pm\infty$ gegen 1, aus den Regeln **(8.19)** folgt somit

$$\lim_{x\to-\infty} p(x)=-\infty\,,\qquad \lim_{x\to\infty} p(x)=\infty\,.$$

Hiernach gilt (mit den Bezeichnungen (1)):

$$\alpha=-\infty\,,\qquad \beta=\infty\,.$$ ⌟ ○

89. Monotone Funktionen

Die Funktion $f\colon I\to\mathbb{R}$ heißt *monoton wachsend*, wenn aus $x,y\in I$ und $x<y$ folgt $f(x)\leqslant f(y)$; f heißt *streng* oder *eigentlich monoton wachsend*, wenn aus $x,y\in I$ und $x<y$ folgt $f(x)<f(y)$. Analoge Festsetzungen gelten für *monoton fallende* Funktionen.

① Die Funktion $f(x):=x^n$, $n\geqslant 1$, ist auf $[0,\infty[$ streng monoton wachsend, wie in Beispiel 65.② gezeigt wurde. — Die Funktion $f(x):=1/x$ ist auf $]0,\infty[$ streng monoton fallend, denn aus $0<x<y$ folgt $1/x>1/y$. ○

② Sind f und g monoton und ist $f\circ g$ definiert, so ist auch $f\circ g$ monoton. ○

(8.30) *Ist f auf $I:=(a,b)$ monoton wachsend, so existiert der eigentliche oder uneigentliche Grenzwert $\lim_{x\to b-} f(x)$, und zwar gilt*

(1) $$\lim_{x\to b-} f(x)=\sup\{f(x)\mid x\in\,]a,b[\}\,.$$

⌜ Wir bezeichnen die rechte Seite von (1) mit β und nehmen an, daß b und β beide endlich sind. — Zu jedem $\varepsilon>0$ gibt es ein $x_0\in]a,b[$ mit

$$f(x_0)>\beta-\varepsilon.$$

Da f monoton wächst, folgt hieraus

$$\beta-\varepsilon<f(x)\leqslant\beta \qquad \forall x\in]x_0,b[,$$

mit $\delta:=b-x_0>0$ also

$$f(x)\in U_\varepsilon(\beta) \qquad \forall x\in\dot{U}_\delta(b).$$

Die Fälle, wo b oder β oder beide unendlich sind, werden ähnlich behandelt. ⌟

Ein analoger Satz gilt für den $\lim_{x\to a+} f(x)$ sowie für monoton fallende Funktionen. Ferner ergibt sich:

(8.31) *Ist f auf I monoton wachsend, so existieren in jedem inneren Punkt ξ von I die einseitigen Grenzwerte*

$$\lim_{x\to\xi-} f(x)=:\eta_-, \qquad \lim_{x\to\xi+} f(x)=:\eta_+,$$

und es gilt $\eta_-\leqslant f(\xi)\leqslant\eta_+$.

Eine monotone Funktion kann also nicht allzu unstetig sein. Wir beweisen sogar:

(8.32) *Eine monotone Funktion ist stetig bis auf höchstens abzählbar viele Sprungstellen.*

⌜ Nach **(8.31)** genügt es, zu zeigen, daß es höchstens abzählbar viele $\xi\in I$ geben kann, für die $\eta_-<\eta_+$ ist. Für jedes solche ξ wähle man eine rationale Zahl $r_\xi\in]\eta_-,\eta_+[$; wegen der Monotonie von f werden dabei verschiedenen ξ von selbst verschiedene r_ξ zugeordnet. Die Behauptung folgt somit aus den Sätzen **(4.5)** und **(4.8)**. ⌟

Jede eigentlich monotone Funktion f ist injektiv. Ist f überdies stetig, so ist $f(I)$ wieder ein Intervall, und die Umkehrfunktion ist von selbst stetig. Genauer:

(8.33) *Die Funktion*

$$f:(a,b)\to\mathbb{R}, \qquad -\infty\leqslant a<b\leqslant\infty,$$

sei eigentlich monoton wachsend und stetig. Ist dann

$$\lim_{x\to a+} f(x)=:\alpha\geqslant-\infty, \qquad \lim_{x\to b-} f(x)=:\beta\leqslant\infty,$$

so bildet f das Intervall (a,b) bijektiv auf das Intervall (α,β) ab. Die Umkehrfunktion

$$f^{-1}:(\alpha,\beta)\to(a,b)$$

ist ebenfalls eigentlich monoton wachsend und stetig, und es gilt

$$(2) \qquad \lim_{y\to\alpha+} f^{-1}(y)=a\,, \qquad \lim_{y\to\beta-} f^{-1}(y)=b\,.$$

┌ Nach Satz **(8.28)** und **(8.30)** nimmt f jeden Wert in $]\alpha,\beta[$ wenigstens einmal, wegen der Monotonie also genau einmal an. Ist $b\in(a,b)$, so folgt aus der Stetigkeit

$$\beta=\lim_{x\to b-} f(x)=f(b)\,.$$

Ist aber $b\notin(a,b)$, so tritt β nicht als Funktionswert auf: Wäre $f(x)=\beta$ für ein $x<b$, so müßte f auch Werte $>\beta$ annehmen, im Widerspruch zu **(8.30)**. Analog schließt man bei a. Damit ist die Behauptung über f bewiesen.

Wir setzen zur Abkürzung $f^{-1}=:g$. Sind y_1, y_2 zwei Punkte in (α,β) mit $y_1<y_2$, so gilt $g(y_1)<g(y_2)$; denn aus $g(y_1)\geqslant g(y_2)$ ergäbe sich $f(g(y_1))\geqslant f(g(y_2))$, d.h. $y_1\geqslant y_2$. Somit ist g eigentlich monoton wachsend. — Es sei jetzt $\eta\in]\alpha,\beta[$ und $g(\eta)=:\xi\in]a,b[$. Wir zeigen: $\lim\limits_{y\to\eta-} g(y)=\xi$, d.h. g ist im Punkt η linksseitig stetig. Der $\lim\limits_{y\to\eta-} g(y)$ existiert nach Satz **(8.30)**. Nun gilt wegen der Stetigkeit von f:

$$\lim_{x\to\xi-} f(x)=f(\xi)=\eta\,,$$

und zwar ist $f(x)<\eta\ \ \forall\, x<\xi$. Somit läßt sich Satz **(8.16)** anwenden, und wir erhalten

$$\lim_{y\to\eta-} g(y)=\lim_{x\to\xi-} g(f(x))=\lim_{x\to\xi-} x=\xi\,.$$

Dieselbe Überlegung mit β anstelle von η und b anstelle von ξ beweist die zweite der Relationen (2). Analog verifiziert man die rechtsseitige Stetigkeit von g in den Punkten $\eta\in]\alpha,\beta[$ sowie die erste der Relationen (2). Wegen Satz **(8.8)** ist dann alles bewiesen. ┘

③ Für festes $p\in\mathbb{N}$, $p\geqslant 2$, ist die Funktion $f:x\mapsto x^p$ auf $[0,\infty[$ eigentlich monoton wachsend (siehe Beispiel 65.②) und stetig, und es gilt $\lim\limits_{x\to 0+} x^p=0$, $\lim\limits_{x\to\infty} x^p=\infty$. Somit ist die Umkehrfunktion

$$f^{-1}:y\mapsto\sqrt[p]{y}\,,$$

deren Existenz in jenem Beispiel bereits auf andere Weise nachgewiesen wurde, auf $[0,\infty[$ eigentlich monoton wachsend und stetig. Insbesondere ergibt sich daraus die Regel

$$\lim_{n\to\infty} y_n=\eta\,,\quad y_n\geqslant 0\quad \forall n \Rightarrow \lim_{n\to\infty}\sqrt[p]{y_n}=\sqrt[p]{\eta}\,. \quad \bigcirc$$

Aufgaben

1. Zeige direkt, d.h. ohne Benutzung des Übertragungsprinzips: Die Betragsfunktion $x\mapsto|x|\ (x\in\mathbb{X})$ ist stetig.

2. Beweise direkt, d.h. ohne Benutzung des Übertragungsprinzips: Das Produkt von zwei stetigen Funktionen ist stetig.

3. Zeige: Ist $f\colon A\to\mathbb{X}$ im Punkt ξ stetig, so ist f in einer geeigneten Umgebung von ξ beschränkt.

4. a) Die Funktion $f\colon\mathbb{R}\to\mathbb{R}$ sei stetig und genüge der Funktionalgleichung

   $$f(x^2)=f(x)\qquad\forall x\,.$$

   Zeige: f ist konstant.

   b) Konstruiere eine nichtkonstante stetige Funktion $f\colon[2,\infty[\to\mathbb{R}$, die derselben Funktionalgleichung genügt.

5. Konstruiere eine Funktion $f\colon[0,1]\to\mathbb{R}$, die mit $x\to 0$ schneller als jede Potenz von x nach 0 geht:

   $$\lim_{x\to 0}\frac{f(x)}{x^n}=0\qquad\forall n\in\mathbb{N}\,,$$

   die aber in allen Punkten unstetig ist.

6. Die Funktion $f\colon\mathbb{R}\to\mathbb{R}$ sei definiert durch

   $$f(x):=\begin{cases}\dfrac{1}{r} & \left(x=\dfrac{2m+1}{2^r}\,,\quad m\in\mathbb{Z}\,,\ r\in\mathbb{N}^*\right)\\[2ex] 0 & (\text{sonst})\end{cases}.$$

   Zeichne den Graphen von f! In welchen Punkten ist f stetig?

7. Die folgenden Aussagen über eine Funktion $f:\mathbb{R}\to\mathbb{R}$ sind so zu formulieren, daß dabei keine Negation („nicht", „kein", „un-" oder ähnlich) verwendet wird:

   a) f ist an der Stelle 1 unstetig;
   b) f ist nicht gleichmäßig stetig;
   c) der $\lim_{x\to 1} f(x)$ existiert nicht;
   d) f ist nicht monoton;
   f) f ist nicht streng monoton.

8. Man finde eine stetige Funktion $f:\mathbb{Q}\to\{0,1\}$ mit $f(0)=0$, $f(1)=1$.

9. Betrachte die Funktion

$$f(x):=x^\alpha+x^\beta$$

für verschiedene Werte der Parameter α und β. Für welche Werte von α und β besitzt der Graph von f für $x\to\infty$ eine *Asymptote*, d.h. für welche Werte von α und β gibt es eine lineare Funktion $l(x):=mx+c$ mit $f(x)-l(x)\to 0$ $(x\to\infty)$? Man zeichne die sich ergebende Punktmenge in der (α,β)-Ebene.

10. Man bestimme die Konstanten α, β sowie $f(-1)$, $f(1)$ derart, daß die Funktion

$$f(x):=\begin{cases} x^2-\alpha x+\beta & (x<-1)\\ (\alpha+\beta)x & (-1<x<1)\\ x^2+\alpha x-\beta & (x>1)\end{cases}$$

auf der ganzen reellen Achse stetig wird, und zeichne den resultierenden Graphen von f.

11. Bestimme α und β aus der Bedingung

$$\lim_{x\to\infty}\left(\sqrt[3]{1-x^3}-\alpha x-\beta\right)=0\,.$$

12. Man konstruiere ein Beispiel, bei dem $\lim_{x\to\xi} g(f(x))=\zeta$ nicht zutrifft, obwohl die Bedingungen $\lim_{x\to\xi} f(x)=\eta$ und $\lim_{y\to\eta} g(y)=\zeta$ beide erfüllt sind.

13. Bestimme die Parameter α, β, γ so, daß

$$\sqrt{x^4-2x^2+7x+1}-(\alpha x^2+\beta x+\gamma)\to 0 \qquad (x\to\infty)\,.$$

14. Bestimme die folgenden Grenzwerte, falls vorhanden:

a) $\lim\limits_{x\to-3}\dfrac{x^3+27}{x^4-81}$, b) $\lim\limits_{x\to1}\dfrac{x^p-1}{x^q-1}$ $(p,q\in\mathbb{N}^*)$,

c) $\lim\limits_{x\to\infty}\sin(\sqrt{x})$, d) $\lim\limits_{x\to\infty}\sin\dfrac{2x-1}{(\sqrt{x}+1)^3}$,

e) $\lim\limits_{x\to2+}\dfrac{x^2-14x+24}{|x-2|+|x^2-4|}$, f) $\lim\limits_{x\to2-}\dfrac{x^2-14x+24}{|x-2|+|x^2-4|}$,

g) $\lim\limits_{x\to\infty}(\sqrt{x(x+a)}-x)$.

15. Es sei $f:\mathbb{R}\to\mathbb{R}$ eine stetige Funktion mit $\lim\limits_{x\to\pm\infty}f(x)=0$. Dann besitzt f ein globales Maximum oder ein globales Minimum. Läßt sich das „oder" durch „und" ersetzen?

16. Die Funktion $f:\mathbb{R}^3\to\mathbb{R}$ sei definiert durch

$$f(x,y,z):=\frac{x+y+z}{1+x^2+y^2+z^2}.$$

Zeige, daß f sowohl ein globales Maximum als auch ein globales Minimum annimmt.

17. Die Funktion $f:[a,b]\to\mathbb{R}$ sei quasikontrahierend, ebenso die Funktion $g:[a,b]\to\mathbb{R}$; überdies sei $g(x)>0$ für alle $x\in[a,b]$. Sind dann auch die Funktionen $f+g$, $f\cdot g$ und f/g quasikontrahierend? Wie steht es, wenn $[a,b]$ durch $\mathbb{R}$ ersetzt wird?

18. Es seien $A\subset\mathbb{X}$ eine kompakte Menge und $f:A\to\mathbb{R}$ eine *lokal beschränkte* Funktion, d. h. jeder Punkt $a\in A$ besitze eine (unter Umständen sehr kleine) Umgebung $U_\varepsilon(a)$, in der f beschränkt ist. Zeige: Dann ist f (global) beschränkt auf A, d. h. es gibt ein M mit $|f(x)|\leqslant M$ $\forall x\in A$. (Hinweis: indirekter Beweis.)

19. Man zeige direkt, d. h. ohne Benutzung von Satz (**8.33**), daß die Funktion $f(x):=\sqrt{x}$, $x\geqslant0$, stetig ist. Zu gegebenem $\varepsilon>0$ läßt sich sogar ein $\delta(\varepsilon)>0$ finden, das an allen Stellen $\xi\geqslant0$ gleichzeitig benutzt werden kann.

20. Die Funktion f sei gleichmäßig stetig im Intervall $]0,1]$. Zeige: Der $\lim\limits_{x\to0+}f(x)$ existiert. (Hinweis: Cauchy-Kriterium für Funktionen.)

21. Es seien a_1 und a_2 positive Zahlen, und es sei $\lambda_1 < \lambda_2$. Dann besitzt die Gleichung

$$\frac{a_1}{x-\lambda_1} + \frac{a_2}{x-\lambda_2} = 0$$

wenigstens eine Lösung im Intervall $]\lambda_1, \lambda_2[$.

22. Es sei λ ein fester reeller Parameter. Zeige: Die Gleichung

$$\operatorname{ctg} x = \lambda x$$

besitzt in jedem Intervall $]k\pi, (k+1)\pi[$, $k \in \mathbb{Z}$, eine Lösung.

23. Es seien $\mathbb{E}$ die Peripherie des Einheitskreises und $f: \mathbb{E} \to \mathbb{R}$ eine stetige Funktion. Dann gibt es zwei Diametralpunkte auf $\mathbb{E}$, in denen f denselben Wert annimmt.

Kapitel 9. Die Exponentialfunktion

91. Elementare Eigenschaften

Wie wir gesehen haben (Sätze **(7.21)** und **(8.17)**), ist

(1) $\exp: z \mapsto \sum_{k=0}^{\infty} \frac{z^k}{k!}$

eine auf ganz $\mathbb{C}$ stetige Funktion; sie genügt der Funktionalgleichung

(2) $\exp(z_1 + z_2) = \exp z_1 \cdot \exp z_2 \quad \forall z_1, z_2 \in \mathbb{C}$,

und es gilt

(3) $\lim_{z \to 0} \frac{\exp z - 1}{z} = 1$.

Ausgehend von diesen Grundeigenschaften werden wir in diesem Kapitel das Verhalten von exp je auf der reellen und auf der imaginären Achse eingehend untersuchen. Davon unabhängig beginnen wir jedoch mit einem klassischen Grenzwert, der anstelle der Reihe (1) zur Definition der Exponentialfunktion benützt werden kann:

(9.1) $\lim_{n \to \infty} \left(1 + \frac{z}{n}\right)^n = \exp z \quad \forall z \in \mathbb{C}$.

⌈ Es gilt für beliebiges $n \in \mathbb{N}^*$:

$$\begin{aligned}\exp z - \left(1 + \frac{z}{n}\right)^n &= \left(\exp \frac{z}{n}\right)^n - \left(1 + \frac{z}{n}\right)^n \\ &= \left[\exp \frac{z}{n} - \left(1 + \frac{z}{n}\right)\right] \cdot \sum_{k=0}^{n-1} \left(\left(\exp \frac{z}{n}\right)^k \left(1 + \frac{z}{n}\right)^{n-1-k}\right) \\ &=: K \cdot \Sigma .\end{aligned}$$

Hier ist

$$\text{(4)} \qquad K=\frac{z}{n}\left(\frac{\exp(z/n)-1}{z/n}-1\right)=:\frac{z}{n}r_n,$$

und zwar gilt wegen (3):

$$\text{(5)} \qquad \lim_{n\to\infty} r_n=0.$$

Aus den Ungleichungen

$$\left|\exp\frac{z}{n}\right|\leqslant\exp\frac{|z|}{n}, \qquad \left|1+\frac{z}{n}\right|\leqslant 1+\frac{|z|}{n}\leqslant\exp\frac{|z|}{n}$$

ergibt sich anderseits für Σ die Abschätzung

$$|\Sigma|\leqslant\sum_{k=0}^{n-1}\left(\exp\frac{|z|}{n}\right)^k\left(\exp\frac{|z|}{n}\right)^{n-1-k}=n\left(\exp\frac{|z|}{n}\right)^{n-1}\leqslant n\exp|z|,$$

so daß wir zusammen mit (4) erhalten

$$\left|\exp z-\left(1+\frac{z}{n}\right)^n\right|=|K|\cdot|\Sigma|\leqslant|z|\exp|z|\,|r_n|.$$

Wegen (5) strebt hier die rechte Seite mit $n\to\infty$ gegen 0. ⌟

Wir betrachten jetzt exp auf der reellen Achse (siehe die Fig. 91.1) und beweisen zunächst

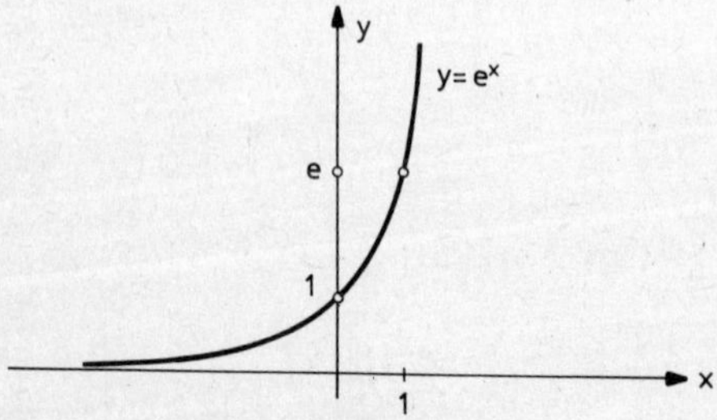

Fig. 91.1

(9.2) $\exp x > 0 \quad \forall x \in \mathbb{R}$.

⌜ Für reelle x ist $\exp x$ reell. Ist $x>0$, so hat man

$$\exp x = 1 + x + \frac{x^2}{2!} + \cdots > 1.$$

Für negative x folgt hieraus: $0 < \exp x < 1$, denn es ist

$$\exp x \cdot \exp(-x) = \exp 0 = 1. \quad ⌟$$

Wir definieren nun die Zahl

$$e := \exp 1 = 1 + \frac{1}{1!} + \frac{1}{2!} + \cdots = 2.7182818\ldots$$

und beweisen zur Begründung des Namens „Exponentialfunktion" die Identität

(9.3) $\exp x = e^x \quad \forall x \in \mathbb{Q}$.

⌜ Dies ist richtig für $x=1$ und treffe weiter zu für ein beliebiges $x \in \mathbb{Z}$. Dann gilt erstens

$$\exp(x+1) = \exp x \cdot \exp 1 = e^x \cdot e = e^{x+1},$$

zweitens

$$\exp(x-1) \cdot \exp 1 = \exp x$$

und somit

$$\exp(x-1) = e^x / e = e^{x-1}.$$

(9.3) ist daher richtig für alle ganzzahligen x. Ist nun weiter $p \in \mathbb{Z}$, $q \in \mathbb{N}^*$, so gilt nach **(7.21)** und dem schon Bewiesenen:

$$\left(\exp \frac{p}{q}\right)^q = \exp\underbrace{\left(\frac{p}{q} + \frac{p}{q} + \cdots + \frac{p}{q}\right)}_{q \text{ Summanden}} = \exp p = e^p.$$

Da $\exp p/q$ und e^p beide positiv sind, dürfen wir hier die q-te Wurzel ziehen, und es folgt

$$\exp\frac{p}{q} = \sqrt[q]{e^p} = e^{p/q}. \quad \lrcorner$$

Somit ist exp eine stetige Fortsetzung der zunächst nur auf $\mathbb{Q}$ definierten Funktion $x \mapsto e^x$ auf ganz $\mathbb{C}$; es liegt daher nahe, für beliebiges $z \in \mathbb{C}$ zu definieren:

$$e^z := \exp z .$$

(9.4) *Die Zahl e ist irrational.*

⌜ Für jedes feste $q \in \mathbb{N}^*$ gilt die Gleichung

$$e^{-1} q! = \sum_{k=0}^{q} \frac{(-1)^k q!}{k!} + R .$$

Hier ist die angeschriebene Teilsumme rechts eine ganze Zahl, und für den Rest R gilt nach dem Satz **(7.17)** über alternierende Reihen

$$0 < |R| < \frac{q!}{(q+1)!} = \frac{1}{q+1} < 1 .$$

Somit ist $e^{-1} q! \notin \mathbb{Z}$, und zwar für jedes $q \in \mathbb{N}^*$. Dann kann aber $1/e$ nicht rational sein. ⌟

(9.5) *Die Exponentialfunktion ist eigentlich monoton wachsend auf* $\mathbb{R}$, *und es gelten die Relationen*

$$\lim_{x \to \infty} \frac{e^x}{x^q} = \infty \quad \forall q \in \mathbb{N} , \qquad \lim_{x \to -\infty} e^x = 0 .$$

Die Exponentialfunktion wächst also mit $x \to \infty$ schneller als jede Potenz von x. —
⌜ Mit $h > 0$ gilt

$$\exp(x+h) - \exp x = \exp x (\exp h - 1) ,$$

und hier sind beide Faktoren rechter Hand positiv. Ist weiter $x > 0$, so hat man nach (1) für jedes feste $q \in \mathbb{N}$:

$$e^x > \frac{x^{q+1}}{(q+1)!}$$

und somit

$$\frac{e^x}{x^q} > \frac{x}{(q+1)!}.$$

Hier strebt die rechte Seite mit $x \to \infty$ gegen ∞. Endlich ist

$$\lim_{x \to -\infty} e^x = \lim_{y \to \infty} e^{-y} = \lim_{y \to \infty} \frac{1}{e^y} = 0. \quad \lrcorner$$

92. Die Logarithmusfunktion

Wir können nunmehr auf die Exponentialfunktion den Hauptsatz **(8.33)** über stetige monotone Funktionen anwenden: Die Exponentialfunktion bildet die reelle Achse bijektiv auf das Intervall $\mathbb{R}^+ :=]0, \infty[$ ab, und es existiert die Umkehrfunktion $\exp^{-1} =: \log$, genannt *Logarithmusfunktion* (siehe die Fig. 92.1):

(1) $\log(e^t) = t \quad \forall t \in \mathbb{R}, \qquad e^{\log x} = x \quad \forall x \in \mathbb{R}^+.$

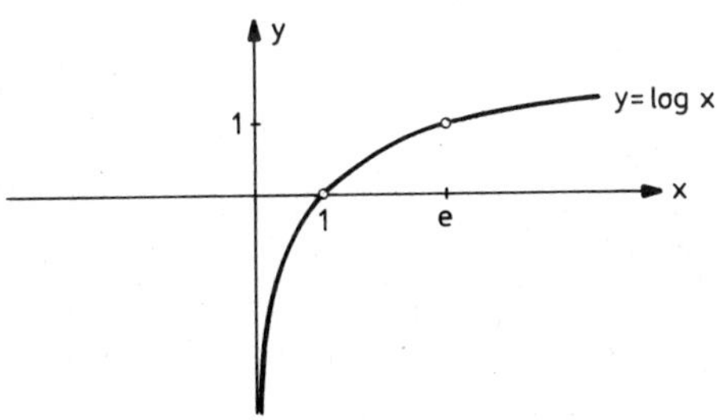

Fig. 92.1

Die Zahl $\log x$ heißt *(natürlicher) Logarithmus* von x.

(9.6) *Die Logarithmusfunktion* $\log: \mathbb{R}^+ \to \mathbb{R}$ *ist eigentlich monoton wachsend und stetig, und es gilt*

(2) $\lim_{x \to 0+} \log x = -\infty, \qquad \lim_{x \to \infty} \log x = \infty.$

Ferner genügt log *der Funktionalgleichung*

(3) $\log(u \cdot v) = \log u + \log v \qquad \forall u, v \in \mathbb{R}^+.$

⌜ Nach Satz **(8.33)** ist nur noch (3) zu beweisen. Zu $u, v \in \mathbb{R}^+$ gibt es $x, y \in \mathbb{R}$ mit $u = e^x$, $v = e^y$, und es folgt wegen (1):

$$\log(u \cdot v) = \log(e^x \cdot e^y) = \log(e^{x+y}) = x + y = \log u + \log v . \quad ⌟$$

Zusammenfassend können wir sagen: exp bzw. log vermitteln einen stetigen Isomorphismus zwischen der additiven Gruppe von $\mathbb{R}$ und der multiplikativen Gruppe von $\mathbb{R}^+$.

Für festes $a > 0$ ergibt sich aus (3) wie beim Beweis von **(9.3)** zunächst

$$\text{(4)} \qquad \log(a^x) = x \log a \qquad \forall x \in \mathbb{Z} .$$

Wenden wir dies gleich zweimal an, so folgt weiter

$$q \log a^{\frac{p}{q}} = \log \left[\left(a^{\frac{p}{q}}\right)^q\right] = \log a^p = p \log a \qquad (p \in \mathbb{Z},\ q \in \mathbb{N}^*)$$

und somit

$$\log a^{\frac{p}{q}} = \frac{p}{q} \log a .$$

Die Identität (4) ist demnach richtig für beliebiges $x \in \mathbb{Q}$. Dies führt uns auf die folgende Definition der *allgemeinen Potenz*:

$$a^x := e^{x \log a} \qquad (a > 0,\ x \in \mathbb{R}) .$$

Diese Definition impliziert die üblichen Regeln für das Rechnen mit Potenzen:

(9.7) *Für beliebige* $a, b \in \mathbb{R}^+$ *und* $x, y \in \mathbb{R}$ *gilt*

(a) $\log a^x = x \log a$,

(b) $a^{x+y} = a^x \cdot a^y$,

(c) $(a^x)^y = a^{xy}$,

(d) $a^x \cdot b^x = (ab)^x$.

⌜ (a) ist wegen (1) äquivalent mit der Definition von a^x. — Aus der folgenden Zeile ergibt sich (c):

$$\log(a^x)^y = y \log a^x = x\,y \log a = \log a^{xy} . \quad —$$

(b) und (d) werden ähnlich bewiesen. ⌟

Für festes $\alpha>0$ gilt wegen (2) und Satz **(8.16)**:

(5) $$\lim_{x\to 0+} x^\alpha = \lim_{x\to 0+} e^{\alpha\log x} = \lim_{y\to -\infty} e^y = 0\,.$$

Definieren wir daher

$$0^\alpha := 0 \qquad (\alpha>0)\,,$$

so ist die allgemeine Potenzfunktion

$$p_\alpha\colon\ x\mapsto x^\alpha = \begin{cases} e^{\alpha\log x} & (x>0)\\ 0 & (x=0)\end{cases} \qquad (\alpha>0)$$

stetig auf der abgeschlossenen positiven Halbachse $\mathbb{R}_0^+ := [0,\infty[$: Auf $\mathbb{R}^+$ ist p_α stetig als Zusammensetzung von stetigen Funktionen, im Nullpunkt wegen (5).

Als Gegenstück zu den Relationen **(9.5)** beweisen wir schließlich noch

(9.8) *Für beliebiges, aber festes* $\alpha>0$ *gilt*

$$\lim_{x\to\infty} \frac{\log x}{x^\alpha} = 0\,, \qquad \lim_{x\to 0+} x^\alpha \log x = 0\,.$$

Der Logarithmus geht also mit $x\to\infty$ langsamer nach ∞ als jede noch so kleine positive Potenz von x; Ähnliches gilt für $x\to 0+$. — ⌈ Man hat wegen **(8.16)** und **(9.5)**:

$$\lim_{x\to\infty} \frac{\log x}{e^{\alpha\log x}} = \lim_{y\to\infty} \frac{y}{e^{\alpha y}} = \frac{1}{\alpha} \lim_{t\to\infty} \frac{t}{e^t} = 0\,,$$

$$\lim_{x\to 0+} x^\alpha \log x = \lim_{y\to\infty} \left(\frac{1}{y}\right)^\alpha \log\frac{1}{y} = -\lim_{y\to\infty} \frac{\log y}{y^\alpha} = 0\,. \quad ⌋$$

93. Hyperbolische Funktionen

Neben der Exponentialfunktion treten in den Anwendungen oft gewisse Kombinationen von e^x und e^{-x} auf, die sogenannten *hyperbolischen Funktionen.* Wir beginnen mit der folgenden Bemerkung: Eine $\mathbb{X}$-wertige Funktion f heißt *gerade,* wenn gilt:

$$f(-x) = f(x) \qquad \forall x\in\mathcal{D}(f)\,,$$

und *ungerade*, wenn gilt:

$$f(-x) = -f(x) \quad \forall x \in \mathscr{D}(f);$$

in beiden Fällen wird natürlich vorausgesetzt, daß $\mathscr{D}(f)$ bezüglich 0 symmetrisch ist. Die Potenzfunktionen $x \mapsto x^k$, $k \in \mathbb{Z}$, sind gerade für gerades k und ungerade für ungerades k. Jede Funktion mit einem bezüglich 0 symmetrischen Definitionsbereich läßt sich als Summe einer geraden und einer ungeraden Funktion schreiben, denn es gilt

(1) $$f(x) = \frac{f(x)+f(-x)}{2} + \frac{f(x)-f(-x)}{2} \quad \forall x \in \mathscr{D}(f).$$

Wir definieren nunmehr den *hyperbolischen Cosinus* und den *hyperbolischen Sinus* (siehe die Fig. 93.1) durch

$$\cosh x := \frac{e^x + e^{-x}}{2} \quad (x \in \mathbb{R}),$$

$$\sinh x := \frac{e^x - e^{-x}}{2} \quad (x \in \mathbb{R});$$

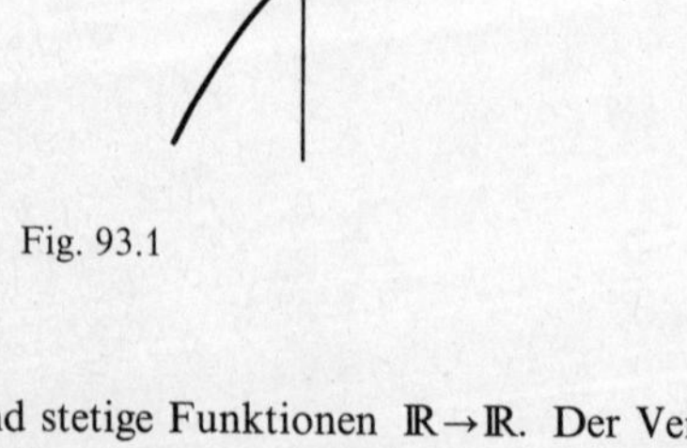

Fig. 93.1

beides sind stetige Funktionen $\mathbb{R} \to \mathbb{R}$. Der Vergleich mit (1) zeigt, daß cosh und sinh bzw. den geraden und den ungeraden „Anteil" der Funktion exp darstellen. Man verifiziert leicht die Identität

(9.9) $$\cosh^2 x - \sinh^2 x = 1 \quad \forall x \in \mathbb{R}$$

sowie die *Additionstheoreme*

$$\textbf{(9.10)}\quad \begin{cases} \cosh(x+y)=\cosh x\cosh y+\sinh x\sinh y\,, \\ \sinh(x+y)=\sinh x\cosh y+\cosh x\sinh y\,, \end{cases}$$

letztere mit Hilfe der Relation $e^{x+y}=e^x\cdot e^y$.

Als Differenz einer streng monoton wachsenden und einer streng monoton fallenden Funktion ist sinh streng monoton wachsend; ferner gilt

$$\sinh 0=0\,,\qquad \lim_{x\to\pm\infty}\sinh x=\pm\infty\,.$$

Somit existiert die Umkehrfunktion, genannt *Areasinus*:

$$\operatorname{arsinh}\colon\ \mathbb{R}\to\mathbb{R}\,,$$

und zwar läßt sich arsinh durch Logarithmen ausdrücken. Aus $y=\sinh x$ folgt nämlich nacheinander

$$2y=e^x-e^{-x}\,,\qquad e^{2x}-2ye^x-1=0\,,$$
$$e^x=y\pm\sqrt{y^2+1}\,.$$

Da jedenfalls $e^x>0$ ist, muß in der letzten Gleichung das obere Zeichen zutreffen; wir erhalten $x=\log(y+\sqrt{y^2+1})$ und somit

$$\textbf{(9.11)}\qquad \operatorname{arsinh} y=\log(y+\sqrt{y^2+1})\qquad \forall\, y\in\mathbb{R}\,.$$

Auf $\mathbb{R}_0^+=[0,\infty[$ ist $\sinh^2 x$ als Quadrat einer monoton wachsenden positiven Funktion monoton wachsend. Nun gilt nach **(9.9)**: $\cosh x=\sqrt{1+\sinh^2 x}$; demnach wächst auch cosh auf $\mathbb{R}_0^+$ streng monoton. Ferner hat man

$$\cosh 0=1\,,\qquad \lim_{x\to\infty}\cosh x=\infty\,.$$

Somit besitzt die Einschränkung von cosh auf $\mathbb{R}_0^+$ eine Umkehrfunktion, genannt *Areacosinus*:

$$\operatorname{arcosh}\colon\ [1,\infty[\,\to\mathbb{R}_0^+\,.$$

Aus $y=\cosh x$, $x\geqslant 0$ folgt nacheinander

$$2y=e^x+e^{-x}\,,\qquad e^{2x}-2ye^x+1=0\,,$$
$$e^x=y\pm\sqrt{y^2-1}\,.$$

Da in der letzten Gleichung die linke Seite $\geqslant 1$ ist, muß rechts das obere Zeichen zutreffen. Wir erhalten $x=\log(y+\sqrt{y^2-1})$ und somit

(9.12) $$\operatorname{arcosh} y=\log(y+\sqrt{y^2-1}) \quad \forall y\geqslant 1.$$

Wir definieren schließlich noch den *hyperbolischen Tangens* (siehe die Fig. 93.2) durch

$$\operatorname{tgh} x:=\frac{\sinh x}{\cosh x}=\frac{e^x-e^{-x}}{e^x+e^{-x}} \quad (x\in\mathbb{R}).$$

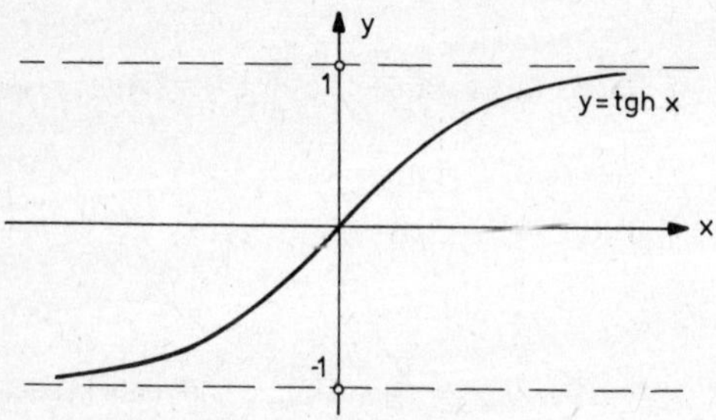

Fig. 93.2

Wie später gezeigt wird (Beispiel 106.①), ist auch tgh streng monoton wachsend; ferner verifiziert man leicht, daß gilt:

(2) $$\lim_{x\to\pm\infty} \operatorname{tgh} x=\pm 1.$$

Die Umkehrfunktion *Areatangens*,

$$\operatorname{artgh}\colon\ ]-1,1[\to\mathbb{R},$$

besitzt die Darstellung

(9.13) $$\operatorname{artgh} y=\frac{1}{2}\log\frac{1+y}{1-y} \quad \forall y\in\,]-1,1[\,;$$

wir überlassen die Herleitung dem Leser.

94. Die Funktion cis

Wir wollen jetzt das Verhalten der Exponentialfunktion auf der imaginären Achse untersuchen. Für beliebige $z \in \mathbb{C}$ gilt wegen **(9.1)**, **(5.2)** und der Stetigkeit der Konjugation $z \mapsto \bar{z}$:

$$\exp \bar{z} = \lim_{n\to\infty} \left(1 + \frac{\bar{z}}{n}\right)^n = \lim_{n\to\infty} \overline{\left(1 + \frac{z}{n}\right)^n} = \overline{\exp z} .$$

Hieraus folgt für reelle t:

$$|e^{it}|^2 = e^{it} \cdot \overline{e^{it}} = e^{it} \cdot e^{\overline{it}} = e^{it} \cdot e^{-it} = e^0$$

und somit

(9.14) $\quad |e^{it}| = 1 \qquad \forall t \in \mathbb{R} .$

Wir beziehen uns im folgenden auf die reelle Variable t und definieren die sogenannte cis-*Funktion* durch

$$\text{cis}: \mathbb{R} \to \mathbb{C}, \qquad t \mapsto e^{it} ;$$

sie bildet wegen **(9.14)** die reelle Achse stetig ab in den Einheitskreis

$$\mathbb{E} := \{z \in \mathbb{C} \,\big|\, |z| = 1\}$$

der komplexen Ebene. Weiter definieren wir die auf ganz $\mathbb{R}$ stetigen Funktionen *Cosinus* und *Sinus* durch

(1) $$\begin{cases} \cos t := \mathscr{R}\, e^{it} = \dfrac{e^{it} + e^{-it}}{2}, \\[2ex] \sin t := \mathscr{I}\, e^{it} = \dfrac{e^{it} - e^{-it}}{2i}. \end{cases}$$

Dann gilt jedenfalls

$$e^{it} = \cos t + i \sin t \qquad \forall t \in \mathbb{R},$$

d. h. $\text{cis} = \cos + i \sin$, ferner wegen **(9.14)**:

(9.15) $\quad \cos^2 t + \sin^2 t = 1 \qquad \forall t \in \mathbb{R} .$

Endlich ergeben sich aus

$$e^{it} = 1 + \frac{it}{1!} + \frac{i^2 t^2}{2!} + \frac{i^3 t^3}{3!} + \frac{i^4 t^4}{4!} + \cdots$$

durch Trennung von Real- und Imaginärteil und Unterdrückung überflüssiger Nullen die Reihen

$$\textbf{(9.16)} \quad \begin{cases} \cos t = 1 - \dfrac{t^2}{2!} + \dfrac{t^4}{4!} - \dfrac{t^6}{6!} + \cdots & (t \in \mathbb{R}), \\ \sin t = t - \dfrac{t^3}{3!} + \dfrac{t^5}{5!} - \dfrac{t^7}{7!} + \cdots & (t \in \mathbb{R}), \end{cases}$$

die den Cosinus als eine gerade, den Sinus als eine ungerade Funktion erweisen.

Wir beweisen als erstes: Der Sinus ist auf dem Intervall $]-1,1[$ streng monoton wachsend. Wegen (1) folgt hieraus insbesondere, daß cis das Intervall $]-1,1[$ injektiv auf einen von unten nach oben durch 1 hindurchgehenden Teilbogen γ von $\mathbb{E}$ abbildet (siehe die Fig. 94.1).

⌜ Aus **(9.16)** folgt

$$\begin{aligned} \sin u - \sin v &= (u-v) - \frac{u^3 - v^3}{3!} + \frac{u^5 - v^5}{5!} - \cdots \\ &= (u-v)\left[1 - \frac{u^2 + uv + v^2}{3!} + \frac{u^4 + u^3 v + u^2 v^2 + u v^3 + v^4}{5!} - \cdots\right], \end{aligned}$$

was wir mit einer naheliegenden Abkürzung in die Formel

$$(2) \qquad \sin u - \sin v = (u-v)\,[1 + R(u,v)]$$

zusammenfassen können. Liegen u und v im Intervall $]-1,1[$, so läßt sich $R(u,v)$ folgendermaßen abschätzen:

$$\begin{aligned} |R(u,v)| &\leqslant \frac{3}{3!} + \frac{5}{5!} + \frac{7}{7!} + \cdots = \frac{1}{2!} + \frac{1}{4!} + \frac{1}{6!} + \cdots \\ &< \frac{1}{2^1} + \frac{1}{2^3} + \frac{1}{2^5} + \cdots = \frac{2}{3}. \end{aligned}$$

Hieraus folgt: $1 + R(u,v)$ ist für alle u, v in dem betrachteten Bereich positiv; wegen (2) besitzt daher $\sin u - \sin v$ für diese u, v dasselbe Vorzeichen wie $u - v$. ⌟

Für $0<t<1$ sind die Reihen **(9.16)** alternierend; Satz **(7.17)** liefert daher die Ungleichungen

$$\text{(3)} \qquad \cos t > 1-\frac{t^2}{2}>0 \qquad (0<t<1),$$

$$0<t\left(1-\frac{t^2}{6}\right)<\sin t<t \qquad (0<t<1).$$

Hiernach ist

$$\sin\frac{1}{\sqrt{2}}<\frac{1}{\sqrt{2}}$$

und

$$\sin\frac{4}{5}>\frac{4}{5}\left(1-\frac{16}{6\cdot 25}\right)>\frac{4}{5}\left(1-\frac{16}{144}\right)=\frac{4}{5}\cdot\frac{8}{9}$$
$$=\sqrt{\frac{1024}{2025}}>\sqrt{\frac{1024}{2048}}=\frac{1}{\sqrt{2}}.$$

Wegen der Monotonie und nach dem Zwischenwertsatz **(8.29)** gibt es somit eine wohlbestimmte Zahl

$$\frac{\pi}{4}\in\left]\frac{1}{\sqrt{2}},\frac{4}{5}\right[\qquad\qquad (\Rightarrow\ 2.8<\pi<3.2)$$

mit $\sin\frac{\pi}{4}=\frac{1}{\sqrt{2}}$. Nach **(9.15)** und (3) ist dann auch $\cos\frac{\pi}{4}=\frac{1}{\sqrt{2}}$, und wir erhalten

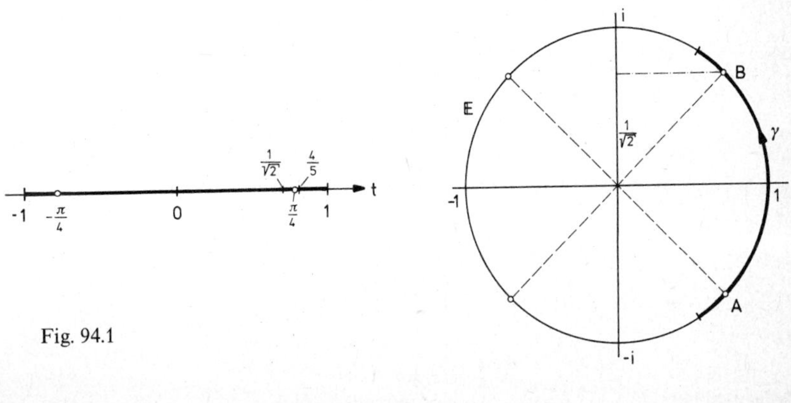

Fig. 94.1

$$e^{\pm i\frac{\pi}{4}} = \cos\frac{\pi}{4} \pm i\sin\frac{\pi}{4} = \frac{1}{\sqrt{2}}(1 \pm i)$$

(dies sind die Punkte A und B der Fig. 94.1). Wegen

$$e^{i\frac{\pi}{2}} = \left(e^{i\frac{\pi}{4}}\right)^2 = \frac{1}{2}(1+i)^2 = i$$

und $i^2 = -1$ ergeben sich damit die folgenden Formeln:

(9.17) $$e^{i\frac{\pi}{2}} = i, \quad e^{i\pi} = -1, \quad e^{2i\pi} = 1.$$

Nach diesen Vorbereitungen sind wir nun in der Lage, den folgenden fundamentalen Satz zu beweisen:

(9.18) *Die* cis*-Funktion bildet das Intervall* $[0, 2\pi]$ *bijektiv (bis auf* $\operatorname{cis} 0 = \operatorname{cis} 2\pi = 1$*) und stetig auf* $\mathbb{E}$ *ab.*

⌈ Folgendes ist schon gezeigt: cis führt das Intervall $\left[-\frac{\pi}{4}, \frac{\pi}{4}\right]$ bijektiv in den Bogen $\widehat{AB}$, d. h. in den Viertelkreis mit Scheitel 1 über. Wir wollen nun z. B. das cis-Bild des Intervalls $\left[\frac{\pi}{4}, \frac{3\pi}{4}\right]$ bestimmen.

Aus **(9.17)** folgt die Identität

(4) $$\operatorname{cis}\left(t + \frac{\pi}{2}\right) = e^{i\left(t+\frac{\pi}{2}\right)} = e^{i\frac{\pi}{2}} \cdot e^{it} = i \operatorname{cis} t \qquad \forall t \in \mathbb{R}$$

und somit

(5) $$\operatorname{cis}\left(t + \frac{\pi}{2}\right) = T(\operatorname{cis} t) \qquad \forall t \in \mathbb{R},$$

wobei wir explizit die Abbildung $T: z \mapsto iz$ eingeführt haben. Wegen $i(x+iy) = -y+ix$ ist aber T nichts anderes als eine Vierteldrehung der Ebene um 0 (siehe die Fig. 94.2). Aus (5) folgt daher: Man erhält allgemein das cis-Bild des t-Intervalls $\left[\alpha + \frac{\pi}{2}, \beta + \frac{\pi}{2}\right]$, indem man das cis-Bild des Intervalls $[\alpha, \beta]$ auf $\mathbb{E}$ um 90° im Gegenuhrzeigersinn „verschiebt".

Hieraus und aus dem zu Beginn des Beweises Gesagten folgt: Die cis-Funktion bildet die Intervalle $\left[-\frac{\pi}{4}, \frac{\pi}{4}\right]$, $\left[\frac{\pi}{4}, \frac{3\pi}{4}\right]$, $\left[\frac{3\pi}{4}, \frac{5\pi}{4}\right]$, $\left[\frac{5\pi}{4}, \frac{7\pi}{4}\right]$, $\left[\frac{7\pi}{4}, \frac{9\pi}{4}\right]$ eines nach dem andern bijektiv auf die Viertelkreise mit den Scheiteln 1, i, -1, $-i$ und wiederum 1 ab, wobei jedesmal der Intervallmittelpunkt in den Scheitel übergeht. — Zusammengenommen wird insbesondere das Intervall $[0,2\pi]$ in der behaupteten Art auf $\mathbb{E}$ abgebildet. ⌋

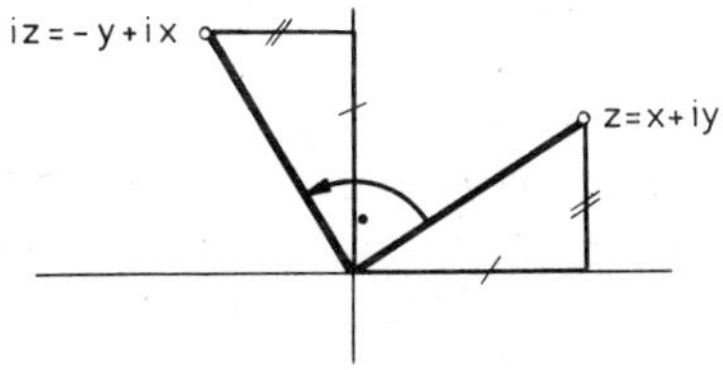

Fig. 94.2

In diesem Satz haben wir die Einschränkung der cis-Funktion auf das Intervall $[0,2\pi]$ betrachtet. Denken wir uns die Beweiskonstruktion mit Hilfe von (5) auf die ganze reelle t-Achse fortgesetzt, so können wir anschaulich sagen: Die cis-Funktion wickelt die reelle Achse auf den Einheitskreis der komplexen Ebene auf, und zwar entspricht jedem t-Intervall der Länge 2π ein voller Umgang auf $\mathbb{E}$.

Wir haben das zu präzisieren. Hierzu benötigen wir noch den folgenden Begriff: Eine auf ganz $\mathbb{R}$ definierte Funktion f heißt *periodisch*, wenn es eine Zahl $p>0$ gibt mit

$$f(t+p)=f(t) \qquad \forall t\in\mathbb{R}.$$

Ein solches p heißt eine *Periode* von f; mit p sind auch alle Zahlen np, $n\in\mathbb{N}^*$, Perioden von f. Ist p die kleinste Periode von f, so heißt p *Fundamentalperiode*, jedes abgeschlossene Intervall der Länge p ein *Fundamentalbereich* von f. Es genügt offenbar, die Werte von f auf einem Fundamentalbereich zu kennen. — Die Beschreibung der cis-Funktion wird nun durch den folgenden Satz vervollständigt:

(9.19) *Die* cis-*Funktion ist periodisch mit der Fundamentalperiode* 2π.

Es gilt nämlich

(9.20) $$e^{it}=e^{it'} \quad\Leftrightarrow\quad t-t'=2k\pi, \qquad k\in\mathbb{Z},$$

und insbesondere

(9.21) $$e^{it}=1 \quad\Leftrightarrow\quad t=2k\pi, \qquad k\in\mathbb{Z}.$$

⌈ Zu gegebenem $t \in \mathbb{R}$ läßt sich stets ein $k \in \mathbb{Z}$ und ein $\tau \in [0, 2\pi[$ finden mit

(6) $$t = 2k\pi + \tau,$$

Dann gilt wegen **(9.17)**:

$$e^{it} = e^{i(2k\pi + \tau)} = (e^{2\pi i})^k \cdot e^{i\tau} = e^{i\tau}.$$

Nach Satz **(9.18)** hat aber $e^{i\tau}$ mit $\tau \in [0, 2\pi[$ genau dann den Wert 1, wenn $\tau = 0$ ist. Wegen (6) ist damit **(9.21)** bewiesen. — **(9.20)** ergibt sich nun aus der Bemerkung, daß $e^{it} = e^{it'}$ mit $e^{i(t-t')} = 1$ äquivalent ist, und aus **(9.20)** folgt schließlich **(9.19)**. ⌋

Wir bemerken zum Schluß, daß cis die reelle Achse *längentreu* auf den Einheitskreis aufwickelt. Ohne den Begriff der Bogenlänge schon im einzelnen zu diskutieren, können wir das etwa folgendermaßen einsehen: Wir betrachten für ein festes t, $0 < t < 2\pi$, das Intervall $[0, t] \subset \mathbb{R}$ und sein Bild $\gamma \subset \mathbb{E}$; γ ist ein bei 1 beginnender Bogen auf $\mathbb{E}$. Teilen wir das Intervall $[0, t]$ in n gleiche Teile

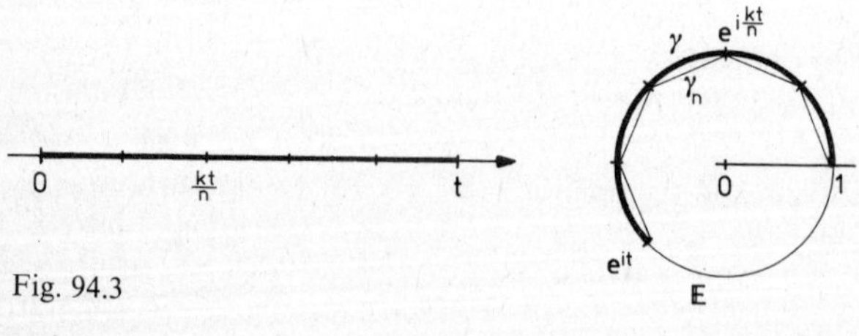

Fig. 94.3

(siehe die Fig. 94.3), so bestimmen die Bilder

$$z_k := e^{i\frac{kt}{n}}$$

der Teilungspunkte kt/n $(0 \leq k \leq n)$ ein Sehnenpolygon γ_n, dessen Länge $L(\gamma_n)$ gegeben ist durch

$$\begin{aligned} L(\gamma_n) &= \textstyle\sum_{k=0}^{n-1} |z_{k+1} - z_k| = \sum_{k=0}^{n-1} \left| e^{i\frac{(k+1)t}{n}} - e^{i\frac{kt}{n}} \right| \\ &= \textstyle\sum_{k=0}^{n-1} \left| e^{i\frac{kt}{n}} \right| \left| e^{i\frac{t}{n}} - 1 \right| = n \left| e^{i\frac{t}{n}} - 1 \right| \\ &= t \left| \frac{e^{it/n} - 1}{it/n} \right|. \end{aligned}$$

Wegen **(8.17)**(a) folgt hieraus $\lim_{n\to\infty} L(\gamma_n)=t$. Anderseits strebt $L(\gamma_n)$ mit $n\to\infty$ gegen die Länge des von den Polygonen γ_n approximierten Bogens γ. Wir schließen daraus: cis bildet das Intervall $[0,t]$ in der Tat auf einen Bogen der Länge t ab.

95. Die Funktion arg

Da sich die Werte der cis-Funktion in Abständen von 2π wiederholen, ist cis sicher nicht injektiv, besitzt also auch keine Umkehrfunktion. Um trotzdem die Injektivität und damit die Existenz einer Umkehrfunktion zu erzwingen, könnten wir zur Einschränkung von cis auf das Intervall $[0,2\pi[$ übergehen. Natürlicher ist der folgende abstrakte Kunstgriff: Wir werfen alle Punkte $t\in\mathbb{R}$, in denen cis denselben Wert annimmt, in je einen Topf und fassen die so erhaltenen Teilmengen von $\mathbb{R}$ (je eine für jeden Wert von cis) als „Punkte" eines neuen Raumes auf. In anderen Worten: Wir betrachten auf $\mathbb{R}$ die Relation

(1) $$t_1 \sim t_2 \quad :\Leftrightarrow \quad \operatorname{cis} t_1 = \operatorname{cis} t_2 .$$

Da $\sim$ durch die Gleichheit von Funktionswerten erklärt ist, handelt es sich tatsächlich um eine Äquivalenzrelation. Nach Satz **(1.1)** wird dadurch die Menge $\mathbb{R}$ in disjunkte Äquivalenzklassen zerlegt, und zwar ist die von der Zahl $t_0\in\mathbb{R}$ erzeugte *Äquivalenzklasse modulo* 2π wegen **(9.20)** gegeben durch

$$[t_0]=\{t\in\mathbb{R} \mid t=t_0+2k\pi,\ k\in\mathbb{Z}\}$$

und bildet damit ein eindimensionales *Gitter* von äquidistanten Punkten. Die Menge der Äquivalenzklassen wird mit $\mathbb{R}/2\pi$, gelesen „$\mathbb{R}$ modulo 2π", bezeichnet. Die Konstruktion dieses neuen Raumes $\mathbb{R}/2\pi$ ermöglicht nun den folgenden Satz:

(9.22) *Durch die Abbildung*

(2) $$\operatorname{cis}^{\sim}: \mathbb{R}/2\pi \to \mathbb{E}, \qquad [t]\mapsto \operatorname{cis} t$$

wird eine bijektive Zuordnung der „Punkte" von $\mathbb{R}/2\pi$ zu den Punkten von $\mathbb{E}$ hergestellt.

Man beachte, daß hier $\operatorname{cis}^{\sim}$ mit Hilfe der nicht eindeutig bestimmten Darstellung $[t]$ der „Punkte" von $\mathbb{R}/2\pi$ festgelegt wird. Wir müssen daher mitbeweisen, daß $\operatorname{cis}^{\sim}$ als Abbildung wohldefiniert ist. — ⌈ Es gilt nach (1) und dem beim Beweis von Satz **(1.1)** Gesagten:

$$[t]=[t'] \Leftrightarrow \operatorname{cis} t=\operatorname{cis} t' .$$

Hieraus folgt unmittelbar: $\text{cis}^{\sim}$ ist erstens durch (2) wohldefiniert und zweitens injektiv. Da $\text{cis}^{\sim}$ dieselben Werte annimmt wie cis, ist $\text{cis}^{\sim}$ auch surjektiv. ⌟

Nach diesem Satz besitzt $\text{cis}^{\sim}$ eine Umkehrfunktion, genannt *Argument*:

$$\arg: \mathbb{E} \to \mathbb{R}/2\pi,$$

die für jeden Punkt $z = x + iy \in \mathbb{E}$ eine Äquivalenzklasse von reellen Zahlen modulo 2π festlegt. Es gilt:

(9.23) $\quad z = e^{it},\ t \in \mathbb{R} \quad \Leftrightarrow \quad \arg z = [t],\ |z| = 1.$

⌜ Beide Seiten sind äquivalent mit $z = \text{cis}^{\sim}[t]$: die linke Seite nach Definition von $\text{cis}^{\sim}$, die rechte nach Definition von arg. ⌟

Die Argumentfunktion läßt sich auf die ganze *punktierte Ebene*, d.h. auf die Menge $\mathbb{C}^* := \mathbb{C} \setminus \{0\}$ aller von 0 verschiedenen komplexen Zahlen fortsetzen: Für jedes $z \in \mathbb{C}^*$ ist $z/|z| \in \mathbb{E}$ (siehe die Fig. 95.1). Wir definieren daher $\arg z$ durch

(3) $\quad \arg z := \arg \dfrac{z}{|z|} \quad (z \in \mathbb{C}^*)$

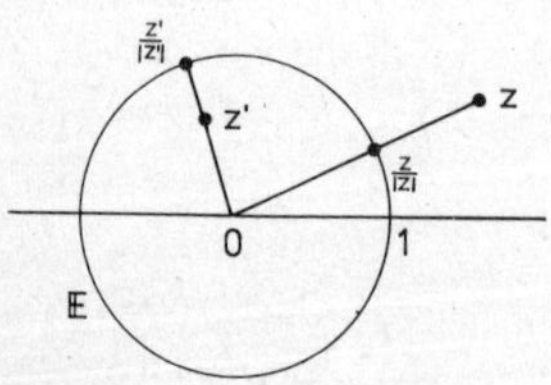

Fig. 95.1

(die rechte Seite ist bereits erklärt). Damit wird arg zu einer Funktion $\mathbb{C}^* \to \mathbb{R}/2\pi$, und zwar ist arg auf jedem von 0 ausgehenden Halbstrahl konstant.

(9.24) *Jedes $z \in \mathbb{C}^*$ besitzt eine im wesentlichen eindeutig bestimmte Darstellung der Form*

(4) $\quad z = re^{i\varphi}, \qquad r > 0,\ \varphi \in \mathbb{R};$

und zwar ist $r = |z|$, $[\varphi] = \arg z$.

⌜ Es sei $\arg z = \arg z/|z| =: [\varphi]$. Wegen **(9.23)** ist dann $z/|z| = e^{i\varphi}$, und es gilt (4) mit $r := |z|$. — Aus (4) folgt umgekehrt $|z| = r \cdot 1$ und hieraus weiter $z/|z| = e^{i\varphi}$, wegen **(9.23)** also $\arg z = \arg z/|z| = [\varphi]$. ⌟

Man nennt (4) die *Polardarstellung* der komplexen Zahl z.

Bis hierher war $\mathbb{R}/2\pi$ für uns nur eine Menge (von Mengen). Entscheidend ist nun, daß sich die additive Struktur von $\mathbb{R}$ auf $\mathbb{R}/2\pi$ „vererbt“: Äquivalenzklassen modulo 2π (und damit Argumente von komplexen Zahlen) lassen sich wie reelle Zahlen addieren, indem man setzt

$$[t_1]+[t_2]:=[t_1+t_2].$$

Hierdurch ist die Summe von zwei Klassen wohldefiniert: Gilt nämlich $[t_1]=[t'_1]$ und $[t_2]=[t'_2]$, so unterscheiden sich t_1 und t'_1 bzw. t_2 und t'_2 je um ein Vielfaches von 2π. Dasselbe trifft dann auch zu für t_1+t_2 und $t'_1+t'_2$, somit ist $[t_1+t_2]=[t'_1+t'_2]$.

Im Sinne dieser Addition genügt die Argumentfunktion der Funktionalgleichung des Logarithmus:

(9.25) $$\arg(z_1\cdot z_2)=\arg z_1+\arg z_2 \qquad \forall z_1,z_2\in\mathbb{C}^*.$$

┌ Es sei $z_k=r_k e^{i\varphi_k}$ $(k=1,2)$; dann ist

$$z_1\cdot z_2=r_1 r_2 e^{i(\varphi_1+\varphi_2)}$$

und somit wegen der Eindeutigkeitsaussage von **(9.24)**:

$$\arg(z_1 z_2)=[\varphi_1+\varphi_2]=[\varphi_1]+[\varphi_2]=\arg z_1+\arg z_2. \quad ┘$$

Kurz: Bei der Multiplikation von komplexen Zahlen multiplizieren sich die Beträge und addieren sich die Argumente. Hieraus ergibt sich bekanntlich auch die Möglichkeit, aus komplexen Zahlen „n-te Wurzeln“ zu ziehen (siehe die Fig. 95.2):

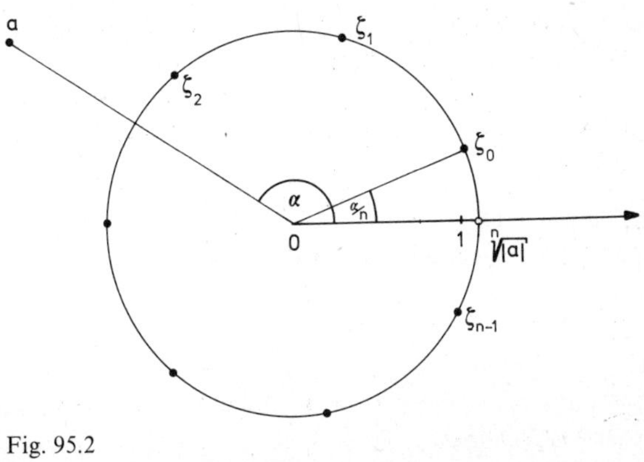

Fig. 95.2

(9.26) *Ist* $a \in \mathbb{C}^*$, $\arg a = [\alpha]$, *so besitzt die Gleichung*

(5) $$z^n = a$$

genau n verschiedene komplexe Wurzeln, nämlich die Zahlen

$$\zeta_k := \sqrt[n]{|a|}\, \operatorname{cis}\left(\frac{\alpha}{n} + k\frac{2\pi}{n}\right) \qquad (0 \leqslant k \leqslant n-1).$$

⌈ Die komplexe Zahl $z = re^{i\varphi}$ ist genau dann eine Lösung der Gleichung (5), wenn gleichzeitig gilt

$$r^n = |a| \wedge \underbrace{[\varphi + \varphi + \cdots + \varphi]}_{n \text{ Summanden}} = [\alpha],$$

das heißt aber:

$$r = \sqrt[n]{|a|} \wedge n\varphi = \alpha + 2k\pi, \qquad k \in \mathbb{Z}.$$

Hiernach kann φ irgendeinen der Werte $\alpha/n + k \cdot (2\pi/n)$ annehmen, woraus sich für $\arg z = [\varphi]$ aber nur n verschiedene Möglichkeiten, wie in der Behauptung angeführt, ergeben. ⌋

Fassen wir die Ebene wieder als reelle (x, y)-Ebene auf, so können wir in natürlicher Weise die Argumentfunktion von $\mathbb{C}^*$ her übernehmen. Wir bezeichnen die reelle punktierte Ebene $\mathbb{R}^2 \setminus \{\mathbf{0}\}$ mit $\dot{\mathbb{R}}^2$ und setzen

$$\arg(x, y) := \arg(x + iy) \qquad ((x, y) \in \dot{\mathbb{R}}^2)$$

(die rechte Seite ist bereits erklärt). Mit dieser Definition erhalten wir folgende reelle Formulierung der Proposition **(9.24)**:

(9.24′) *Jeder Punkt* $(x, y) \in \dot{\mathbb{R}}^2$ *besitzt eine im wesentlichen eindeutig bestimmte Darstellung der Form*

(6) $$(x, y) = (r\cos\varphi, r\sin\varphi), \qquad r > 0,\ \varphi \in \mathbb{R};$$

und zwar ist $r = \sqrt{x^2 + y^2}$, $[\varphi] = \arg(x, y)$.

(Siehe die Fig. 95.3.) — ⌈ Die Darstellung (6) ergibt sich aus (4) durch Trennung von Real- und Imaginärteil. ⌋

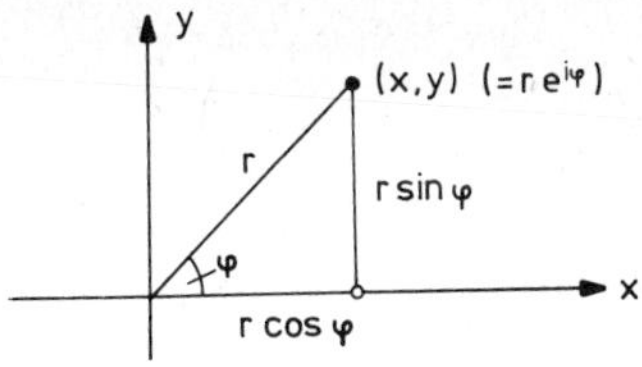

Fig. 95.3

Die zwei Größen r, $[\varphi]$ heißen die *Polarkoordinaten* des Punktes (x, y). Aus Bequemlichkeitsgründen werden die Klammern bei φ im allgemeinen weggelassen; das darf aber nicht darüber hinwegtäuschen, daß φ keine „gewöhnliche reelle Variable" darstellt. Ähnliches gilt für den von zwei Vektoren $\mathbf{z}$, $\mathbf{z}' \in \dot{\mathbb{R}}^2$ eingeschlossenen *Winkel* $\sphericalangle(\mathbf{z}, \mathbf{z}')$. Je nach Zusammenhang versteht man darunter den im Intervall $[0, 2\pi[$ oder den im Intervall $]-\pi, \pi]$ gelegenen Repräsentanten von $\arg \mathbf{z}' - \arg \mathbf{z}$ oder schließlich den Betrag des zweitgenannten Repräsentanten. Dieser Betrag ist nichts anderes als die Länge des kürzeren der beiden durch $\mathbf{z}/|\mathbf{z}|$ und $\mathbf{z}'/|\mathbf{z}'|$ bestimmten Teilbögen von $\mathbb{E}$.

Wir werden in Kapitel 16 ausführlich auf die Argumentfunktion zurückkommen und dann auch die Stetigkeit des Arguments erörtern.

96. Trigonometrische Funktionen

Wir stellen hier noch einige Eigenschaften der trigonometrischen Funktionen (siehe die Fig. 96.1—2) zusammen. Die Definitionen (94.1) sind äquivalent mit

$$\cos t \pm i \sin t = e^{\pm it}.$$

Wegen $e^{i(u \pm v)} = e^{iu} \cdot e^{\pm iv}$ gilt daher

$$\cos(u \pm v) + i \sin(u \pm v) = e^{i(u \pm v)} = (\cos u + i \sin u)(\cos v \pm i \sin v).$$

Trennt man hier auch rechter Hand Real- und Imaginärteil, so folgen die *Additionstheoreme*

$$\text{(9.27)} \qquad \begin{cases} \cos(u \pm v) = \cos u \cos v \mp \sin u \sin v, \\ \sin(u \pm v) = \sin u \cos v \pm \cos u \sin v. \end{cases}$$

Wir verzichten darauf, hier weitere trigonometrische Formeln dieser Art herzuleiten.

① Als Anwendung von **(9.27)** diene die sogenannte „geometrische Definition des Skalarprodukts“: Für je zwei Vektoren $\mathbf{z}, \mathbf{z}' \in \dot{\mathbb{R}}^2$ gilt

$$(1) \qquad \mathbf{z} \bullet \mathbf{z}' = |\mathbf{z}| \cdot |\mathbf{z}'| \cos\alpha\,;$$

dabei bezeichnet α den von $\mathbf{z}$ und $\mathbf{z}'$ eingeschlossenen Winkel. — ⌜ Benutzen wir die Darstellung (95.6):

$$\mathbf{z} = (r\cos\varphi, r\sin\varphi)\,, \qquad \mathbf{z}' = (r'\cos\varphi', r'\sin\varphi')\,,$$

so folgt

$$\begin{aligned} \mathbf{z} \bullet \mathbf{z}' &= r\cos\varphi \cdot r'\cos\varphi' + r\sin\varphi \cdot r'\sin\varphi' \\ &= r r'(\cos\varphi\cos\varphi' + \sin\varphi\sin\varphi') \\ &= |\mathbf{z}|\,|\mathbf{z}'|\cos(\varphi' - \varphi)\,. \quad ⌟ \end{aligned}$$

In der Elementargeometrie wird gezeigt, daß die Formel (1) nicht nur in der Ebene gilt, sondern auch im $\mathbb{R}^m$ mit $m > 2$. ○

Mit Hilfe von **(9.21)** schließt man aus

$$\sin t = \frac{e^{it} - e^{-it}}{2i} = \frac{e^{-it}}{2i}(e^{2it} - 1)\,,$$

daß sin genau in den Punkten $k\pi$, $k \in \mathbb{Z}$, verschwindet. Weiter hat man wegen **(8.17)**(a)

$$\frac{\sin t}{t} = e^{-it}\frac{e^{2it} - 1}{2it} \to 1 \cdot 1 \qquad (t \to 0)\,,$$

also

$$\textbf{(9.28)} \qquad \lim_{t \to 0} \frac{\sin t}{t} = 1\,.$$

Zerlegt man die äußeren Glieder von (94.4) in Real- und Imaginärteil:

$$\cos\left(t + \frac{\pi}{2}\right) + i\sin\left(t + \frac{\pi}{2}\right) = -\sin t + i\cos t\,,$$

so ergeben sich die Identitäten

$$\textbf{(9.29)} \qquad \cos\left(t + \frac{\pi}{2}\right) = -\sin t\,, \qquad \sin\left(t + \frac{\pi}{2}\right) = \cos t \qquad \forall t \in \mathbb{R}\,.$$

Hieraus folgt noch insbesondere, daß cos genau in den Punkten $k\pi+\pi/2$, $k\in\mathbb{Z}$, verschwindet. Durch zweimalige Anwendung von **(9.29)** ergibt sich weiter:

(9.30) $\cos(t+\pi)=-\cos t, \quad \sin(t+\pi)=-\sin t \quad \forall t\in\mathbb{R}.$

Wir beweisen schließlich:

(9.31) *Cosinus und Sinus besitzen die Fundamentalperiode* 2π.

⌜ Beide Funktionen besitzen wegen **(9.19)** jedenfalls die Periode 2π. Mit **(9.29)** ergibt sich nun

$$\operatorname{cis} t=\sin\left(t+\frac{\pi}{2}\right)+i\sin t \qquad \forall t.$$

Hiernach kann sin keine kleinere Periode aufweisen als die Fundamentalperiode von cis, also 2π, und dasselbe folgt schließlich aus **(9.29)** für den Cosinus. ⌟

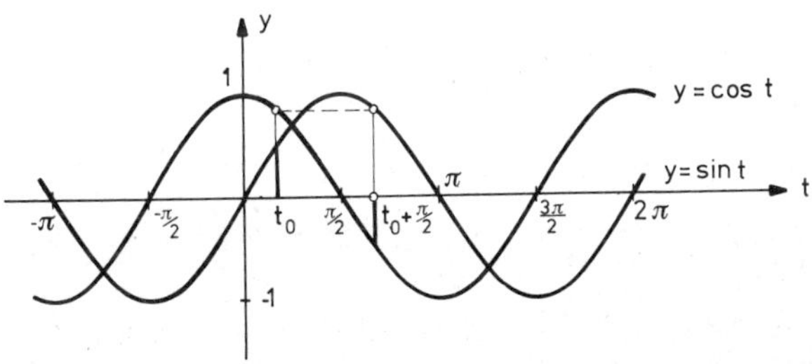

Fig. 96.1

Mit Hilfe von Cosinus und Sinus definiert man noch den *Tangens* und den *Cotangens* (siehe die Fig. 96.2) durch

$$\operatorname{tg} t:=\frac{\sin t}{\cos t} \qquad \left(t\neq k\pi+\frac{\pi}{2},\ k\in\mathbb{Z}\right),$$

$$\operatorname{ctg} t:=\frac{\cos t}{\sin t} \qquad (t\neq k\pi,\ k\in\mathbb{Z}).$$

Wegen **(9.30)** besitzen tg und ctg die Periode π, und zwar ist π Fundamentalperiode: Die Nullstellen von tg stimmen mit denen von sin überein.

Die Monotonieeigenschaften der trigonometrischen Funktionen könnten (wie übrigens auch **(9.29)**—**(9.31)**) dem Beweis von Satz **(9.18)** entnommen werden.

Wir wollen aber die Monotonie dieser Funktionen im Rahmen der Differentialrechnung nocheinmal diskutieren (Abschnitt 106) und auch die Einführung der zugehörigen Umkehrfunktionen bis dahin verschieben.

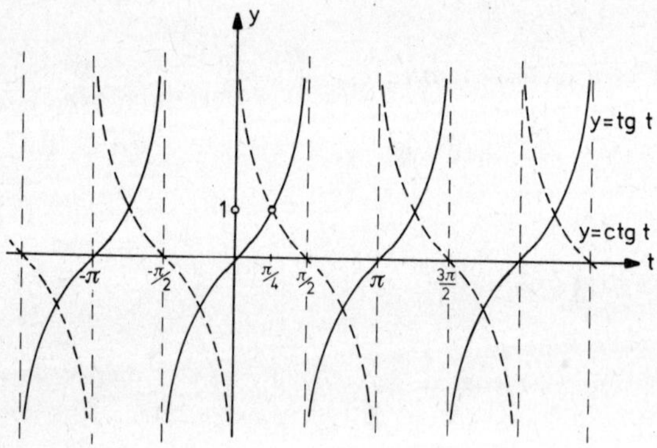

Fig. 96.2

Aufgaben

1. Jemand berechnet e^{-10} ($\doteq 5\cdot 10^{-5}$) mit Hilfe der Exponentialreihe und berücksichtigt alle Glieder bis und mit $10^{38}/38!$. Wieviel signifikante Dezimalstellen erhält er ungefähr? ($38! \doteq 5\cdot 10^{44}$)

2. Betrachte das n-te Glied der Exponentialreihe: $z^n/n!$. Für welche $z\in\mathbb{C}$ ist dieses Glied absolut größer als jedes andere Glied?

3. Berechne die folgenden Grenzwerte:

a) $\lim\limits_{n\to\infty}\left(1+\dfrac{2}{n-4}\right)^n$, b) $\lim\limits_{n\to\infty}\left(1+\dfrac{1}{n}\right)^{\sqrt{n}}$,

c) $\lim\limits_{x\to\infty} x^{1/x}$, d) $\lim\limits_{x\to\infty}\left(1+\dfrac{\alpha}{x}\right)^x$,

e) $\lim\limits_{x\to 0}\dfrac{\log(1+\alpha x)}{x}$, f) $\lim\limits_{n\to\infty}[n(\sqrt[n]{a}-1)]$ $(a>0)$.

4. Es sei (a_k) eine Folge von reellen Zahlen. Betrachte die Aussagen

$$\mathscr{A}: \quad \sum_k a_k \quad \text{konvergiert,}$$
$$\mathscr{B}: \quad \sum_k a_k^2 \quad \text{konvergiert,}$$
$$\mathscr{C}: \quad \sum_k \log(1+|a_k|) \quad \text{konvergiert.}$$

Welche der sechs möglichen Implikationen zwischen diesen Aussagen sind richtig, welche nicht? Man gebe in jedem Fall einen Beweis oder ein Gegenbeispiel.

5. Vergleiche das Wachstum der drei Funktionen

$$f(x) := x^{\sqrt{\log x}}, \quad g(x) := (\log x)^{\log x}, \quad h(x) := \exp \frac{\sqrt{x}}{\log x}$$

für $x \to \infty$. (Hinweis: Betrachte die Logarithmen von f, g und h.)

6. Es sei $\sum_k a_k$ eine konvergente Reihe mit positiven Gliedern. Man untersuche die Reihen

a) $\sum_k (-1)^k a_k$, b) $\sum_k \dfrac{1}{\log a_k}$,

c) $\sum_k (e^{a_k} - 1)$, d) $\sum_k k a_k^2$.

auf Konvergenz, d. h. man gebe in jedem Fall einen Konvergenzbeweis oder ein Gegenbeispiel.

7. Fritz macht sich hinter eine volle Literflasche Whisky seines Vaters. Er trinkt immer wieder einen minimalen Bruchteil λ ($\lambda \to 0$) des Inhalts und füllt mit Wasser nach, und zwar so oft, bis die Whiskykonzentration in der Flasche auf $\leqslant 1/2$ gesunken ist. Wieviel Liter Whisky und wieviel Liter Wasser hat Fritz dabei im ganzen getrunken?

8. Berechne die folgenden Grenzwerte, falls vorhanden:

a) $\lim\limits_{x \to 0} \dfrac{\sqrt{1-\cos x}}{x}$, b) $\lim\limits_{x \to 0} \left[\operatorname{tg}\left(x + \dfrac{\pi}{4}\right)\right]^{\operatorname{ctg} x}$.

9. Zeige: Für beliebiges $a > 0$ gilt

$$\lim_{x \to 0} \frac{a^x - 1}{x} = \log a.$$

10. Berechne durch Zurückführung auf eine (endliche) geometrische Reihe die beiden Summen

a) $\sum_{k=0}^{n} \cos kx$, b) $\sum_{k=0}^{n} \sin kx$.

11. Es sei $c := \dfrac{\log 2}{2\pi} + i$. Man stelle die Funktion

$$f\colon \mathbb{R} \to \mathbb{C}, \qquad t \mapsto e^{ct}$$

in geeigneter Weise graphisch dar.

12. Bestimme alle Lösungen z der folgenden Gleichungen:

a) $\exp\left(\pi \dfrac{i+z}{1+iz}\right) = 1$, b) $z^4 = 8(i\sqrt{3} - 1)$.

13. Bestimme Real- und Imaginärteil der folgenden komplexen Zahlen:

a) $\exp\left(\pi \dfrac{1+i\sqrt{2}}{\sqrt{2}+i}\right)$, b) $\left(-\dfrac{\sqrt{3}}{2} + \dfrac{i}{2}\right)^{1979}$.

14. a) Überlege: Bei geeigneter Wahl der Zeitskala lassen sich die Bewegungen von Stunden-, Minuten- und Sekundenzeiger einer Uhr beschreiben durch die drei Funktionen

$$z_0(t) := \operatorname{cis} t, \qquad z_1(t) := \operatorname{cis}(12t), \qquad z_2(t) = \operatorname{cis}(720t).$$

b) Auf einem Bild erkennt man Stunden-, Minuten- und Sekundenzeiger einer Uhr, aber keine Marken auf dem Zifferblatt. Untersuche, ob der Aufnahmezeitpunkt t^* durch die Stellung der drei Zeiger zueinander modulo 2π (entspricht 12 Stunden) bestimmt ist und wie er sich allenfalls berechnen läßt. (Hinweis: Bezeichnen z_m und z_s die Lage der Minuten- und des Sekundenzeigers, wenn das Bild so gehalten wird, daß der Stundenzeiger auf 1 fällt, so ist $\operatorname{cis} t^* = z_s^p z_m^q$, wobei die ganzen Zahlen p und q einer gewissen diophantischen Gleichung genügen.)

Kapitel 10. Differentialrechnung I

101. Begriff der Ableitung

Wir betrachten ein festes Intervall $I \subset \mathbb{R}$ und eine Funktion $f: I \to \mathbb{R}$. Sind x_0, x_1 zwei verschiedene Punkte von I, so heißt der Ausdruck

$$\frac{f(x_1)-f(x_0)}{x_1-x_0} =: \frac{\Delta f}{\Delta x}$$

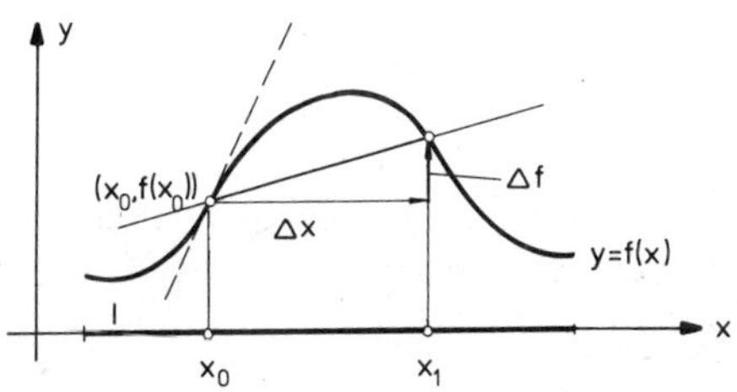

Fig. 101.1

ein *Differenzenquotient* von f; sein Wert ist gleich der Steigung der Sekante, die die beiden zu x_0 und x_1 gehörigen Punkte des Graphen von f miteinander verbindet (siehe die Fig. 101.1). Existiert nun für ein $x_0 \in I$ der Grenzwert

$$(1) \qquad \lim_{x \to x_0} \frac{f(x)-f(x_0)}{x-x_0} = \lim_{h \to 0} \frac{f(x_0+h)-f(x_0)}{h},$$

so ist f im Punkt x_0 *differenzierbar*; der Grenzwert (1) heißt *Differentialquotient* oder *Ableitung von* f *im Punkt* x_0 und wird üblicherweise mit $f'(x_0)$ oder mit $\left.\frac{df}{dx}\right|_{x=x_0}$ bezeichnet. Geometrisch läßt sich die Ableitung als Steigung der Tangente an den Graphen von f im Punkt $(x_0, f(x_0))$ interpretieren. Gelegentlich betrachten wir auch die einseitigen Grenzwerte

$$f'(x_0+) := \lim_{x\to x_0+} \frac{f(x)-f(x_0)}{x-x_0}, \quad f'(x_0-) := \lim_{x\to x_0-} \frac{f(x)-f(x_0)}{x-x_0},$$

die als *rechtsseitige* bzw. *linksseitige* Ableitung von f im Punkt x_0 bezeichnet werden.

① Für die Funktion $f(x) := x^2$ ist

$$f'(x_0) = \lim_{x\to x_0} \frac{x^2-x_0^2}{x-x_0} = \lim_{x\to x_0} (x+x_0) = 2x_0 .$$

Diese Funktion ist in jedem Punkt $x_0 \in \mathbb{R}$ differenzierbar. ○

② Für die Funktion $f(x) := |x|$ ist die rechtsseitige Ableitung im Nullpunkt gleich

$$\lim_{x\to 0+} \frac{|x|-0}{x-0} = \lim_{x\to 0+} \frac{x}{x} = 1,$$

die linksseitige gleich

$$\lim_{x\to 0-} \frac{|x|-0}{x-0} = \lim_{x\to 0-} \frac{-x}{x} = -1 .$$

Diese Funktion ist zwar stetig im Nullpunkt, aber dort nicht differenzierbar. In allen anderen Punkten ist f differenzierbar. ○

(10.1) *Ist f im Punkt x_0 differenzierbar, so gilt*

(2) $$f(x) = f(x_0) + f'(x_0)(x-x_0) + r(x)(x-x_0) \quad (x \in A)$$

mit einer in x_0 stetigen und dort verschwindenden Funktion r.

Hiernach läßt sich $f(x)$ approximieren durch die lineare Funktion

$$f(x_0) + f'(x_0)(x-x_0),$$

wobei der Fehler mit $x \to x_0$ schneller nach 0 geht als $|x-x_0|$. — ⌜ Setzt man nämlich

$$r(x) := \begin{cases} \dfrac{f(x)-f(x_0)}{x-x_0} - f'(x_0) & (x \neq x_0) \\ 0 & (x = x_0), \end{cases}$$

so ist (2) erfüllt, und r ist nach Definition von $f'(x_0)$ im Punkt x_0 stetig. ⌟

Da alle Summanden auf der rechten Seite von (2) im Punkt x_0 stetig sind, ergibt sich als Korollar:

(10.2) *Ist f im Punkt x_0 differenzierbar, so ist f dort stetig.*

Wie das obige Beispiel ② zeigt, ist die Umkehrung von **(10.2)** falsch; vgl. auch Satz **(10.6)**.

Die Punkte $x \in I$, in denen f differenzierbar ist, bilden den Definitionsbereich der Funktion

$$f'\colon x \mapsto f'(x),$$

genannt *Ableitung* von f; anstelle von f' werden auch die Bezeichnungen df/dx, $\frac{d}{dx}f(x)$, Df u.ä. verwendet. Ist $\mathscr{D}(f')=I$, so heißt f *differenzierbar auf* I, und ist die Ableitung f' sogar stetig auf I, so heißt f *stetig differenzierbar auf* I (wie das Beispiel 103.① zeigt, ist f' nicht von selbst stetig).

③ Die Funktion $f(x):=x$ besitzt die Ableitung $f'(x)\equiv 1$, die konstante Funktion $f(x):=\alpha$ besitzt die Ableitung $f'(x)\equiv 0$:

$$\lim_{x\to x_0}\frac{x-x_0}{x-x_0}=1 \quad \forall x_0, \qquad \lim_{x\to x_0}\frac{\alpha-\alpha}{x-x_0}=0 \quad \forall x_0. \quad \bigcirc$$

102. Rechenregeln

Die *Ableitungsoperation* $(d/dx)\colon f \mapsto f'$ genügt gewissen Rechenregeln:

(10.3) *In allen Punkten x, wo die rechte Seite der folgenden Gleichungen definiert ist, gilt*

(a) $(\alpha f)' = \alpha f' \quad (\alpha \in \mathbb{R})$,

(b) $(f+g)' = f'+g'$,

(c) $(f\cdot g)' = f'g+fg'$,

(d) $(f/g)' = \dfrac{f'g-fg'}{g^2}$,

(e) $(g\circ f)' = (g'\circ f)\cdot f'$ *bzw.*

$$\frac{d}{dx}g(f(x)) = g'(f(x))\cdot f'(x).$$

Formel (e) ist die sogenannte *Kettenregel.* — ⌜ Es genügt, diese Regeln für ein festes $x_0 \in A$ zu beweisen. (a) und (b) sind klar. — (c) ergibt sich aus

$$\frac{f(x)g(x)-f(x_0)g(x_0)}{x-x_0}=\frac{f(x)-f(x_0)}{x-x_0}g(x)+\frac{g(x)-g(x_0)}{x-x_0}f(x_0).$$

Aufgrund der Definition von $f'(x_0)$ bzw. $g'(x_0)$ und wegen der Stetigkeit von g im Punkt x_0 strebt hier die rechte Seite mit $x \to x_0$ gegen den behaupteten Wert. — Für (d) müssen wir $g(x_0) \neq 0$ voraussetzen, dann ist $g(x) \neq 0$ in einer ganzen Umgebung von x_0. Wir erhalten

$$\frac{1}{g(x)}-\frac{1}{g(x_0)}=\frac{g(x_0)-g(x)}{g(x)g(x_0)}$$

und somit

$$\frac{1/g(x)-1/g(x_0)}{x-x_0}=\frac{-1}{g(x)g(x_0)}\,\frac{g(x)-g(x_0)}{x-x_0}.$$

Hieraus folgt mit $x \to x_0$:

$$\left.\frac{d}{dx}\frac{1}{g}\right|_{x:=x_0}=-\frac{g'(x_0)}{g^2(x_0)}.$$

Wegen $f/g=f\cdot(1/g)$ läßt sich damit (d) auf (c) zurückführen. — Zum Beweis der Kettenregel setzen wir $f(x_0)=:y_0$ und schreiben

(1) $$f(x)-f(x_0)=[f'(x_0)+r(x)](x-x_0),$$

(2) $$g(y)-g(y_0)\ =[g'(y_0)+s(y)](y-y_0);$$

nach Satz **(10.1)** sind dabei r und s stetig in x_0 bzw. y_0, und es gilt $r(x_0)=s(y_0)=0$. Setzen wir in (2) $y:=f(x)$ und verwenden wir für den zweiten Faktor rechts die Gleichung (1), so ergibt sich

$$g(f(x))-g(f(x_0))=[g'(f(x_0))+s(f(x))][f'(x_0)+r(x)](x-x_0)$$

und hieraus

(3) $$\frac{g(f(x))-g(f(x_0))}{x-x_0}=[g'(f(x_0))+s(f(x))][f'(x_0)+r(x)].$$

Nach **(8.7)**, **(10.2)** und dem über r und s Gesagten ist $\lim\limits_{x\to x_0} s(f(x))=0$ und $\lim\limits_{x\to x_0} r(x)=0$. Aus (3) ergibt sich daher mit $x \to x_0$ die Behauptung. ⌟

Eine weitere Regel bezieht sich auf die Umkehrfunktion:

(10.4) *Es sei f eigentlich monoton und differenzierbar auf dem Intervall I. Dann ist die Umkehrfunktion $f^{-1}=:g$ in allen Punkten $y\in f(I)$, für die $f'(g(y))\neq 0$ ist, differenzierbar, und zwar gilt*

$$g'(y)=\frac{1}{f'(g(y))}.$$

⌜ Wir betrachten ein festes $y_0=f(x_0)$ und setzen in (1) $x:=g(y)$. Es ergibt sich

$$y-y_0=f(g(y))-f(g(y_0))=[f'(g(y_0))+r(g(y))](g(y)-g(y_0))$$

und somit

$$(4)\qquad \frac{g(y)-g(y_0)}{y-y_0}=\frac{1}{f'(g(y_0))+r(g(y))}.$$

Nach Satz **(8.33)** ist g stetig im Punkt y_0, ferner ist r stetig im Punkt $x_0=g(y_0)$ und hat dort den Wert 0. Da nach Voraussetzung $f'(g(y_0))\neq 0$ ist, strebt die rechte Seite von (4) mit $y\to y_0$ in der Tat gegen $1/f'(g(y_0))$. ⌟

Die Sätze **(10.3)** und **(10.4)** setzen uns instand, die Ableitungen der bisher eingeführten „speziellen" Funktionen, ihrer Zusammensetzungen und Umkehrfunktionen zu berechnen:

(10.5) (a) $\frac{d}{dx}x^k=k\,x^{k-1}\qquad (k\in\mathbb{Z})$,

(b) $\frac{d}{dx}e^x=e^x$,

(c) $\frac{d}{dx}\log x=\frac{1}{x}$,

(d) $\frac{d}{dx}x^\alpha=\alpha\,x^{\alpha-1}\qquad(\alpha\in\mathbb{R})$,

(e) $\frac{d}{dx}\sinh x=\cosh x,\quad \frac{d}{dx}\cosh x=\sinh x$,

(f) $\frac{d}{dx}\operatorname{arsinh} x=\frac{1}{\sqrt{x^2+1}},\quad \frac{d}{dx}\operatorname{arcosh} x=\frac{1}{\sqrt{x^2-1}}$,

(g) $\frac{d}{dx}\sin x=\cos x,\quad \frac{d}{dx}\cos x=-\sin x$.

⌈ (a) wurde für $k=0$ und $k=1$ bewiesen in Beispiel 101.③. Nach der Produktregel **(10.3)**(c) gilt weiter

$$\frac{d}{dx}(x^{k+1}) = \frac{d}{dx}(x^k \cdot x) = \frac{d}{dx}x^k \cdot x + x^k \cdot \frac{d}{dx}x = kx^{k-1} \cdot x + x^k \cdot 1 = (k+1)x^k;$$

endlich ist nach **(10.3)**(d) und dem eben mit vollständiger Induktion Bewiesenen:

$$\frac{d}{dx}\frac{1}{x^k} = \frac{-kx^{k-1}}{x^{2k}} = \frac{-k}{x^{k+1}}.$$

— Wegen **(8.17)** gilt

$$\lim_{x\to x_0}\frac{e^x - e^{x_0}}{x-x_0} = e^{x_0}\lim_{x\to x_0}\frac{e^{x-x_0}-1}{x-x_0} = e^{x_0},$$

und damit folgt (b). — Die Funktion log ist Umkehrfunktion von exp. Wegen $\exp'(x) = e^x \neq 0 \ \forall x$ ergibt sich mit Satz **(10.4)**:

$$\log'(y) = \frac{1}{\exp'(\log y)} = \frac{1}{e^{\log y}} = \frac{1}{y},$$

d.h. (c). — Zum Beweis von (d) schreiben wir für $x>0$:

$$x^\alpha = \exp(\alpha \log x).$$

Die Kettenregel liefert dann zusammen mit (b) und (c):

$$\frac{d}{dx}x^\alpha = \exp'(\alpha\log x)\cdot\alpha\log'(x) = e^{\alpha\log x}\cdot\frac{\alpha}{x} = x^\alpha\cdot\frac{\alpha}{x} = \alpha x^{\alpha-1}.$$

Für $\alpha \geqslant 1$ ist die Funktion $x \mapsto x^\alpha$ auch noch an der (vom obigen Beweis nicht erfaßten) Stelle $x=0$ differenzierbar. Man erhält

$$\frac{d}{dx}x^\alpha\Big|_{x=0} = \lim_{x\to 0+}\frac{x^\alpha - 0}{x-0} = \lim_{x\to 0+}x^{\alpha-1} = \begin{cases}1 & (\alpha=1)\\ 0 & (\alpha>1).\end{cases}$$

— (e) ist aufgrund von (b) und den allgemeinen Regeln **(10.3)** klar. — (f): Der Areasinus ist die Umkehrfunktion des hyperbolischen Sinus; dabei gilt $\sinh'(x) = \cosh x > 0 \ \forall x$. Folglich ergibt sich mit Satz **(10.4)** und der Identität **(9.9)**:

$$\frac{d}{dx}\operatorname{arsinh} x = \frac{1}{\cosh(\operatorname{arsinh} x)} = \frac{1}{\sqrt{x^2+1}};$$

ähnlich schließt man beim Areacosinus. — (g): Mit Hilfe der trigonometrischen Identität

$$\sin u - \sin v = 2\sin\frac{u-v}{2}\cos\frac{u+v}{2}$$

erhält man

$$\frac{\sin(x_0+h)-\sin x_0}{h} = \frac{2\sin\frac{h}{2}\cos\left(x_0+\frac{h}{2}\right)}{h} = \frac{\sin\frac{h}{2}}{\frac{h}{2}}\cos\left(x_0+\frac{h}{2}\right),$$

und wegen **(9.28)** strebt hier die rechte Seite mit $h \to 0$ gegen $\cos x_0$. Endlich folgt aus **(9.29)**, der Kettenregel und dem eben Bewiesenen

$$\frac{d}{dx}\cos x = \frac{d}{dx}\left(\sin\left(x+\frac{\pi}{2}\right)\right) = \cos\left(x+\frac{\pi}{2}\right)\cdot 1 = -\sin x. \quad \lrcorner$$

① Für $f(x) := \sin x / \cos x$ erhält man mit Hilfe der Quotientenregel **(10.3)**(d):

$$f'(x) = \frac{\cos x \cdot \cos x - \sin x(-\sin x)}{\cos^2 x};$$

somit ergibt sich

$$\frac{d}{dx}\operatorname{tg} x = \frac{1}{\cos^2 x} = 1 + \operatorname{tg}^2 x.$$

Analog verifiziert man

(5) $$\frac{d}{dx}\operatorname{tgh} x = \frac{1}{\cosh^2 x} = 1 - \operatorname{tgh}^2 x. \quad \bigcirc$$

② Als weiteres Beispiel für die Anwendung der Kettenregel betrachten wir die Funktion

$$F(x) := e^{\sqrt{1-x^2}}$$

die aus den drei Funktionen

$$f: x \mapsto 1 - x^2 =: y, \qquad g: y \mapsto \sqrt{y} =: z, \qquad h: z \mapsto e^z$$

zusammengesetzt ist. Die Kettenregel ergibt in diesem Fall

$$\begin{aligned} F'(x) &= h'(g(f(x))) \cdot g'(f(x)) \cdot f'(x) \\ &= e^{\sqrt{1-x^2}} \frac{1}{2\sqrt{1-x^2}} \cdot (-2x) \\ &= \frac{-x e^{\sqrt{1-x^2}}}{\sqrt{1-x^2}}. \quad \bigcirc \end{aligned}$$

103. Gegenbeispiele

① Eine differenzierbare Funktion braucht nicht stetig differenzierbar zu sein. Man betrachte die Funktion

(1) $$f(x) := \begin{cases} x^2 \sin \dfrac{1}{x} & (x \neq 0) \\ 0 & (x = 0) \end{cases}$$

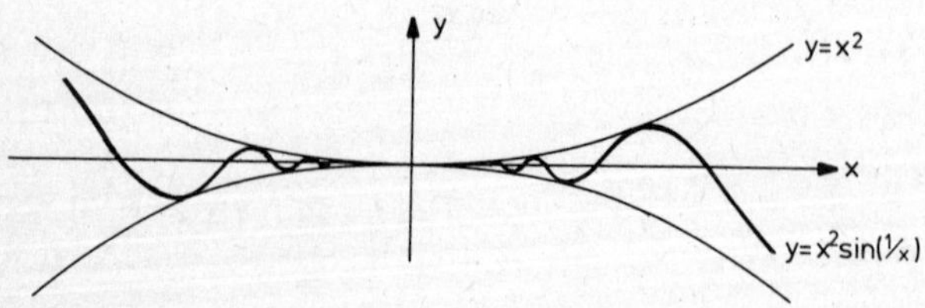

Fig. 103.1

(siehe die Fig. 103.1). Ist $x_0 \neq 0$, so trifft in einer ganzen Umgebung von x_0 die obere Alternative von (1) zu. Für alle $x \neq 0$ gilt daher nach den Rechenregeln

$$\begin{aligned} f'(x) &= 2x \sin \frac{1}{x} + x^2 \cos \frac{1}{x} \cdot \left(\frac{-1}{x^2} \right) \\ &= 2x \sin \frac{1}{x} - \cos \frac{1}{x}. \end{aligned}$$

Nach Beispiel 84.① strebt hier der erste Summand rechts mit $x \to 0$ gegen 0, der zweite besitzt für $x \to 0$ keinen Grenzwert. Somit existiert der $\lim\limits_{x \to 0} f'(x)$ nicht. Trotzdem ist f an der Stelle 0 differenzierbar:

$$f'(0)=\lim_{x\to 0}\frac{f(x)-f(0)}{x-0}=\lim_{x\to 0}\frac{x^2\sin\frac{1}{x}}{x}=\lim_{x\to 0}x\sin\frac{1}{x}=0\,. \quad \bigcirc$$

② Den folgenden überraschenden Satz hat Weierstraß als erster bewiesen:

(10.6) *Es gibt Funktionen, die auf ganz* $\mathbb{R}$ *stetig, aber nirgends differenzierbar sind.*

⌈ Für jedes $k\in\mathbb{N}$ sei φ_k die in der Fig. 103.2 dargestellte „Sägefunktion". Wir zeigen, daß die Funktion

$$f:=\sum_{k=0}^{\infty}\varphi_k$$

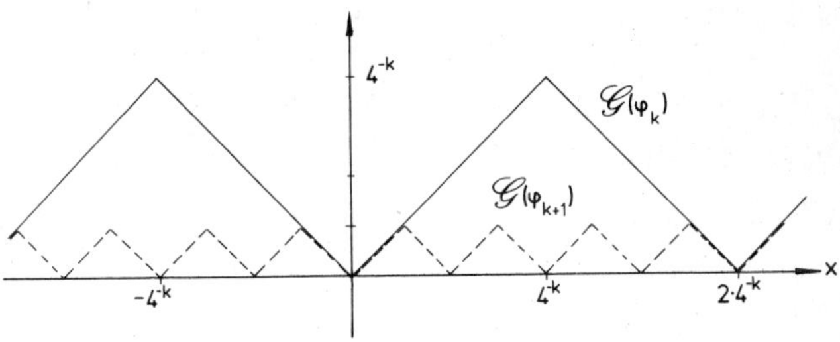

Fig. 103.2

stetig, aber nirgends differenzierbar ist. — Wegen

(2) $$|\varphi_k(x)|\leqslant 4^{-k} \qquad \forall x\in\mathbb{R}$$

ist zunächst $f:\mathbb{R}\to\mathbb{R}$ wohldefiniert. Ist weiter $|x-y|\leqslant 4^{-k_0}$, so gelten die Ungleichungen

$$|\varphi_k(x)-\varphi_k(y)|\leqslant\begin{cases}4^{-k_0} & (k<k_0)\\ 4^{-k} & (k\geqslant k_0),\end{cases}$$

weil die Flanken von φ_k die Steigung 1 bzw. die Höhe 4^{-k} aufweisen. Hieraus folgt aber

$$\begin{aligned}|f(x)-f(y)|&\leqslant\sum_{k=0}^{k_0-1}|\varphi_k(x)-\varphi_k(y)|+\sum_{k=k_0}^{\infty}|\varphi_k(x)-\varphi_k(y)|\\ &\leqslant k_0\cdot 4^{-k_0}+\frac{4^{-k_0}}{1-1/4}=\frac{k_0+4/3}{4^{k_0}}\,.\end{aligned}$$

Wegen (64.3) kann hier die rechte Seite durch geeignete Wahl von k_0 beliebig klein gemacht werden. Das heißt: Zu jedem $\varepsilon>0$ gibt es ein $\delta:=4^{-k_0}$ mit $|f(x)-f(y)|<\varepsilon$, sobald $|x-y|<\delta$. Somit ist f auf $\mathbb{R}$ (sogar gleichmäßig) stetig.

Wir sagen, die Punkte x und y *liegen an derselben Flanke* von φ_j, wenn φ_j zwischen x und y linear ist. Da die φ_k gewissermaßen „in Phase" sind, liegen x und y dann auch an derselben Flanke von jedem φ_k mit $k\leqslant j$. — Wir betrachten nun einen festen Punkt $\xi\in\mathbb{R}$. Für jedes $j\in\mathbb{N}$ läßt sich die Zahl $h_j:=\pm(1/2)4^{-j}$ so wählen, daß ξ und $\xi+h_j$ an derselben Flanke von φ_j liegen. Halten wir j für den Moment fest, so ergibt sich aus der obigen Bemerkung und der Tatsache, daß alle φ_k mit $k>j$ die Periode $|h_j|$ besitzen, folgende Relation:

$$\frac{\varphi_k(\xi+h_j)-\varphi_k(\xi)}{h_j}=\begin{cases}\pm 1 & (k\leqslant j)\\ 0 & (k>j).\end{cases}$$

Damit erhalten wir

$$\frac{f(\xi+h_j)-f(\xi)}{h_j}=\sum_{k=0}^{\infty}\frac{\varphi_k(\xi+h_j)-\varphi_k(\xi)}{h_j}=\sum_{k=0}^{j}\pm 1\,,$$

die Differenzenquotienten

$$\frac{f(\xi+h_j)-f(\xi)}{h_j}\qquad (j=0,1,2,\ldots)$$

sind also abwechslungsweise gerade und ungerade ganze Zahlen. Wegen $\lim_{j\to\infty} h_j=0$ kann somit der $\lim_{h\to 0}(f(\xi+h)-f(\xi))/h$ nicht existieren, d.h. f ist im Punkt ξ nicht differenzierbar. ⌟

104. Extrema

In diesem und den folgenden Abschnitten wird untersucht, welche Eigenschaften einer Funktion f sich aus dem Verhalten der Ableitung f' herauslesen lassen.

Es sei $A\subset\mathbb{X}$ und f eine reellwertige Funktion auf A. Wir sagen, f besitze im Punkt $x_0\in A$ ein *lokales Maximum*, wenn es ein $\delta>0$ gibt mit

$$f(x_0)\geqslant f(x)\qquad \forall x\in U_\delta(x_0)\cap A\,,$$

d.h. wenn die Einschränkung von f auf eine hinreichend kleine Umgebung von x_0 im Punkt x_0 maximal ist (siehe die Fig. 104.1). Analog wird ein *lokales Minimum* definiert, und wir sagen, f sei im Punkt x_0 *lokal extremal*, wenn dort ein lokales Maximum oder ein lokales Minimum vorliegt. Ist x_0 eine globale Maximalstelle von f auf A, d.h. $f(x_0) \geqslant f(x)\ \forall x \in A$, so ist x_0 erst recht eine lokale Maximalstelle, dasselbe gilt für Minimalstellen.

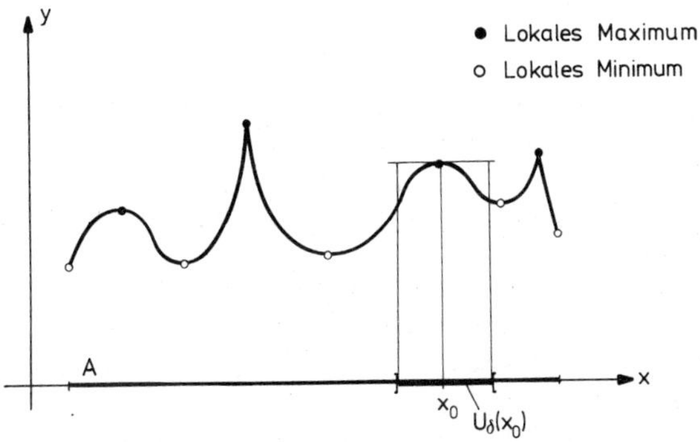

Fig. 104.1

Von jetzt ab sei $\mathscr{D}(f) =: I$ wieder ein Intervall. Wir beginnen mit dem Hilfssatz

(10.7) *Ist* $f'(x_0) \neq 0$, *so gibt es ein* $\delta > 0$ *mit*

$$\operatorname{sgn}(f(x) - f(x_0)) = \operatorname{sgn} f'(x_0) \cdot \operatorname{sgn}(x - x_0) \qquad \forall x \in U_\delta(x_0) \cap I\,.$$

⌈ Nach Satz **(10.1)** gilt

(1) $$f(x) - f(x_0) = (f'(x_0) + r(x))(x - x_0)\,,$$

und es gibt ein $\delta > 0$ mit

$$|r(x)| < \varepsilon := |f'(x_0)| \qquad \forall x \in U_\delta(x_0) \cap I\,.$$

Somit hat man für diese x:

$$\operatorname{sgn}(f'(x_0) + r(x)) = \operatorname{sgn} f'(x_0)\,,$$

und die Behauptung folgt aus **(2.3)**(b), angewandt auf (1). ⌋

Aus **(10.7)** ergibt sich unmittelbar:

(10.8) *Ist f in einem inneren Punkt $x_0 \in I$ lokal extremal und dort differenzierbar, so gilt $f'(x_0) = 0$.*

Ist nämlich $f'(x_0) \neq 0$, so nimmt $f(x) - f(x_0)$ links und rechts von x_0 verschiedene Vorzeichen an. — Punkte $x \in I$, in denen $f'(x) = 0$ ist, heißen *stationäre* oder *kritische Punkte* von f.

Zahlreiche Sätze dieses Kapitels haben die folgende Situation zur Voraussetzung:

(*) f ist stetig auf dem abgeschlossenen Intervall $[a,b]$ und differenzierbar auf $]a,b[$.

Der Verzicht auf die Differenzierbarkeit in den Endpunkten macht die betreffenden Sätze auch auf Funktionen wie $\sqrt{1-x^2}$ ($[a,b] := [-1,1]$) anwendbar. Aus (*) folgt insbesondere nach Satz **(8.23)**, daß f auf $[a,b]$ ein globales Maximum und ein globales Minimum annimmt. Aufgrund von Satz **(10.8)** lassen sich nun diese globalen Extrema von f folgendermaßen bestimmen:

(10.9) *Genügt f der Voraussetzung (*) und sind $x_1, \ldots, x_r$ die stationären Punkte von f in $]a,b[$, so gilt*

(2) $$\max\{f(x) \mid x \in [a,b]\} = \max\{f(a), f(b), f(x_1), \ldots, f(x_r)\};$$

analog für das globale Minimum.

⌜ Ist f im Punkt x^* global extremal, so ist f dort auch lokal extremal. Ist dabei x^* kein Randpunkt von $[a,b]$, so ist x^* nach **(10.8)** ein stationärer Punkt von f, also einer der Punkte $x_1, \ldots, x_r$. Somit tritt $f(x^*)$ in jedem Fall auf der rechten Seite von (2) auf. ⌟

① Wir betrachten je für festes $\lambda \in \mathbb{R}$ die Funktionen

$$f_\lambda(x) := (2+\lambda)x - \lambda x^2$$

auf dem Intervall $[-1,1]$. Jede dieser Funktionen nimmt auf diesem Intervall ein globales Minimum m_λ und ein globales Maximum M_λ an; diese beiden Größen sollen nun (als Funktionen von λ) bestimmt werden.

Zunächst ist

$$f_\lambda(-1) = -2\lambda - 2 =: \varphi_1(\lambda), \qquad f_\lambda(1) = 2 =: \varphi_2(\lambda).$$

Ferner gilt

$$f'_\lambda(x) = 2 + \lambda - 2\lambda x,$$

und dies verschwindet an der Stelle

$$\xi_\lambda := \frac{1}{\lambda} + \frac{1}{2} \qquad (\lambda \neq 0).$$

Wir haben zu untersuchen, für welche λ der stationäre Punkt ξ_λ im Intervall $]-1,1[$ liegt. Es gilt erstens

$$\xi_\lambda < 1 \Leftrightarrow \frac{1}{\lambda} < \frac{1}{2} \Leftrightarrow \lambda < 0 \vee \lambda > 2$$

und zweitens

$$\xi_\lambda > -1 \Leftrightarrow \frac{1}{\lambda} > -\frac{3}{2} \Leftrightarrow \lambda > 0 \vee \lambda < -\frac{2}{3}.$$

Somit ist $\xi_\lambda \in]-1,1[$ genau dann, wenn

(3) $\qquad \lambda \in]-\infty, -\frac{2}{3}[\cup]2, \infty[.$

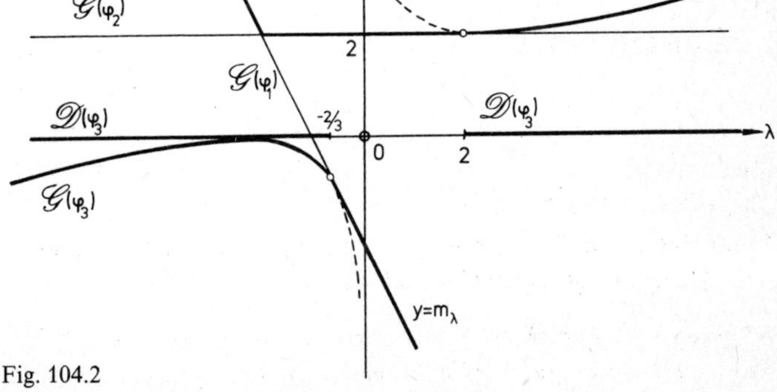

Fig. 104.2

Für den Funktionswert $f_\lambda(\xi_\lambda) =: \varphi_3(\lambda)$ erhalten wir

$$\varphi_3(\lambda) = (2+\lambda)\frac{2+\lambda}{2\lambda} - \lambda\frac{(2+\lambda)^2}{4\lambda^2} = \frac{(2+\lambda)^2}{4\lambda} = 1 + \frac{\lambda}{4} + \frac{1}{\lambda}.$$

In der Fig. 104.2 haben wir die Funktionen $\varphi_1(\lambda)$, $\varphi_2(\lambda)$, $\varphi_3(\lambda)$ aufgetragen, letztere nur in dem Bereich (3). Die gesuchten Funktionen m_λ und M_λ lassen sich nun unmittelbar ablesen, denn es gilt nach Satz **(10.9)**:

$$m_\lambda = \min\{\varphi_1(\lambda), \varphi_2(\lambda), \varphi_3(\lambda)\};$$

analog für M_λ. ○

Als weitere Anwendung von **(10.8)** beweisen wir den *Satz von Rolle* (siehe die Fig. 104.3):

(10.10) *Genügt f der Voraussetzung* (*) *und ist $f(a) = f(b)$, so gibt es einen Punkt $\xi \in]a, b[$ mit $f'(\xi) = 0$.*

⌈ Ist f nicht konstant, so gibt es z. B. Punkte $x \in]a, b[$ mit $f(x) > f(a)$. Somit wird das nach Satz **(8.23)** vorhandene globale Maximum von f auf $[a, b]$ in einem inneren Punkt ξ angenommen, und nach Satz **(10.8)** ist dann $f'(\xi) = 0$. ⌋

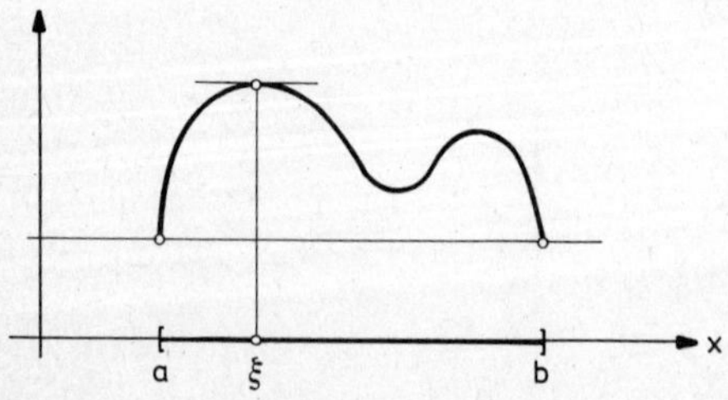

Fig. 104.3

105. Mittelwertsatz

Mit Hilfe des Satzes von Rolle beweisen wir im folgenden den sogenannten *verallgemeinerten Mittelwertsatz der Differentialrechnung:*

(10.11) *Genügen die Funktionen f und g der Voraussetzung* (*) *und ist $g'(x) \neq 0$ auf $]a, b[$, so gibt es einen Punkt $\xi \in]a, b[$ mit*

$$\frac{f(b)-f(a)}{g(b)-g(a)}=\frac{f'(\xi)}{g'(\xi)}.$$

Setzt man hier speziell $g(x):=x$, so ist $g(b)-g(a)=b-a$, $g'(x)\equiv 1$, und es folgt der *Mittelwertsatz der Differentialrechnung* (siehe die Fig. 105.1):

(10.12) *Genügt f der Voraussetzung (*), so gibt es einen Punkt $\xi\in]a,b[$ mit*

$$f(b)-f(a)=f'(\xi)(b-a).$$

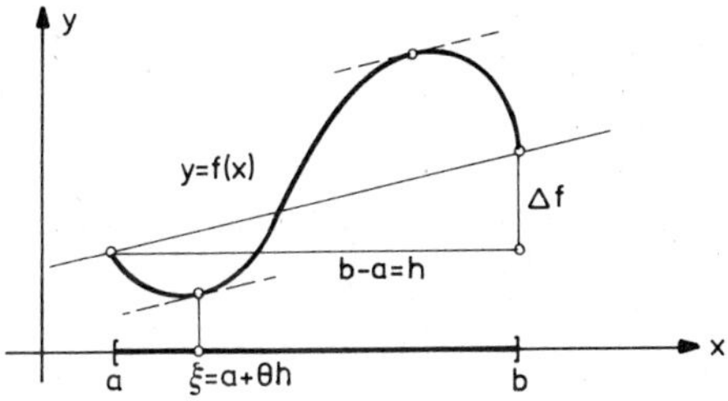

Fig. 105.1

Damit äquivalent ist die folgende Formulierung:

(10.12′) *Genügt f auf dem Intervall mit den Endpunkten a und $a+h$ ($h>0$ oder $h<0$) der Voraussetzung (*), so gibt es ein $\theta\in]0,1[$ mit*

$$f(a+h)-f(a)=f'(a+\theta h)h.$$

① Für die Funktion $f(x):=\lambda x^2+\mu x+\nu$ gilt einerseits

$$\begin{aligned}f(a+h)-f(a)&=\lambda((a+h)^2-a^2)+\mu((a+h)-a)+\nu-\nu\\&=[2\lambda(a+\tfrac{1}{2}h)+\mu]h.\end{aligned}$$

Andererseits können wir dieselbe Differenz auch mit Satz **(10.12′)** darstellen: Wegen $f'(x)=2\lambda x+\mu$ ergibt sich

$$\begin{aligned}f(a+h)-f(a)&=f'(a+\theta h)h\\&=[2\lambda(a+\theta h)+\mu]h, \qquad \theta\in]0,1[.\end{aligned}$$

Der Vergleich der beiden Resultate zeigt, daß in dem hier betrachteten Fall $\theta=\frac{1}{2}$ ist, und zwar unabhängig von λ,μ,ν,a,h. ○

Aus dem Mittelwertsatz **(10.12)** ziehen wir die beiden folgenden Korollare:

(10.13) *Genügt f der Voraussetzung (*) und ist $|f'(x)| \leqslant M$ auf $]a,b[$, so gilt*

$$|f(b)-f(a)| \leqslant M|b-a|.$$

(10.14) *Genügt f der Voraussetzung (*) und ist $f'(x) \equiv 0$ auf $]a,b[$, so ist f konstant.*

⌜ Zu jedem $x \in]a,b]$ gibt es nämlich ein $\xi \in]a,x[$ mit $f(x)-f(a)=f'(\xi)(x-a)$. Wegen $f'(\xi)=0$ folgt hieraus $f(x)=f(a)$. ⌟

② Für die Funktion $f(x):=\sin x$ ist $|f'(x)|=|\cos x| \leqslant 1$. Setzt man daher in **(10.13)** $a:=0, b:=x$ (bzw. umgekehrt, falls $x<0$), so ergibt sich

$$|\sin x| \leqslant |x| \qquad \forall x \in \mathbb{R}.$$

⌜ Wir holen nun den Beweis von Satz **(10.11)** nach und setzen zunächst

$$f(b)-f(a)=:\Delta f, \qquad g(b)-g(a)=:\Delta g.$$

Dann ist jedenfalls $\Delta g \neq 0$, denn sonst besäße g' nach dem Satz von Rolle auf $]a,b[$ eine Nullstelle. Betrachten wir nun die Funktion

$$h(x):=\Delta g\, f(x)-\Delta f\, g(x),$$

so genügt h der Voraussetzung (*), und es gilt

$$h(b)-h(a)=\Delta g\, \Delta f-\Delta f\, \Delta g=0.$$

Nach dem Satz von Rolle gibt es somit ein $\xi \in]a,b[$ mit

$$h'(\xi)=\Delta g\, f'(\xi)-\Delta f\, g'(\xi)=0.$$

Hieraus folgt aber

$$\frac{\Delta f}{\Delta g}=\frac{f'(\xi)}{g'(\xi)}. \quad ⌟$$

Der folgende Satz, die sogenannte *Bernoulli-de l'Hôpitalsche Regel*, gestattet, in gewissen Fällen den Grenzwert eines Bruches zu bestimmen, dessen Zähler und Nenner an der betreffenden Stelle beide nach 0 bzw. beide nach ∞ streben.

(10.15) *Die Funktionen f und g seien differenzierbar auf dem Intervall $[a,b[$, $a<b\leqslant\infty$; g und g' seien auf $[a,b[$ durchwegs $\neq 0$, und es gelte*

$$\lim_{x\to b-} f(x) = \lim_{x\to b-} g(x) = \begin{cases} 0 & \text{(I)} \\ \infty & \text{(II)}. \end{cases}$$

Existiert dann der eigentliche oder uneigentliche Grenzwert $\lim\limits_{x\to b-} f'(x)/g'(x) =: \lambda$, *so ist auch*

$$\text{(1)} \qquad \lim_{x\to b-} \frac{f(x)}{g(x)} = \lambda .$$

⌈ Wir betrachten nur den Fall eines endlichen λ und denken uns ein $\varepsilon > 0$ vorgegeben. Es gibt dann ein $x_0 < b$ mit

$$\text{(2)} \qquad \left| \frac{f'(\xi)}{g'(\xi)} - \lambda \right| < \frac{\varepsilon}{2} \qquad \forall \xi \in]x_0, b[.$$

Sind jetzt x und y zwei beliebige Punkte mit $x_0 \leqslant x < y < b$, so gibt es nach Satz **(10.11)** ein $\xi \in]x, y[\subset]x_0, b[$ mit

$$\frac{f(y) - f(x)}{g(y) - g(x)} = \frac{f'(\xi)}{g'(\xi)};$$

wegen (2) gilt daher für solche x und y:

$$\text{(3)} \qquad \left| \frac{f(y) - f(x)}{g(y) - g(x)} - \lambda \right| < \frac{\varepsilon}{2} \qquad (x_0 \leqslant x < y < b) .$$

Um erst den Fall (I) zu erledigen, führen wir in (3) bei festem x den Grenzübergang $y \to b-$ durch. Es ergibt sich

$$\left| \frac{f(x)}{g(x)} - \lambda \right| \leqslant \frac{\varepsilon}{2} < \varepsilon \qquad \forall x \in [x_0, b[.$$

Da ε beliebig war, ist damit (1) im Fall (I) bewiesen.

Im Fall (II) schreiben wir (3) mit $x := x_0$ in der Form

$$\left| \frac{f(y)/g(y) - f(x_0)/g(y)}{1 - g(x_0)/g(y)} - \lambda \right| < \frac{\varepsilon}{2} .$$

Für hinreichend großes y ist $1 - g(x_0)/g(y) > 0$, durch Heraufmultiplizieren ergibt sich somit

$$\left|\frac{f(y)}{g(y)} - \frac{f(x_0)}{g(y)} - \lambda\left(1 - \frac{g(x_0)}{g(y)}\right)\right| < \frac{\varepsilon}{2}\left(1 - \frac{g(x_0)}{g(y)}\right)$$

und nach der Dreiecksungleichung weiter

$$\left|\frac{f(y)}{g(y)} - \lambda\right| < \frac{\varepsilon}{2} + \frac{\varepsilon}{2}\left|\frac{g(x_0)}{g(y)}\right| + \left|\frac{f(x_0)}{g(y)}\right| + |\lambda|\left|\frac{g(x_0)}{g(y)}\right|.$$

Da rechts alle Summanden außer dem ersten mit $y \to b-$ gegen 0 streben, gibt es ein $y_0 < b$ mit

$$\left|\frac{f(y)}{g(y)} - \lambda\right| < \varepsilon \qquad \forall y \in]y_0, b[,$$

und damit ist (1) auch im Fall (II) nachgewiesen. ⌟

③ Es sei $\alpha\beta(\alpha-\beta) \neq 0$. Der Ausdruck

$$\frac{x^\alpha - x^\beta}{x^{1/\beta} - x^{1/\alpha}}$$

ist dann für alle $x > 0$ außer für $x = 1$ wohldefiniert, und mit $x \to 1$ streben Zähler und Nenner gegen 0. Somit gilt

$$\lim_{x\to 1} \frac{x^\alpha - x^\beta}{x^{1/\beta} - x^{1/\alpha}} = \lim_{x\to 1} \frac{\alpha x^{\alpha-1} - \beta x^{\beta-1}}{\frac{1}{\beta}x^{1/\beta-1} - \frac{1}{\alpha}x^{1/\alpha-1}} = \frac{\alpha - \beta}{\frac{1}{\beta} - \frac{1}{\alpha}} = \alpha\beta\,. \quad \bigcirc$$

④ Es sei $\alpha\beta \neq 0$. Bei der Funktion

$$h(x) := \frac{\log\cosh\alpha x}{\log\cosh\beta x}$$

streben Zähler und Nenner mit $x \to 0$ beide gegen 0 und mit $x \to \infty$ beide gegen ∞. Wegen

$$\frac{d}{dy}\log\cosh y = \frac{\sinh y}{\cosh y} = \operatorname{tgh} y$$

erhalten wir daher einerseits

$$\lim_{x\to 0} h(x) = \lim_{x\to 0} \frac{\alpha \operatorname{tgh} \alpha x}{\beta \operatorname{tgh} \beta x} = \lim_{x\to 0} \frac{\alpha^2(1-\operatorname{tgh}^2 \alpha x)}{\beta^2(1-\operatorname{tgh}^2 \beta x)} = \frac{\alpha^2}{\beta^2};$$

dabei haben wir **(10.15)** gleich zweimal hintereinander angewandt. Anderseits ergibt sich wegen (93.2):

$$\lim_{x\to\infty} h(x) = \lim_{x\to\infty} \frac{\alpha \operatorname{tgh} \alpha x}{\beta \operatorname{tgh} \beta x} = \frac{\alpha \operatorname{sgn} \alpha}{\beta \operatorname{sgn} \beta} = \left|\frac{\alpha}{\beta}\right|. \quad \bigcirc$$

106. Monotonie

Wir geben nun zwei Kriterien für Monotonie:

(10.16) *Genügt f der Voraussetzung* (*), *so ist f auf $[a,b]$ genau dann monoton wachsend, wenn gilt:*

(1) $\qquad f'(x) \geqslant 0 \qquad \forall x \in]a,b[\,.$

⌜ Ist f monoton wachsend, so sind alle Differenzenquotienten

$$\frac{f(x)-f(x_0)}{x-x_0} \qquad (x \neq x_0)$$

nichtnegativ, und dasselbe gilt dann auch für ihre Grenzwerte $f'(x_0)$, $x_0 \in]a,b[$. — Ist umgekehrt (1) erfüllt und $a \leqslant x < y \leqslant b$, so gilt nach dem Mittelwertsatz **(10.12)** für ein gewisses $\xi \in]x,y[$:

$$f(y)-f(x) = f'(\xi)(y-x) \geqslant 0. \quad ⌟$$

(10.17) *Genügt f der Voraussetzung* (*), *so ist f auf $[a,b]$ genau dann streng monoton wachsend, wenn* (1) *gilt und f' dabei auf keinem nichtleeren offenen Teilintervall identisch verschwindet.*

⌜ Ist f streng monoton wachsend, so gilt (1). Wäre dabei $f'(x) \equiv 0$ auf einem nichtleeren Teilintervall $]a',b'[\subset]a,b[$, so hätte man nach **(10.14)**: $f(a') = f(b')$, im Widerspruch zur strengen Monotonie. — Gilt umgekehrt (1), so ist f jedenfalls monoton wachsend. Ist dann $f(x) = f(y)$ für zwei Punkte x,y mit $x < y$, so ist f auf dem Intervall $[x,y]$ konstant, f' also auf $]x,y[$ identisch 0. ⌟

① Die Funktion

$$\operatorname{tgh} x := \frac{\sinh x}{\cosh x}$$

besitzt nach (102.5) die Ableitung

$$\frac{d}{dx}\operatorname{tgh} x = \frac{1}{\cosh^2 x},$$

und dies ist für alle $x \in \mathbb{R}$ positiv. Somit ist tgh auf ganz $\mathbb{R}$ streng monoton wachsend. ○

② Die Funktion

$$f(x) := \begin{cases} x[2-\sin(\log x)-\cos(\log x)] & (0<x\leqslant 1) \\ 0 & (x=0) \end{cases}$$

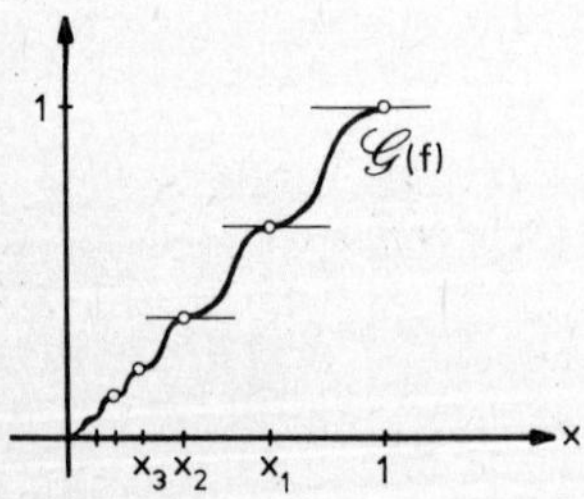

Fig. 106.1

(siehe die Fig. 106.1) genügt auf dem Intervall $[0,1]$ der Voraussetzung (*): In allen Punkten $x>0$ ist f differenzierbar, ferner ist $|2-\sin(\log x)-\cos(\log x)| \leqslant 4 \;\forall x>0$ und somit

$$\lim_{x\to 0+} f(x) = 0 = f(0).$$

Die Rechnung ergibt

$$f'(x) = 2[1-\cos(\log x)] \quad (0<x\leqslant 1),$$

und dies ist >0 außer in den Punkten x mit $\log x = -2k\pi$, d.h. in den Punkten $x_k := e^{-2k\pi}$ ($k \in \mathbb{N}$). Nach Satz **(10.17)** ist somit f auf $[0,1]$ streng monoton wachsend (obwohl f' in unendlich vielen Punkten verschwindet). ○

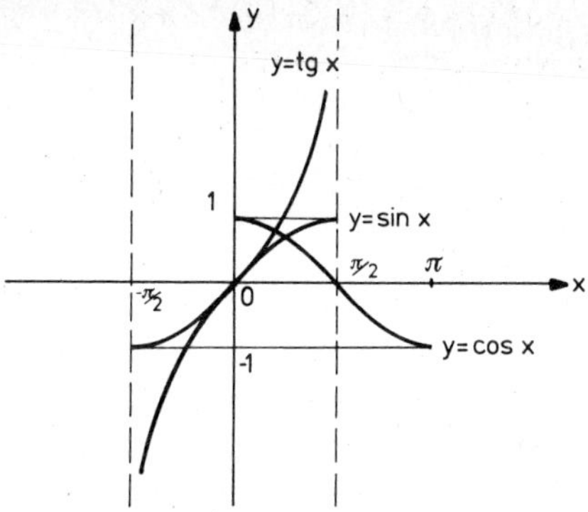

Fig. 106.2

Wir wenden nun das Monotoniekriterium **(10.17)** auf die trigonometrischen Funktionen an (siehe die Fig. 106.2—3). — Für die Sinusfunktion ist

$$(2)\qquad \frac{d}{dx}\sin x = \cos x > 0 \qquad \forall x \in \left]-\frac{\pi}{2}, \frac{\pi}{2}\right[,$$

somit ist sin auf dem Intervall $[-\pi/2, \pi/2]$ eigentlich monoton wachsend. Die Einschränkung des Sinus auf dieses Intervall besitzt daher eine Umkehrfunktion, genannt *Arcussinus*. Aus $\sin(\pm\pi/2) = \pm 1$ ergibt sich

$$\arcsin\colon\ [-1,1] \to \left[-\frac{\pi}{2}, \frac{\pi}{2}\right].$$

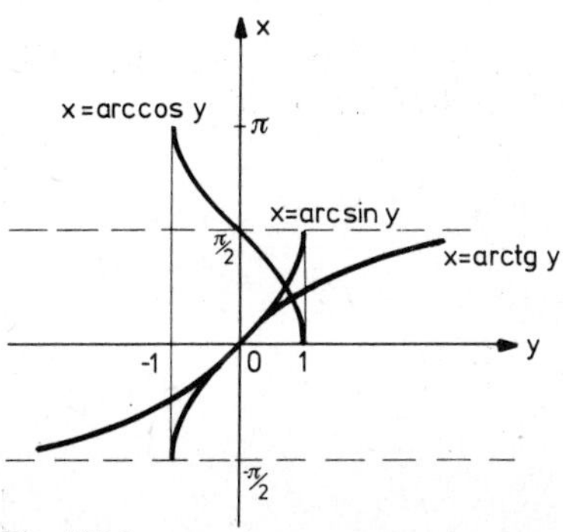

Fig. 106.3

Aus (2) folgt weiter nach Satz **(10.4)**, daß arcsin im Innern seines Definitionsbereichs differenzierbar ist, und zwar gilt wegen **(9.15)**:

$$\frac{d}{dy}\arcsin y = \frac{1}{\cos(\arcsin y)} = \frac{1}{\sqrt{1-y^2}} \qquad (-1<y<1).$$

Betrachten wir den Cosinus, so gilt

$$\frac{d}{dx}\cos x = -\sin x < 0 \qquad \forall x \in]0,\pi[,$$

somit ist cos auf dem Intervall $[0,\pi]$ streng monoton fallend. Die Einschränkung des Cosinus auf dieses Intervall besitzt daher eine Umkehrfunktion, genannt *Arcuscosinus.* Aus $\cos 0 = 1$, $\cos\pi = -1$ ergibt sich

$$\arccos\colon [-1,1] \to [0,\pi],$$

wobei allerdings auch arccos monoton fällt und damit die Intervall-Endpunkte „übers Kreuz" ineinander überführt. Für die Ableitung erhalten wir wiederum aufgrund von Satz **(10.4)**:

$$\frac{d}{dy}\arccos y = \frac{1}{-\sin(\arccos y)} = \frac{1}{-\sqrt{1-y^2}} \qquad (-1<y<1).$$

Für den Tangens endlich gilt

$$\frac{d}{dx}\operatorname{tg} x = 1 + \operatorname{tg}^2 x > 0 \qquad \forall x \in \left]-\frac{\pi}{2}, \frac{\pi}{2}\right[,$$

somit ist tg auf dem Intervall $]-\pi/2, \pi/2[$ eigentlich monoton wachsend. (2), $\cos(\pm\pi/2) = 0$, $\sin(\pm\pi/2) = \pm 1$ ergeben zusammen

$$\lim_{x\to -\frac{\pi}{2}+} \operatorname{tg} x = -\infty, \qquad \lim_{x\to \frac{\pi}{2}-} \operatorname{tg} x = \infty.$$

Für den *Arcustangens*, d.h. die Umkehrfunktion der Einschränkung des Tangens auf $]-\pi/2, \pi/2[$, hat man daher

$$\operatorname{arctg}\colon]-\infty,\infty[\to]-\pi/2, \pi/2[.$$

Ferner erhält man als Ableitung des Arcustangens:

$$\frac{d}{dy}\operatorname{arctg} y = \frac{1}{1+\operatorname{tg}^2(\operatorname{arctg} y)} = \frac{1}{1+y^2},$$

also eine rationale Funktion.

Aufgaben

1. Berechne die Ableitungen der folgenden Ausdrücke:

   a) $\log \frac{1+\sqrt{1-x^2}}{x}$, b) $\sqrt{\frac{\alpha+\beta x}{\alpha-\beta x}}$ $(\alpha,\beta>0)$,

   c) $x^{1/3}(1-x)^{2/3}(1+x)^{1/2}$, d) x^x,

   e) $(\log \operatorname{tg} x)^{-1/3}$.

   Bestimme in jedem Fall den Definitionsbereich D sowie den Definitionsbereich D' der Ableitung.

2. Es sei

$$f_\alpha(t) := \begin{cases} t^\alpha \sin\frac{1}{t} & (t>0) \\ 0 & (t=0) \end{cases}.$$

   Für welche $\alpha \in \mathbb{R}$ ist f an der Stelle $t=0$ bzw. im Intervall $[0,1]$

   a) beschränkt b) stetig c) differenzierbar
   d) stetig differenzierbar e) von beschränkter Ableitung?

3. Die Funktion $f:\mathbb{R}\to\mathbb{R}$ genüge der Bedingung

$$|f(x)-f(y)| \leqslant |x-y|^2 \quad \forall x\, \forall y.$$

   Zeige: f ist konstant. (Hinweis: f ist differenzierbar.)

4. Die Ableitung einer differenzierbaren Funktion genügt automatisch dem Zwischenwertsatz: Es sei f differenzierbar auf $[a,b]$ und z. B. $f'(a)<\sigma<f'(b)$. Dann gibt es ein $\xi\in]a,b[$ mit $f'(\xi)=\sigma$. — Beweisidee: Betrachte für ein hinreichend kleines, aber festes $h>0$ die stetige Hilfsfunktion

$$\varphi(t):=\frac{f(t+h)-f(t)}{h} \qquad (a\leqslant t\leqslant t-h).$$

5. Es sei f in einer punktierten Umgebung des Ursprungs differenzierbar und im Ursprung wenigstens stetig. Zeige: Existiert dann der $\lim\limits_{x\to 0} f'(x)=:\alpha$, so ist f auch im Ursprung differenzierbar, und es gilt $f'(0)=\alpha$. (Hinweis: Mittelwertsatz.)

6. Zeige: Ist f' auf $[a,b]$ stetig, so ist die Konvergenz

$$\frac{f(x+h)-f(x)}{h}\to f'(x) \qquad (h\to 0)$$

gleichmäßig, d. h. zu gegebenem $\varepsilon>0$ gibt es ein $\delta>0$, so daß für alle h mit $|h|<\delta$ gilt:

$$\left|\frac{f(x+h)-f(x)}{h}-f'(x)\right|<\varepsilon,$$

unabhängig von x.

7. Ausgehend von der stetig differenzierbaren Funktion $f:\mathbb{R}\to\mathbb{R}$ werde die Funktion

$$\varphi(x,y):=\begin{cases}\dfrac{f(y)-f(x)}{y-x} & (y\neq x)\\[2mm] f'(x) & (y=x)\end{cases}$$

gebildet. Zeige: Die Funktion φ ist in der ganzen (x,y)-Ebene stetig. (Hinweis: Zeige, daß φ in jedem einzelnen Punkt (x_0, y_0) stetig ist. Dabei sind verschiedene Fälle zu unterscheiden.)

8. Eine Kugel soll in einen aufrechten Kreiskegel von minimalem Volumen gepackt werden. Bestimme den halben Öffnungswinkel des Kegels.

9. Die Funktion $f(x):=\sqrt{x}$ soll auf dem Intervall $[0,1]$ durch eine lineare Funktion $l(x):=x+c$ möglichst gut approximiert werden, das heißt so, daß

$$\max\{|f(x)-l(x)|\,|\,0\leqslant x\leqslant 1\}$$

minimal wird. Für welche Wahl von c ist das der Fall? (Hinweis: Diskutiere $f-l$ anstelle von $|f-l|$.)

10. a) Die Funktion

$$f(x):=\operatorname{arctg}(q\operatorname{tg}x) \qquad \left(-\frac{\pi}{2}<x<\frac{\pi}{2}\right)$$

spielt eine gewisse Rolle in der Theorie der elliptischen Funktionen; dabei ist q ein fester Parameter, $0<q<1$. Diese Funktion ist an den Stellen $\pm\pi/2$ nur scheinbar singulär und besitzt in Wirklichkeit eine überaus natürliche Fortsetzung $\tilde{f}$ auf die ganze x-Achse. Man finde einen Ausdruck für $\tilde{f}$. (Hinweis: Betrachte die Hilfsfunktion $\varphi(x):=f(x)-x$.)

b) Berechne $\max\{|\tilde{f}(x)-x|\,|\,x\in\mathbb{R}\}$.

11. Die Funktion $f(x):=3x-4x^3$ soll auf dem Intervall $[-\sqrt{3}/2,2]$ so gut wie möglich durch eine Konstante c approximiert werden, das heißt so, daß

$$\max\left\{|f(x)-c|\,\middle|\,-\frac{\sqrt{3}}{2}\leqslant x\leqslant 2\right\}$$

minimal wird. Für welche Wahl von c ist das der Fall?

12. Es sei

$$f_\lambda(x):=e^x-\lambda x.$$

Bestimme die Funktionen

$$M(\lambda):=\max\{f_\lambda(x)\,|\,0\leqslant x\leqslant 1\}, \qquad m(\lambda):=\min\{f_\lambda(x)\,|\,0\leqslant x\leqslant 1\}$$

und zeichne ihre Graphen.

13. Als *Schwankung* einer Funktion f auf einer Menge A bezeichnet man die Größe

$$\sup\{|f(x)-f(x')|\,|\,x,x'\in A\}.$$

Für welchen Wert des reellen Parameters λ ist die Schwankung der Funktion

$$f(x) := 2\lambda x - x^2$$

auf dem Intervall $[0,2]$ minimal?

14. Berechne den Grenzwert

$$\lim_{n\to\infty}\left[(n+1)\cos\frac{1}{n+1} - n\cos\frac{1}{n}\right].$$

(Hinweis: Mittelwertsatz.)

15. Berechne die folgenden Grenzwerte:

a) $\lim\limits_{x\to 0}\dfrac{\sin(\sqrt{1+x}-1)}{x}$, b) $\lim\limits_{x\to\frac{\pi}{2}}\dfrac{\sin x+\sin 3x}{\cos 2x}$,

c) $\lim\limits_{x\to 0}\dfrac{a^x-1}{b^x-1}$ $(a,b>0)$, d) $\lim\limits_{x\to\pi}\dfrac{1+\cos x}{\operatorname{tg}^2 4x}$,

e) $\lim\limits_{x\to 0}(1+2\sin x)^{\operatorname{ctg} x}$.

16. Betrachte die Funktion

$$f(x) := \begin{cases} x+2x^2\sin\dfrac{1}{x} & (x\neq 0)\\ 0 & (x=0)\end{cases}$$

und verifiziere, was folgt:

a) f ist differenzierbar,
b) f' ist auf $]-1,1[$ beschränkt,
c) $f'(0)=1$,
d) f ist auf keinem noch so kleinen Intervall $]-h,h[$ monoton wachsend.

17. Man finde eine bijektive, stetig differenzierbare und stetig umkehrbare Abbildung $f:\mathbb{R}\to\mathbb{R}$ mit $f'(0)=0$.

18. Beweise oder widerlege: Ist $f:[0,\infty[\to\mathbb{R}$ eine differenzierbare monoton fallende Funktion und ist $\lim\limits_{x\to\infty} f(x)=0$, so ist auch $\lim\limits_{x\to\infty} f'(x)=0$.

Kapitel 11. Differentialrechnung II

111. Höhere Ableitungen

Es seien wiederum $I\subset\mathbb{R}$ ein Intervall, f eine Funktion $I\to\mathbb{R}$ und x_0 ein fester Punkt von I. Die *höheren Ableitungen* der Funktion f sind formal definiert durch

$$f^{(0)}:=f, \qquad f^{(k+1)}:=(f^{(k)})' \qquad (k\geqslant 0).$$

Anstelle von $f^{(k)}$ schreibt man auch $d^k f/dx^k$. Die Funktion f heißt *im Punkt* x_0 *r-mal differenzierbar*, wenn $f, f', \ldots, f^{(r-1)}$ in einer ganzen Umgebung von x_0 existieren und $f^{(r)}$ wenigstens im Punkt x_0; f heißt *r-mal differenzierbar auf I*, wenn $\mathscr{D}(f^{(r)})=I$ ist. Eine auf I r-mal stetig differenzierbare Funktion f heißt eine *Funktion der Klasse* C^r; man schreibt dafür $f\in C^r(I)$ oder einfach $f\in C^r$.

Bezüglich der höheren Differenzierbarkeit „zusammengesetzter" Funktionen und der Umkehrfunktion gelten folgende Sätze (wir werden sie erst in Kapitel 15 benötigen):

(11.1) *Sind f und g je r-mal (stetig) differenzierbar auf dem Intervall I, so ist auch das Produkt $f\cdot g$ dort r-mal (stetig) differenzierbar, und zwar gilt*

$$(1) \qquad (f\cdot g)^{(r)}=\sum_{k=0}^{r}\binom{r}{k}f^{(r-k)}g^{(k)}.$$

⌜ Für $r=0$ ist nichts zu beweisen. Die Behauptung sei daher richtig für ein $r\geqslant 0$, und es seien f und g je $(r+1)$-mal (stetig) differenzierbar. Dann ist jeder in (1) rechter Hand auftretende Faktor noch wenigstens einmal (stetig) differenzierbar, und es ergibt sich mit der Produktregel **(10.3)**(c):

$$\begin{aligned}(f\cdot g)^{(r+1)}&=\sum_{k=0}^{r}\binom{r}{k}\left[f^{(r-k+1)}g^{(k)}+f^{(r-k)}g^{(k+1)}\right]\\&=\sum_{k=0}^{r}\binom{r}{k}f^{(r+1-k)}g^{(k)}+\sum_{k'=1}^{r+1}\binom{r}{k'-1}f^{(r+1-k')}g^{(k')}\\&=f^{(r+1)}g^{(0)}+\sum_{k=1}^{r}\left[\binom{r}{k}+\binom{r}{k-1}\right]f^{(r+1-k)}g^{(k)}+f^{(0)}g^{(r+1)}.\end{aligned}$$

Wegen **(3.9)** (Pascalsches Dreieck) und (34.2) folgt hieraus (1) mit $r+1$ anstelle von r. ⌋

(11.2) *Ist f r-mal (stetig) differenzierbar auf dem Intervall I und g r-mal (stetig) differenzierbar auf $f(I)$, so ist $g \circ f$ r-mal (stetig) differenzierbar auf I.*

⌈ Für $r=0$ ist nichts zu beweisen; die Behauptung sei daher richtig für ein $r \geqslant 0$. Genügen f und g den unbeklammerten Voraussetzungen mit $r+1$ anstelle von r, so sind f und g wenigstens einmal differenzierbar, und es gilt die Kettenregel **(10.3)** (e):

$$(g \circ f)' = (g' \circ f) \cdot f'.$$

Da g' und f beide wenigstens r-mal differenzierbar sind, ist nach Induktionsvoraussetzung auch $g' \circ f$ r-mal differenzierbar. Wegen der r-maligen Differenzierbarkeit von f' folgt jetzt mit dem vorigen Satz **(11.1)**, daß auch $(g \circ f)'$ r-mal differenzierbar ist, $g \circ f$ also $(r+1)$-mal. Die eingeklammerte Variante wird analog bewiesen. ⌋

(11.3) *Es sei f r-mal, $r \geqslant 1$, stetig differenzierbar auf dem Intervall I, und es sei $f'(x) \neq 0$ $\forall x \in I$. Dann ist die Umkehrfunktion $f^{-1} =: g$ r-mal stetig differenzierbar auf $f(I)$.*

(Nach dem Zwischenwertsatz ist f' von einerlei Vorzeichen auf I. Folglich ist f streng monoton und besitzt in der Tat eine Umkehrfunktion.) — ⌈ Definieren wir die Funktion h durch

$$h(t) := \frac{1}{t} \quad (t \neq 0),$$

so können wir nach Satz **(10.4)** schreiben:

$$(2) \qquad g' = h \circ f' \circ g.$$

Aufgrund von Satz **(11.2)** wird somit die Differenzierbarkeit von g' begrenzt durch diejenige der Funktionen h, f' und g. Da g jedenfalls einmal mehr differenzierbar ist als g', h aber beliebig oft, ergibt sich aus der $(r-1)$-maligen stetigen Differenzierbarkeit von f', daß auch g' $(r-1)$-mal stetig differenzierbar ist, g also r-mal. ⌋

Wir leiten noch eine zu **(10.4)** analoge Formel für die zweite Ableitung der Umkehrfunktion her. Aus (2) folgt mit der Kettenregel

$$g'' = (h' \circ f' \circ g) \cdot (f'' \circ g) \cdot g',$$

wegen $h'(t) = -1/t^2$ und **(10.4)** daher

$$g''(y) = -\frac{1}{[f'(g(y))]^2} \cdot f''(g(y)) \cdot \frac{1}{f'(g(y))}$$

und somit

(11.4) $$g''(y) = -\frac{f''(g(y))}{[f'(g(y))]^3} \qquad (g := f^{-1}).$$

112. Konvexität

Im vorhergehenden Kapitel haben wir untersucht, wie gewisse Eigenschaften der Ableitung f' einer Funktion das Verhalten von f selbst beeinflussen. In diesem Abschnitt soll in ähnlicher Weise ein Zusammenhang zwischen f'' und f hergestellt werden. Hierzu müssen wir etwas weiter ausholen.

Im folgenden ist immer I ein offenes Intervall und f eine Funktion $I \to \mathbb{R}$. Die Funktion f heißt *(streng) konvex* auf I, wenn für beliebige drei Punkte $x_1, x, x_2 \in I$, $x_1 < x < x_2$, gilt:

(1)(a) $$f(x) < f(x_1) + \frac{f(x_2) - f(x_1)}{x_2 - x_1}(x - x_1) \qquad (x_1 < x < x_2),$$

d.h. wenn der Graph von f in jedem Teilintervall $]x_1, x_2[\subset I$ unterhalb der Sehne durch die beiden Punkte $(x_1, f(x_1))$, $(x_2, f(x_2))$ verläuft (siehe die Fig. 112.1). Für spätere Zwecke formen wir die rechte Seite von (1)(a) noch etwas um und erhalten damit folgende bezüglich x_1 und x_2 symmetrische Konvexitätsbedingung:

(1)(b) $$f(x) < \frac{x_2 - x}{x_2 - x_1} f(x_1) + \frac{x - x_1}{x_2 - x_1} f(x_2) \qquad (x_1 < x < x_2).$$

Steht in (1) das schwächere Zeichen $\leqslant$, so heißt f *schwach konvex*. Wir werden diese Variante nicht weiter verfolgen; *konvex* heißt daher im folgenden immer: streng konvex. Gilt jedoch (1) mit dem umgekehrten Ungleichheitszeichen, so heißt f *(streng) konkav*. Ist f konkav, so ist $-f$ konvex; es genügt daher, die konvexen Funktionen zu untersuchen. Wir beweisen zunächst zwei Hilfssätze, wobei wir uns weiterhin auf die Fig. 112.1 beziehen.

(11.5) *Ist f konvex auf I und sind x_1, x, x_2 drei Punkte von I mit $x_1 < x < x_2$, so gilt*

(2) $$\frac{f(x) - f(x_1)}{x - x_1} < \frac{f(x_2) - f(x_1)}{x_2 - x_1} < \frac{f(x_2) - f(x)}{x_2 - x}.$$

⌜ Wir bezeichnen die „Sehnenfunktion" rechts in (1)(a) mit $f^*(x)$. Für f^* (anstelle von f) gelten in (2) trivialerweise Gleichheitszeichen anstelle der Ungleichungen. Nun ist $f(x_1)=f^*(x_1)$, $f(x_2)=f^*(x_2)$, aber $f(x)<f^*(x)$; somit erhalten wir die Behauptung. ⌟

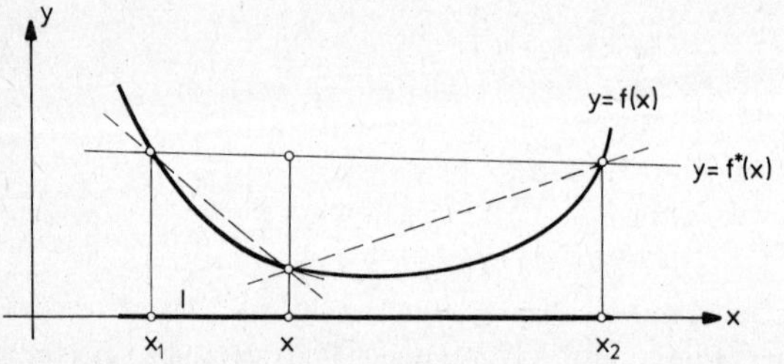

Fig. 112.1

(11.6) *Ist f konvex auf I und* $x_0 \in I$ *ein fester Punkt, so ist der Ausdruck*

$$q(x) := \frac{f(x)-f(x_0)}{x-x_0}$$

sowohl für $x<x_0$ *wie für* $x>x_0$ *eine streng monoton wachsende Funktion von x.*

⌜ Setzt man in der ersten Ungleichung (2) $x_1 := x_0$, so folgt die Behauptung für das Teilintervall $x>x_0$. Analog folgt die Behauptung für das Teilintervall $x<x_0$, wenn man in der zweiten Ungleichung (2) $x_2 := x_0$ setzt. ⌟

Damit sind wir in der Lage, den folgenden überraschenden Satz zu beweisen (siehe die Fig. 112.2):

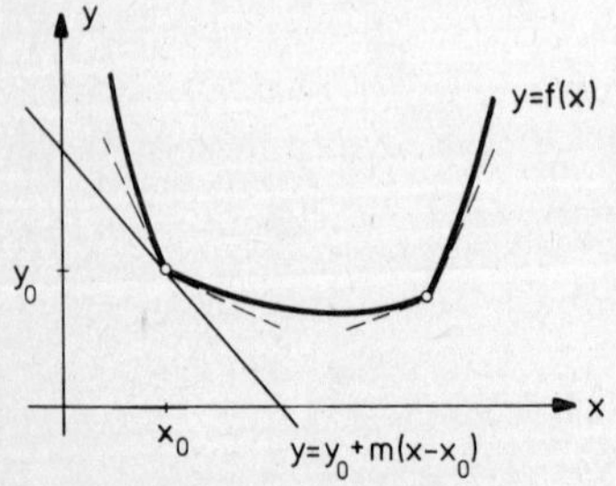

Fig. 112.2

(11.7) *Ist f konvex auf I, so ist f stetig auf I. Ferner existieren in jedem Punkt $x_0 \in I$ die linksseitige Ableitung $f'(x_0-)$ und die rechtsseitige Ableitung $f'(x_0+)$, und es gilt*

(3) $$f'(x_0-) \leqslant f'(x_0+).$$

Endlich gilt für jede Zahl $m \in [f'(x_0-), f'(x_0+)]$:

(4) $$f(x) > f(x_0) + m(x - x_0) \qquad \forall x \neq x_0.$$

Die lineare Funktion auf der rechten Seite von (4) heißt eine *Stützfunktion* von f im Punkt x_0. — ⌜ Es sei $y < x_0 < x$. Dann gilt nach dem Hilfssatz **(11.5)**:

$$\frac{f(x_0) - f(y)}{x_0 - y} < \frac{f(x) - f(x_0)}{x - x_0}.$$

Führen wir hier bei festem y den Grenzübergang $x \to x_0+$ durch, so folgt aus **(11.6)** und Satz **(8.30)** die Existenz von $f'(x_0+)$, und zwar gilt:

$$\frac{f(x_0) - f(y)}{x_0 - y} \leqslant f'(x_0+) \qquad \forall y < x_0.$$

Mit $y \to x_0-$ erhalten wir hieraus, wiederum wegen **(11.6)** und Satz **(8.30)**, die linksseitige Ableitung $f'(x_0-)$, ferner die Relation (3). — A fortiori ist f im Punkt x_0 beidseitig stetig. — Für jedes $x > x_0$ gilt wegen **(11.6)**:

$$\frac{f(x) - f(x_0)}{x - x_0} > f'(x_0+) \geqslant m$$

und somit

$$f(x) > f(x_0) + m(x - x_0);$$

analog schließt man für $x < x_0$. ⌟

Der angekündigte Zusammenhang zwischen f'' und f wird nun durch das folgende Konvexitätskriterium hergestellt:

(11.8) *Eine zweimal differenzierbare Funktion $f: I \to \mathbb{R}$ ist genau dann konvex, wenn gilt:*

$$f''(x) \geqslant 0 \qquad \forall x$$

und wenn dabei f'' auf keinem nichtleeren offenen Teilintervall identisch verschwindet.

⌜ Aufgrund des Monotoniekriteriums **(10.17)** genügt es, folgendes zu beweisen: Eine zweimal differenzierbare Funktion f ist genau dann konvex, wenn f' streng monoton wächst. — Ist f konvex und $x_1 < x_2$, so gilt wegen **(11.6)**:

$$f'(x_1) = f'(x_1+) < \frac{f(x_2)-f(x_1)}{x_2-x_1} < f'(x_2-) = f'(x_2);$$

folglich wächst f' streng monoton. — Ist anderseits f' streng monoton wachsend und $x_1 < x < x_2$, so gibt es nach dem Mittelwertsatz **(10.12)** ein $\xi_1 \in]x_1, x[$ und ein $\xi_2 \in]x, x_2[$ mit

$$\text{(5)} \qquad \frac{f(x)-f(x_1)}{x-x_1} = f'(\xi_1) < f'(\xi_2) = \frac{f(x_2)-f(x)}{x_2-x}.$$

Hieraus ergibt sich durch Heraufmultiplizieren und Umordnen:

$$f(x)(x_2-x_1) < f(x_1)(x_2-x) + f(x_2)(x-x_1),$$

d.h. (1)(b). Somit ist f konvex. ⌟

Wechselt f'' an der Stelle x_0 das Vorzeichen, d.h. gilt für alle hinreichend kleinen $h, k > 0$:

$$\operatorname{sgn} f''(x_0-h) \cdot \operatorname{sgn} f''(x_0+k) = -1,$$

so geht f an der Stelle x_0 vom konvexen zum konkaven Verhalten über oder umgekehrt. Wir sagen, f, bzw. der Graph von f, besitze dort einen *Wendepunkt.*

① Für die Funktion $f(x) := x^3$ ist $f''(x) = 6x$. Somit ist f auf der negativen Halbachse konkav und auf der positiven Halbachse konvex. Im Ursprung besitzt f einen Wendepunkt. ○

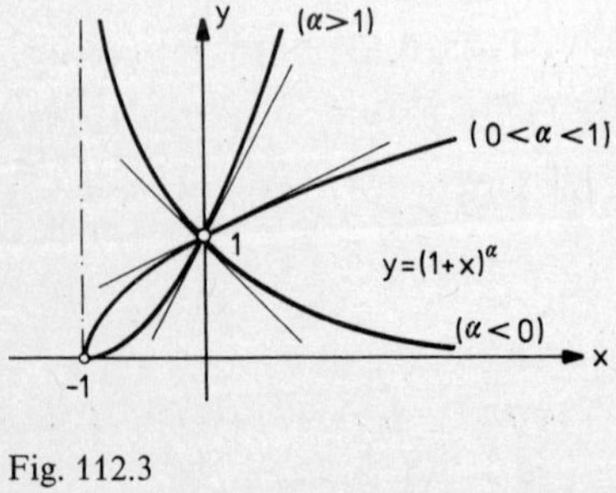

Fig. 112.3

② Wir beweisen die folgende Verallgemeinerung der Bernoullischen Ungleichung **(3.2)**:

(11.9) *Für alle* $x > -1$, *ausgenommen* $x = 0$, *gilt*

$$(1+x)^\alpha \begin{cases} > 1 + \alpha x & (\alpha < 0 \vee \alpha > 1) \\ < 1 + \alpha x & (0 < \alpha < 1). \end{cases}$$

⌜ Setzen wir $f(x) := (1+x)^\alpha$, so folgt

$$f'(x) = \alpha(1+x)^{\alpha-1}, \qquad f''(x) = \alpha(\alpha-1)(1+x)^{\alpha-2};$$

insbesondere gilt für alle betrachteten Werte von α und x:

$$f'(0) = \alpha, \qquad \operatorname{sgn} f''(x) = \operatorname{sgn} \alpha \cdot \operatorname{sgn}(\alpha - 1).$$

Hiernach ist f konvex, falls $\alpha < 0$ oder $\alpha > 1$, und konkav, falls $0 < \alpha < 1$ (siehe die Fig. 112.3). Da ferner die Stützfunktion s im Punkt 0 gegeben ist durch $s(x) := f(0) + f'(0)x = 1 + \alpha x$, ergibt sich mit Satz **(11.7)** die Behauptung. ⌟ ○

113. Einige allgemeine Ungleichungen

Mit Hilfe geeigneter konvexer Funktionen lassen sich zahlreiche allgemeine Ungleichungen der Analysis beweisen. Bevor wir weitere Beispiele geben, wollen wir eine allgemeinere Fassung der definierenden Ungleichung (112.1) herleiten.

Ein n-Tupel $\mathbf{p} := (p_1, \ldots, p_n)$ von reellen Zahlen heißt ein *Gewichtssatz*, wenn gilt:

$$(1) \qquad p_k \geqslant 0 \quad (1 \leqslant k \leqslant n), \qquad \textstyle\sum_{k=1}^n p_k = 1.$$

Ist $\mathbf{p}$ ein Gewichtssatz und sind $x_1, \ldots, x_n$ beliebige reelle Zahlen, so läßt sich der Punkt

$$x^* := \textstyle\sum_{k=1}^n p_k x_k$$

als *Schwerpunkt* von n in den Punkten x_k angebrachten Punktmassen p_k betrachten. Wegen (1) gilt offenbar

$$\min_{1 \leqslant k \leqslant n} x_k \leqslant \textstyle\sum_{k=1}^n p_k x_k \leqslant \displaystyle\max_{1 \leqslant k \leqslant n} x_k,$$

so daß auch der Punkt x^* in dem Intervall I liegt, falls das für die Punkte $x_1, \ldots, x_n$ zutrifft.

(11.10) *Ist f konvex auf dem Intervall I, so gilt für beliebige Punkte $x_1, \ldots, x_n \in I$ und beliebigen Gewichtssatz* **p** *die Relation*

$$f\left(\sum_{k=1}^{n} p_k x_k\right) \leqslant \sum_{k=1}^{n} p_k f(x_k). \tag{2}$$

Ist dabei $p_k > 0$ für wenigstens zwei verschiedene x_k, so gilt in (2) die strenge Ungleichung. — In Worten: Bei einer konvexen Funktion ist der Funktionswert im Schwerpunkt von n gewichteten Punkten x_k stets kleiner als das gewichtete Mittel der Funktionswerte in diesen n Punkten.

⌈ Ist p_k für keine zwei verschiedene x_k positiv, so gilt in (2) trivialerweise das Gleichheitszeichen. Wir wollen daher von nun an (nach eventueller Umnumerierung)

$$p_1 p_2 (x_2 - x_1) > 0 \tag{3}$$

annehmen. — Im Fall $n=2$ setzen wir

$$p_1 x_1 + p_2 x_2 =: x^*,$$

dann gilt wegen (1):

$$\begin{aligned} x_2 - x^* &= x_2(1-p_2) - p_1 x_1 = p_1(x_2 - x_1), \\ x^* - x_1 &= x_1(p_1 - 1) + p_2 x_2 = p_2(x_2 - x_1). \end{aligned}$$

Hieraus ergibt sich zunächst wegen (3): $x_1 < x^* < x_2$, dann aber durch Einsetzen in (112.1)(b):

$$f(x^*) < p_1 f(x_1) + p_2 f(x_2).$$

Dies ist (2) für $n=2$. — Wir nehmen jetzt an, die Behauptung sei richtig für ein $n \geqslant 2$, und betrachten $n+1$ Punkte $x_1, \ldots, x_{n+1} \in I$ sowie einen Gewichtssatz $(p_1, \ldots, p_{n+1})$. Wegen (3) ist

$$1 - p_{n+1} = \sum_{k=1}^{n} p_k > 0,$$

somit wird durch

$$p'_k := \frac{p_k}{1 - p_{n+1}} \qquad (1 \leqslant k \leqslant n)$$

ein Satz **p**′ von n Gewichten festgelegt. Wir setzen

$$x^* := \sum_{k=1}^{n} p'_k x_k,$$

dann ist $x^* \in I$, und wir erhalten mit Hilfe der Induktionsvoraussetzung

$$\begin{aligned} f\left(\sum_{k=1}^{n+1} p_k x_k\right) &= f((1-p_{n+1})x^* + p_{n+1}x_{n+1}) \\ &\leqslant (1-p_{n+1}) f(x^*) + p_{n+1} f(x_{n+1}) \\ &< (1-p_{n+1}) \sum_{k=1}^{n} p'_k f(x_k) + p_{n+1} f(x_{n+1}) \\ &= \sum_{k=1}^{n+1} p_k f(x_k)\,. \quad \lrcorner \end{aligned}$$

Noch eine Bemerkung: Wir haben das Definitionsintervall I von f der Einfachheit halber als offen angenommen. Ist jetzt z.B. $f''(x)>0$ auf $]a,b[$ und f stetig auf $[a,b]$, so gilt (112.5) und damit (112.1) auch noch für $x_1:=a$ bzw. $x_2:=b$. In der Folge läßt sich auch Satz **(11.10)** auf das abgeschlossene Intervall $[a,b]$ ausdehnen.

① Die sogenannte *p-Norm*, $p \geqslant 1$, eines Vektors $\mathbf{x}=(x_1,\ldots,x_n) \in \mathbb{R}^n$ bzw. $\in \mathbb{C}^n$ ist definiert durch

$$\|\mathbf{x}\|_p := \left(\sum_{k=1}^{n} |x_k|^p\right)^{1/p};$$

sie stellt wegen $\|\mathbf{x}\|_2 = |\mathbf{x}|$ eine Verallgemeinerung der Betragsfunktion dar. Für jede p-Norm gilt die Dreiecksungleichung, die in dieser allgemeinen Form auch als *Minkowskische Ungleichung* bezeichnet wird:

(11.11) $\qquad \|x+y\|_p \leqslant \|x\|_p + \|y\|_p$

bzw.

(4) $$\left(\sum_{k=1}^{n} |x_k+y_k|^p\right)^{1/p} \leqslant \left(\sum_{k=1}^{n} |x_k|^p\right)^{1/p} + \left(\sum_{k=1}^{n} |y_k|^p\right)^{1/p}.$$

⌜ Wegen

$$|x_k+y_k|^p \leqslant (|x_k|+|y_k|)^p$$

genügt es, (4) für nichtnegative reelle x_k, y_k zu beweisen. Hierzu setzen wir

(5) $$x_k + y_k =: t_k\,;$$

dann gibt es Zahlen $\xi_k, \eta_k \in [0,1]$ mit

(6) $$x_k = \xi_k t_k, \qquad y_k = \eta_k t_k, \qquad \xi_k + \eta_k = 1 \qquad (1 \leqslant k \leqslant n).$$

Wir definieren ferner einen Gewichtssatz $(p_1,\ldots,p_n)$ durch

$$p_k := \frac{t_k^p}{T} \quad (1 \leqslant k \leqslant n), \qquad T := \sum_{k=1}^{n} t_k^p$$

(im Fall $T=0$ ist nichts zu beweisen). Nun ist nach Voraussetzung $p \geqslant 1$, somit ist die Funktion $\xi \mapsto \xi^p$ auf dem Intervall $[0,1]$ konvex, und wir erhalten mit Hilfe von Satz **(11.10)**:

$$\sum_{k=1}^n x_k^p = T \sum_{k=1}^n p_k \xi_k^p \geqslant T \left(\sum_{k=1}^n p_k \xi_k\right)^p.$$

Hiernach ist

$$\|\mathbf{x}\|_p \geqslant T^{1/p} \sum_{k=1}^n p_k \xi_k$$

und analog

$$\|\mathbf{y}\|_p \geqslant T^{1/p} \sum_{k=1}^n p_k \eta_k.$$

Durch Addition dieser beiden Relationen folgt wegen (6) und (5):

$$\|\mathbf{x}\|_p + \|\mathbf{y}\|_p \geqslant T^{1/p} = \|x+y\|_p. \quad \lrcorner \quad \bigcirc$$

② *Für* $f(x) := \log x$ ist

$$f''(x) = -\frac{1}{x^2} < 0 \qquad \forall x \in \mathbb{R}^+;$$

somit ist die Logarithmusfunktion konkav auf ihrem ganzen Definitionsbereich. Mit beliebigen positiven Zahlen $x_1, \ldots, x_n$ und beliebigem Gewichtssatz $(p_1, \ldots, p_n)$ gilt daher

$$\log\left(\sum_{k=1}^n p_k x_k\right) \geqslant \sum_{k=1}^n p_k \log x_k = \sum_{k=1}^n \log x_k^{p_k} = \log\left(\prod_{k=1}^n x_k^{p_k}\right),$$

und wir erhalten:

(11.12) $$\sum_{k=1}^n p_k x_k \geqslant \prod_{k=1}^n x_k^{p_k} \qquad (x_1, \ldots, x_n > 0).$$

Dies ist die *Ungleichung zwischen dem arithmetischen und dem geometrischen Mittel;* im Spezialfall $p_k = 1/n$ $(1 \leqslant k \leqslant n)$ lautet sie:

$$\frac{x_1 + \cdots + x_n}{n} \geqslant \sqrt[n]{x_1 \cdot \cdots \cdot x_n},$$

und zwar gilt das Gleichheitszeichen genau dann, wenn alle x_k gleich sind. $\bigcirc$

③ Das zur p-Norm gehörige Analogon zur Schwarzschen Ungleichung **(5.4)** ist die *Höldersche Ungleichung*:

(11.13) *Es sei* $p>1$, $q>1$ *und* $1/p+1/q=1$. *Dann gilt für beliebige Vektoren* $\mathbf{x}, \mathbf{y} \in \mathbb{R}^n$ *(bzw.* $\in \mathbb{C}^n$*)*:

(7) $$\left|\sum_{k=1}^n x_k \bar{y}_k\right| \leq \left(\sum_{k=1}^n |x_k|^p\right)^{1/p} \cdot \left(\sum_{k=1}^n |y_k|^q\right)^{1/q}.$$

⌜ Wegen $\left|\sum_{k=1}^n x_k \bar{y}_k\right| \leq \sum_{k=1}^n |x_k||y_k|$ genügt es, (7) für nichtnegative reelle x_k, y_k zu beweisen. Die Ungleichung gilt trivialerweise, falls einer der Vektoren $\mathbf{x}, \mathbf{y}$ verschwindet. Setzen wir daher zur Abkürzung

$$\|x\|_p =: X, \qquad \|y\|_q =: Y,$$

so dürfen wir die Behauptung in der Form

$$\sum_{k=1}^n \frac{x_k}{X} \frac{y_k}{Y} \leq 1$$

schreiben. Nun ist $(x_k/X) \cdot (y_k/Y)$ das geometrische Mittel der Zahlen $(x_k/X)^p$, $(y_k/Y)^q$ mit den (exponentiellen) Gewichten $1/p$ und $1/q$; wegen **(11.12)** gilt daher

$$\frac{x_k}{X} \frac{y_k}{Y} \leq \frac{1}{p}\left(\frac{x_k}{X}\right)^p + \frac{1}{q}\left(\frac{y_k}{Y}\right)^q \qquad (1 \leq k \leq n).$$

Addiert man diese n Ungleichungen, so ergibt sich in der Tat

$$\sum_{k=1}^n \frac{x_k}{X} \frac{y_k}{Y} \leq \frac{1}{p} \frac{\sum_{k=1}^n x_k^p}{X^p} + \frac{1}{q} \frac{\sum_{k=1}^n y_k^p}{Y^p} = 1. \quad ⌟ \quad ○$$

114. Taylorsche Formel (mit Restglied)

Es sei f n-mal differenzierbar im Punkt a. Wir suchen ein Polynom (höchstens) n-ten Grades, dessen Ableitungen im Punkt a mit denen von f übereinstimmen: Ein derartiges Polynom müßte in der Nähe von a eine gute Approximation an die Funktion f darstellen. — Wir definieren die Polynome $\not{p}_r$ $(r \in \mathbb{Z})$ durch

$$\not{p}_r(x) := \begin{cases} \dfrac{1}{r!}(x-a)^r & (r \geq 0) \\ 0 & (r < 0). \end{cases}$$

Sie verschwinden alle an der Stelle a, ausgenommen p_0, das dort den Wert 1 besitzt. Wie man leicht verifiziert, sind die p_r für alle $r \in \mathbb{Z}$ durch die Relation $p'_r = p_{r-1}$ miteinander verknüpft. Für die k-te Ableitung ergibt sich hieraus $p_r^{(k)} = p_{r-k}$ $(k \in \mathbb{N})$, und insbesondere gilt an der Stelle a:

$$p_r^{(k)}(a) = p_{r-k}(a) = \begin{cases} 0 & (k \neq r) \\ 1 & (k = r). \end{cases}$$

Hieraus folgt: Das Polynom

(1) $$p(x) := \sum_{r=0}^{n} f^{(r)}(a) p_r(x)$$

ist eine Lösung des gestellten Problems, und zwar die einzige:

⌜ Es sei q ein zweites Polynom höchstens n-ten Grades, dessen erste n Ableitungen im Punkt a mit denen von f übereinstimmen; dann sind alle Ableitungen von $\tilde{p} := p - q$ im Punkt a gleich 0. Ist jetzt $\tilde{p}$ nicht das Nullpolynom, also

$$\tilde{p}(x) = c_r x^r + c_{r-1} x^{r-1} + \cdots + c_0$$

mit $0 \leq r \leq n$ und $c_r \neq 0$, so folgt

$$\tilde{p}^{(r)}(a) = c_r r! \neq 0,$$

ein Widerspruch. ⌟

Aufgrund von (1) bezeichnen wir das Polynom

(2) $$\mathcal{T}_{n,a} f\colon\ x \mapsto \sum_{r=0}^{n} f^{(r)}(a) \frac{(x-a)^r}{r!}$$

als *n-tes Taylorsches Approximationspolynom von f an der Stelle a.* Hiernach ist z.B.

$$\mathcal{T}_{0,a} f(x) \equiv f(a), \quad \mathcal{T}_{1,a} f(x) = f(a) + f'(a)(x-a).$$

Wie gut das Taylor-Polynom die Funktion f approximiert, geht aus den folgenden Sätzen **(11.14)** und **(11.16)** hervor.

(11.14) *Ist f n-mal stetig differenzierbar auf $[a, x]$ und $(n+1)$-mal differenzierbar auf $]a, x[$, so gibt es ein $\xi \in]a, x[$ mit*

(3) $$f(x)=\mathscr{T}_{n,a}f(x)+R_n, \qquad R_n:=\frac{(x-a)^{n+1}}{(n+1)!}f^{(n+1)}(\xi).$$

Sinngemäß dasselbe gilt, falls $x<a$.

R_n ist das sogenannte *n-te Lagrangesche Restglied.* — ⌜ Wir betrachten die Hilfsfunktion

$$g:=f-\mathscr{T}_{n,a}f,$$

die den folgenden Voraussetzungen genügt:

($*_n$) g ist n-mal stetig differenzierbar auf $[a,x]$ und $(n+1)$-mal differenzierbar auf $]a,x[$; ferner ist

$$g(a)=g'(a)=\cdots=g^{(n)}(a)=0.$$

$\mathscr{T}_{n,a}f$ ist ein Polynom höchstens n-ten Grades, somit gilt $g^{(n+1)}=f^{(n+1)}$. Satz **(11.14)** folgt daher unmittelbar aus dem nachstehenden Lemma:

(11.15) *Genügt g den Voraussetzungen ($*_n$), so gibt es ein $\xi\in]a,x[$ mit*

$$g(x)=\frac{(x-a)^{n+1}}{(n+1)!}g^{(n+1)}(\xi).$$

⌜ Für $n=0$ folgt die Behauptung aus dem Mittelwertsatz der Differentialrechnung. Sie sei daher richtig für ein $n\geqslant 0$, und g genüge den Voraussetzungen ($*_{n+1}$). Nach dem verallgemeinerten Mittelwertsatz **(10.11)**, angewandt auf g und $h(x):=(x-a)^{n+2}$, gibt es ein $\xi_1\in]a,x[$ mit

(4) $$\frac{g(x)}{(x-a)^{n+2}}=\frac{g(x)-g(a)}{h(x)-h(a)}=\frac{g'(\xi_1)}{(n+2)(\xi_1-a)^{n+1}}.$$

Nun genügt g' den Voraussetzungen ($*_n$) auf dem Intervall $[a,\xi_1]$, nach Induktionsvoraussetzung gibt es daher ein $\xi\in]a,\xi_1[$ mit

$$g'(\xi_1)=\frac{(\xi_1-a)^{n+1}}{(n+1)!}g'^{(n+1)}(\xi).$$

Setzen wir dies in (4) ein, so folgt in der Tat

$$\frac{g(x)}{(x-a)^{n+2}}=\frac{g^{(n+2)}(\xi)}{(n+2)!}, \qquad \xi\in]a,x[. \quad ⌟⌟$$

① Es soll etwa log 1.2 mit Hilfe eines Taylor-Polynoms $\mathcal{T}_{n,1}\log$ auf 10^{-3} genau berechnet werden. Der Tabelle

k	$f^{(k)}(x)$	$f^{(k)}(1)$
0	$\log x$	0
1	$\frac{1}{x}$	1
2	$-\frac{1}{x^2}$	-1
3	$\frac{2}{x^3}$	2
4	$-\frac{6}{x^4}$	

entnehmen wir die Abschätzung

$$|f^4(x)| \leqslant 6 \qquad \forall x \geqslant 1\,;$$

somit ist

$$|R_3| = \frac{(0.2)^4}{4!}\,|f^{(4)}(\xi)| \leqslant 4 \cdot 10^{-4}\,,$$

und $\mathcal{T}_{3,1}\log$ leistet das Verlangte. Wir erhalten

$$\mathcal{T}_{3,1}\log(1.2) = 0 + \frac{1}{1!}\,0.2 + \frac{-1}{2!}\,(0.2)^2 + \frac{2}{3!}\,(0.2)^3 = 0.182\overline{6}\ldots\,.$$

Der exakte Wert ist $\log 1.2 = 0.18232\ldots$.

115. Taylorsche Formel (qualitative Fassung)

(11.16) *Ist f n-mal, $n \geqslant 1$, differenzierbar im Punkt a, so gibt es eine in a stetige und dort verschwindende Funktion r mit*

$$f(x) = \mathcal{T}_{n,a} f(x) + (x-a)^n r(x) \qquad \forall x\,.$$

⌜ Für $n=1$ ist dies der Satz **(10.1)**; sei also $n \geqslant 2$. Wir betrachten wiederum die Hilfsfunktion $g := f - \mathscr{T}_{n,a} f$ und haben zu zeigen, daß gilt:

$$(1) \qquad \lim_{x \to a} \frac{g(x)}{(x-a)^n} = 0 .$$

Für alle x einer geeigneten Umgebung von a genügt g den Voraussetzungen $(*_{n-2})$, darüber hinaus ist

$$(2) \qquad g^{(n-1)}(a) = g^{(n)}(a) = 0 .$$

Nach dem Hilfssatz **(11.15)** gibt es einen Punkt ξ zwischen a und x mit

$$(3) \qquad g(x) = \frac{(x-a)^{n-1}}{(n-1)!} g^{(n-1)}(\xi) .$$

Die Funktion $g^{(n-1)}$ ist im Punkt a differenzierbar, es gibt daher weiter nach Satz **(10.1)** eine in a stetige und dort verschwindende Funktion r_1, so daß gilt:

$$g^{(n-1)}(t) = g^{(n-1)}(a) + (t-a) g^{(n)}(a) + (t-a) r_1(t) \qquad \forall t .$$

Setzen wir hier $t := \xi$, so folgt unter Berücksichtigung von (2):

$$g^{(n-1)}(\xi) = (\xi - a) r_1(\xi)$$

und hieraus durch Einsetzen in (3):

$$|g(x)| \leqslant |x-a|^n \frac{r_1(\xi)}{(n-1)!} .$$

Wegen $|\xi - a| < |x-a|$ ist $\lim_{x \to a} r_1(\xi) = 0$, und (1) ist damit bewiesen. ⌟

Im Zusammenhang mit Satz **(11.16)** ist es angebracht, die sogenannten *Landauschen O-Symbole* einzuführen. Sind f und g zwei in einer punktierten Umgebung von a definierte $\mathbb{X}$-wertige Funktionen, so schreibt man

$$f(x) = o(g(x)) \qquad (x \to a) ,$$

wenn gilt:

$$\lim_{x \to a} \frac{|f(x)|}{|g(x)|} = 0 ;$$

und man schreibt

$$f(x)=O(g(x)) \quad (x\to a),$$

wenn es eine Konstante C gibt mit

$$|f(x)|\leqslant C|g(x)|$$

für alle x einer geeigneten punktierten Umgebung von a. Eine Gleichung der Form

$$f(x)=g(x)+o(h(x))$$

ist dabei zu interpretieren als

$$f(x)-g(x)=o(h(x)),$$

analog für $O(\cdot)$.

① Es gilt z.B.

$$\sinh x \sin\frac{1}{x}=O(x) \quad (x\to 0),$$

$$\sinh x \sin\frac{1}{x}=o(e^x) \quad (x\to\infty),$$

$$\frac{x+1}{x-1}=1+o(1) \quad (x\to\infty). \quad \bigcirc$$

In diesem Sinn läßt sich der Satz **(11.16)** folgendermaßen formulieren:

(11.16′) *Ist f n-mal, $n\geqslant 1$, differenzierbar im Punkt a, so gilt*

$$f(x)=\mathcal{T}_{n,a}f(x)+o((x-a)^n) \quad (x\to a).$$

In den Anwendungen ist allerdings folgende (etwas schwächere) Fassung am bequemsten:

(11.17) *Ist f im Punkt a wenigstens $(n+1)$-mal differenzierbar, so gilt*

$$f(x)=\mathcal{T}_{n,a}f(x)+O((x-a)^{n+1}) \quad (x\to a).$$

⌜ Aufgrund von **(11.16)** hat man

$$f(x)=\mathscr{T}_{n+1,a}f(x)+r(x)(x-a)^{n+1}$$
$$=\mathscr{T}_{n,a}f(x)+(x-a)^{n+1}\left(\frac{f^{(n+1)}(a)}{(n+1)!}+r(x)\right).$$

Hier ist der letzte Faktor rechter Hand für $x \to a$ beschränkt. ⌟

Wir sind nun imstande, das Verhalten einer hinreichend oft differenzierbaren Funktion in der Umgebung einer stationären Stelle genauer zu untersuchen.

(11.18) *Es seien a ein innerer Punkt des Intervalls I, f eine im Punkt a n-mal, $n \geqslant 2$, differenzierbare Funktion $I \to \mathbb{R}$, und es sei $f^{(n)}$ die erste bei a nicht verschwindende Ableitung:*

(4) $$f'(a)=f''(a)=\cdots=f^{(n-1)}(a)=0, \qquad f^{(n)}(a) \neq 0.$$

Ist dann n gerade, so besitzt f im Punkt a ein lokales Minimum im Fall $f^{(n)}(a)>0$, bzw. ein lokales Maximum im Fall $f^{(n)}(a)<0$. Ist aber n ungerade, so besitzt f im Punkt a kein Extremum, hingegen einen Wendepunkt.

⌜ Wegen (4) liefert Satz **(11.16)** hier

$$f(x)=f(a)+\left[\frac{f^{(n)}(a)}{n!}+r(x)\right](x-a)^n, \qquad \lim_{x\to a} r(x)=0.$$

Da nach Voraussetzung $f^{(n)}(a) \neq 0$ ist, gilt somit für hinreichend kleine $|x-a|$:

$$\operatorname{sgn}(f(x)-f(a))=\operatorname{sgn} f^{(n)}(a)\cdot \operatorname{sgn}(x-a)^n.$$

Hieraus folgen alle Behauptungen bezüglich eines allfälligen Extremums. Wenden wir jetzt Satz **(11.16)** bei ungeradem $n \geqslant 3$ auf die im Punkt a $(n-2)$-mal differenzierbare Funktion f'' an, so erhalten wir

$$f''(x)=\left[\frac{f^{(n)}(a)}{(n-2)!}+r_1(x)\right](x-a)^{n-2}$$

und damit für hinreichend kleine $|x-a|$:

$$\operatorname{sgn} f''(x)=\operatorname{sgn} f^{(n)}(a)\cdot \operatorname{sgn}(x-a)^{n-2}.$$

Folglich wechselt f'' an der Stelle a das Vorzeichen. ⌟

② (Fig. 115.1). Wir betrachten die Funktion

$$f(x) := \sin x + \tfrac{1}{2}\sin 2x \qquad (0 < x < 2\pi)$$

mit den sukzessiven Ableitungen

$$f'(x) = \cos x + \cos 2x = (2\cos x - 1)(\cos x + 1),$$
$$f''(x) = -\sin x - 2\sin 2x = -\sin x(1 + 4\cos x),$$
$$f'''(x) = -\cos x - 4\cos 2x.$$

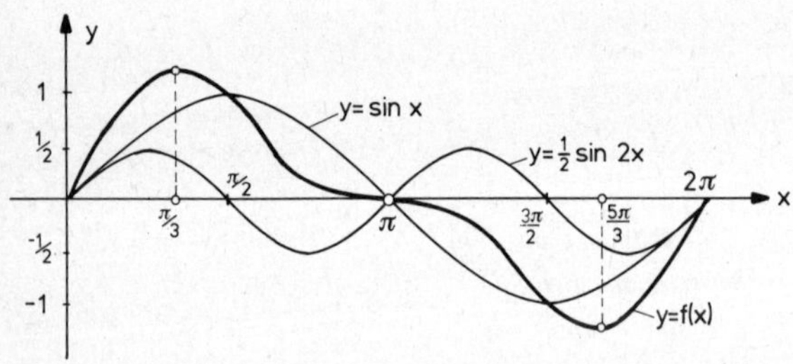

Fig. 115.1

Die stationären Punkte erhalten wir aus der Gleichung $f'(x)=0$, d.h. $\cos x = 1/2$ oder $\cos x = -1$. Es ergeben sich die Punkte $x_1 = \pi/3$, $x_2 = 5\pi/3$, $x_3 = \pi$. Damit können wir die folgende Tabelle herstellen:

x_k	$f'(x_k)$	$f''(x_k)$	$f'''(x_k)$	Typ
$\frac{\pi}{3}$	0	$-\frac{3\sqrt{3}}{2}$		lokales Maximum
$\frac{5\pi}{3}$	0	$\frac{3\sqrt{3}}{2}$		lokales Minimum
π	0	0	-3	Wendepunkt, kein lokales Extremum

Mit Hilfe von Satz **(11.18)** läßt sich hier bei jedem stationären Punkt x_k entscheiden, um was für einen Typ es sich handelt. Das Ergebnis haben wir in der letzten Kolonne der Tabelle eingetragen. ○

116. Taylor-Reihe

Ist die Funktion f an der Stelle a beliebig oft differenzierbar, so läßt sich dort die *Taylor-Reihe* von f ansetzen:

$$\mathcal{T}_{\infty,a}f(x) := \sum_{r=0}^{\infty} f^{(r)}(a)\frac{(x-a)^r}{r!}.$$

Diese Reihe wird für gewisse x (sicher für $x=a$) konvergieren, und es stellt sich aufgrund unserer Approximationssätze die Frage, ob sie in einer geeigneten Umgebung $U_\rho(a)$ die gegebene Funktion f *darstellt*, d.h. ob gilt:

$$\text{(1)} \qquad \mathcal{T}_{\infty,a}f(x) = f(x) \qquad \forall x \in U_\rho(a).$$

Ist etwa f ein Polynom n-ten Grades, so ist (1) trivialerweise erfüllt, in diesem Fall gilt sogar

$$\mathcal{T}_{\infty,a}f(x) = \mathcal{T}_{n,a}f(x) = f(x) \qquad \forall x \in \mathbb{R},$$

denn f ist das einzige Polynom n-ten Grades, dessen Ableitungen im Punkt a mit denen von f übereinstimmen. Für die Exponentialfunktion erhält man wegen $\exp^{(r)}(0) = \exp 0 = 1 \quad (r \in \mathbb{N})$:

$$\mathcal{T}_{\infty,0}\exp(x) = \sum_{r=0}^{\infty}\frac{x^r}{r!} = \exp x \qquad \forall x \in \mathbb{R};$$

analog verifiziert man, daß auch sin und cos für alle x durch ihre Taylor-Reihe an der Stelle 0 dargestellt werden. Das nachstehende Beispiel ① soll jedoch zeigen, daß die Taylor-Reihe einer Funktion f, selbst wenn sie konvergiert, nicht gegen f zu konvergieren braucht. — Wir werden auf die Frage der Darstellung einer Funktion durch ihre Taylor-Reihe in Kapitel 18 ausführlich zurückkommen.

① (Fig. 116.1) Wir betrachten die Funktion

$$\chi(x) := \begin{cases} e^{-\frac{1}{x}} & (x>0) \\ 0 & (x \leqslant 0) \end{cases}$$

und zeigen zunächst: χ ist beliebig oft (stetig) differenzierbar, und zwar sind die Ableitungen von χ gegeben durch

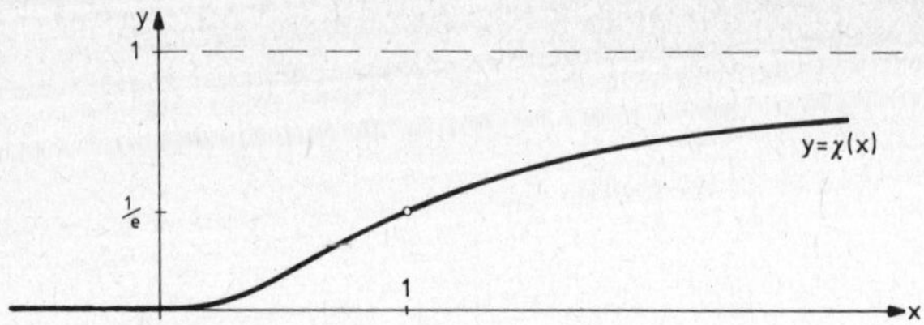

Fig. 116.1

$$(2)\qquad \chi^{(r)}(x)=\begin{cases} \not p_{2r}\left(\dfrac{1}{x}\right)e^{-\frac{1}{x}} & (x>0)\\ 0 & (x\leqslant 0);\end{cases}$$

dabei bezeichnet $\not p_{2r}$ ein gewisses Polynom vom Grad $\leqslant 2r$. — ⌈ (2) ist trivialerweise richtig für $x<0$ und alle r sowie für $x\geqslant 0$ und $r=0$. Die Behauptung treffe weiter zu für alle $x\geqslant 0$ und ein $r\geqslant 0$. Betrachten wir jetzt erstens ein festes $x>0$, so gilt in einer ganzen Umgebung von x die obere Zeile von (2); wir erhalten daher

$$\begin{aligned}\chi^{(r+1)}(x)&=\left(\not p_{2r}\left(\frac{1}{x}\right)e^{-\frac{1}{x}}\right)'\\ &=\not p_{2r}'\left(\frac{1}{x}\right)\cdot\left(-\frac{1}{x^2}\right)e^{-\frac{1}{x}}+\not p_{2r}\left(\frac{1}{x}\right)e^{-\frac{1}{x}}\cdot\frac{1}{x^2}\\ &=:\not p_{2(r+1)}\left(\frac{1}{x}\right)e^{-\frac{1}{x}},\end{aligned}$$

wie behauptet. Zweitens gilt wegen **(9.5)**:

$$\begin{aligned}\chi^{(r+1)}(0+)&=\lim_{x\to 0+}\frac{\chi^{(r)}(x)-\chi^{(r)}(0)}{x-0}=\lim_{x\to 0+}\left[\frac{1}{x}\not p_{2r}\left(\frac{1}{x}\right)e^{-\frac{1}{x}}\right]\\ &=\lim_{y\to\infty}\left[y\not p_{2r}(y)e^{-y}\right]=0,\end{aligned}$$

und es ist trivialerweise $\chi^{(r+1)}(0-)=0$. Damit ist auch die Relation $\chi^{(r+1)}(0)=0$ bewiesen. ⌋

Aus (2) ergibt sich nun

$$\mathscr{T}_{\infty,0}\,\chi(x)\equiv 0;$$

anderseits ist aber

$$\chi(x)>0\quad\forall x>0.\ \bigcirc$$

② Im Anschluß an das vorangehende Beispiel möchten wir auf folgende überraschende und für die höhere Analysis bedeutungsvolle Tatsache aufmerksam machen: Es sei $f:\mathbb{R}\to\mathbb{R}$, $f\not\equiv 0$, eine beliebig oft differenzierbare und außerhalb eines endlichen Intervalles $[\alpha,\beta]$ identisch verschwindende Funktion. Dann gibt es eine Punktfolge (ξ_n) mit $|f^{(n)}(\xi_n)|\to\infty$. In anderen Worten: Die Ableitungen von f nehmen notwendigerweise beliebig große Werte an. (Funktionen der hier beschriebenen Art gibt es; man betrachte etwa

$$f(x):=\chi(x)\chi(1-x)$$

[siehe die Fig. 116.2], unter χ die im vorangehenden Beispiel definierte Funktion verstanden.)

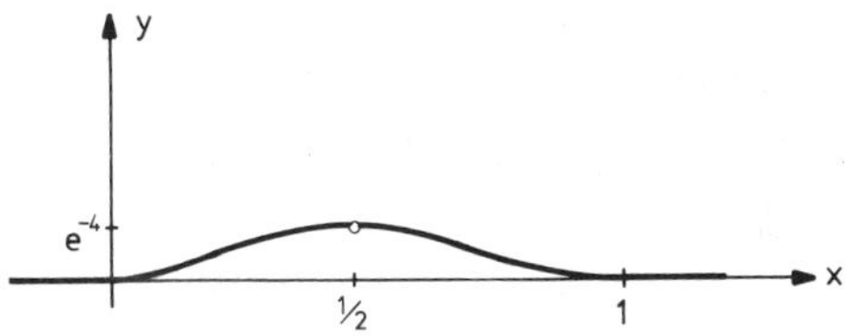

Fig. 116.2

⌜ Zum Beweis der eben aufgestellten Behauptung wählen wir einen Punkt $a\notin[\alpha,\beta]$ sowie einen Punkt b mit $f(b)=:C\neq 0$. Nach dem Satz **(11.14)** gibt es zu jedem $n>0$ ein ξ_n zwischen a und b derart, daß gilt:

$$f(b)=\mathscr{T}_{n-1,a}f(b)+\frac{f^{(n)}(\xi_n)}{n!}(b-a)^n.$$

Da f in einer ganzen Umgebung von a identisch verschwindet, ist $\mathscr{T}_{n-1,a}f\equiv 0\ \forall n$, und wir erhalten

$$f^{(n)}(\xi_n)=C\frac{n!}{(b-a)^n}\qquad\forall n\in\mathbb{N}.$$

Hieraus folgt die Behauptung, da $n!$ mit $n\to\infty$ schneller wächst als $(b-a)^n$. ⌟ ○

Aufgaben

1. Zeige:

   a) Unter allen Tangenten-n-Ecken eines Kreises hat das reguläre den kleinsten Umfang.

   b) Unter allen einem Kreise einbeschriebenen n-Ecken hat das reguläre den größten Flächeninhalt. (Man darf offenbar annehmen, der Kreismittelpunkt liege im Innern des n-Ecks.)

2. Ein Versuch habe n mögliche Ergebnisse, die bzw. mit der Wahrscheinlichkeit $p_k > 0 \, (1 \leqslant k \leqslant n)$ eintreten, $\sum_{k=1}^{n} p_k = 1$. Als Maß für die Ungewißheit über den Ausgang des Versuchs dient die sogenannte *Entropie*

$$H := -\sum_{k=1}^{n} p_k \log p_k .$$

   Zeige: Die Ungewißheit ist am größten, wenn alle Ergebnisse gleich wahrscheinlich sind.

3. a) Für beliebige nichtnegative Zahlen a, b, c gilt:

$$\left(\frac{a+b+c}{3}\right)^3 \leqslant \frac{a^3+b^3+c^3}{3}.$$

   b) Formuliere und beweise eine möglichst allgemeine Ungleichung dieser Art.

4. Aus dem Additionstheorem für den Tangens folgt relativ leicht die Formel

$$\frac{\pi}{4} = \operatorname{arctg}\frac{1}{2} + \operatorname{arctg}\frac{1}{3}.$$

   Man benütze diese Formel und die Taylor-Entwicklung des Arcustangens, um $\pi/4$ mit einem Fehler von höchstens 10^{-4} zu berechnen.

5. Berechne $\pi/6 = \operatorname{arctg} 1/\sqrt{3}$ mit Hilfe des Taylor-Polynoms $\mathscr{T}_{4,0}\operatorname{arctg}$ und schätze den begangenen Fehler ab.

6. Berechne $\operatorname{tg} 43°$ mit Hilfe des Satzes von Taylor auf drei Stellen nach dem Komma genau. (Hinweis: $1° = 0.0174533$.)

7. Jemand möchte $\sinh 1$ auf hundert Dezimalstellen genau berechnen. Wieviel Glieder der Taylor-Entwicklung (im Ursprung) muß er berücksichtigen?

8. Die Funktion f sei in einer Umgebung des Nullpunkts beliebig oft differenzierbar. Beweise oder widerlege: Aufgrund der Werte $a_k := f^{(k)}(0)$ $(k \in \mathbb{N}^*)$ läßt sich entscheiden, ob f im Nullpunkt ein lokales Maximum, ein Minimum oder kein lokales Extremum besitzt.

9. Bestimme die lokalen Extrema und die horizontalen Wendetangenten der Funktion $f(x) := (x-3)^3(x+2)^2$. Skizziere den Graphen. (Nicht ausmultiplizieren!)

10. Bestimme alle lokalen Extrema der Funktion

$$f(x) := \frac{1}{6}(2x^3 - 3\pi x^2) + \cos x\,.$$

11. Mit Hilfe der in Beispiel 116.① betrachteten Funktion χ konstruiere man eine C^∞-Funktion $\varphi: \mathbb{R} \to [0,1]$, die den folgenden Bedingungen genügt:

$$\varphi(x) \equiv 1 \quad (0 \leqslant |x| \leqslant 1), \qquad \varphi(x) \equiv 0 \quad (|x| \geqslant 2)\,.$$

Liste der Symbole und Abkürzungen

$\Rightarrow$, $\Leftrightarrow$, $\vee$, $\wedge$, $\forall$, $\exists$, $\exists!$, $\exists x(\mathscr{A}(x))$ 1; $:=$, $:\Leftrightarrow$ 2;

$\in$, $\notin$, $\{a, b, \ldots, c\}$ 2; $\{x \in X \mid \mathscr{A}(x)\}$, $\emptyset$ 3;

$\subset$ 3; $\not\asymp$, $)($ 4; 2^A 59;

$\cup$ 4; $\cap$, $\setminus$, $\complement$, $\triangle$ 5; $\times$ 7;

$(A_\iota)_{\iota\in I}$, $\bigcup_{\iota\in I}$, $\bigcap_{\iota\in I}$ 5;

(a, b) 6; $(x_1, \ldots, x_n)$, (x_k) 14;

$\rightarrow$, $\mapsto$ 7/8; $\mathscr{D}$, $\mathscr{G}$, $\mathscr{W}$ 8; Im, $f(U)$ 9; $f_{|U}$ 12; f^{-1} 11; $\circ$, $\mathbb{1}$ 12; $f+g$, $f \cdot g$, f/g 115;

$\sim$ 15; $<$, $>$ 16; $\prec$ 44; $\{$ 27;

$\mathbb{N}$ 3, 32; $\mathbb{N}^*$ 17, 32; $\mathbb{N}_n$ 36, 55; $\mathbb{Z}$ 3, 42; $\mathbb{Q}$ 3, 42; $\mathbb{R}$ 3, 22, 47; $\mathbb{R}^+$ 11, 30; $\mathbb{R}_0^+$ 30, 50; $\dot{\mathbb{R}}^2$ 162; $\mathbb{R}^n$ 68; $\mathbb{R}/2\pi$ 159; $\mathbb{C}$ 3, 64; $\mathbb{E}$ 153; $\mathbb{X}$ 73;

$\sum_{k=1}^{p}$ 37; $\sum_{k=p(r)}^{q}$ 39; $\sum_{k=0}^{\infty}$ 94; $\prod_{k=1}^{p}$ 38; $n!$, $\binom{n}{k}$ 39;

sup, inf 27; max, min 29; $[\alpha, \beta], \ldots,]\alpha, \beta[$ 30;

sgn, $|x|$ 26; a^+, a^- 105; $[x]$ 116; a^x 148;

$\mathscr{R}$, $\mathscr{I}$ 62; $\bar{z}$ 65; $\measuredangle$ 163; $\bullet$ 69; $|\mathbf{x}|$ 70; $\|\mathbf{x}\|_p$ 203;

$U_\varepsilon(a)$ 73; $\dot{U}_\varepsilon(a)$ 117; $U_\varepsilon(\infty)$ 90; $x_n \rightarrow a$ 74; $\lim\limits_{n\rightarrow\infty} x_n$ 75; $\nearrow$, $\searrow$ 84; $f(x) \rightarrow \eta$ 118; $\lim\limits_{x\rightarrow\xi} f(x)$ 119; $x \rightarrow \xi+$, $f(\xi+)$ 126;

f', df/dx 169; $f'(x_0+)$ 170; $f^{(k)}$, d^kf/dx^k 195; $\mathscr{T}_{n,a}$ 206; $\mathscr{T}_{\infty,a}$ 213;

exp 108; log 147; cis 153; cis~ 159; arg 160, 162; cosh, sinh 150; tgh 152; arcosh, arsinh 151; artgh 152; cos, sin 153; tg, ctg 165; arccos 190; arcsin 189; arctg 190;

dgr 115; $o(\,)$, $O(\,)$ 209f.;

K^* (K ein Körper) 23; X^* (ein Schnitt) 46; S^p 128; C^r 195; e 145; π 155.

Sachverzeichnis